農業貿易の政治経済学

農業貿易論のすすめ

應和 邦昭 著

東京農業大学出版会

まえがき

　「農産物貿易」とか「農産物貿易論」という表現に馴染みのある方々の中には、本書の表題にある「農業貿易」や「農業貿易論」という表現に対して少し違和感を持つ方や、「農産物貿易でなくして、なぜ農業貿易なのか」という疑念を抱く方もいるのではないかと想像する。そのような違和感や疑念の存在が予想される中で、あえて本書の表題に「農業貿易」とか「農業貿易論」という表現を使っている点については、それなりの理由が存在する。だが、その理由についての詳細は本書の序章にゆずることとして、ここでは長年の念願であった「農業貿易」に関する一書を取り纏めることができたいきさつについて、少し述べさせていただきたい。

　そもそも「農業貿易」ないしは「農業貿易論」と題した一書を纏めてみたいと私が考え始めたのは、20年ほど前のことであり、それは私が長年勤めてきた東京農業大学で「農業貿易論」という講義科目を担当するに至ったことと深く関わっている。

　大学院に進学以降、「国際経済論」と呼ばれる研究領域を専攻領域とし、とくに対外投資や国際貿易の問題について研究を進めていた私は、縁あって1970年代の半ばに東京農業大学の教員として採用され、その後、約40年間、東京農業大学を教育・研究の場として過ごすこととなった。当初、教養課程における「経済学」担当の教員として採用された私であるが、しかし、1990年代の半ばに行なわれた〈教養課程の解体〉という組織改革によって、当時の農学部農業経済学科へと所属替えになり、新たに「国際政治経済論」と「農産物貿易論」という新しい講義科目を担当することとなった。

　当然のことであるが、2つの新しい講義科目を担当するに当たって、講義ノートの作成に迫られた。「国際政治経済論」に関しては比較的容易に講義内容を固めることができたが、「農産物貿易論」に関してはかなり手間取った。

と言うのは、講義ノート作成のために参考となる先行研究を探し求めたが、農産物貿易の実態を論じた著作は多数存在するものの、国際貿易論の一研究領域をなすはずの、「貿易論」と言えるような「農産物貿易論」の著作を見つけ出すことができなかったからである。致し方なく、国際貿易論のテキストを手がかりに、国際貿易の基礎理論や農工間国際分業が成立する論理、さらには世界の食料問題や各国の食料安全保障に影響を及ぼす貿易システムの問題などを盛り込んだ、独自の講義ノートを作成することになったが、その完成した講義ノートを眺めながら、ふと「農産物貿易論」というきわめて限定的な講義名称と、広範な問題を盛り込んだ講義ノートの内容との間にズレが存在する、と感じた。

　「農産物貿易論」の講義を開始した直後に、GATT（関税と貿易に関する一般協定）のウルグアイ・ラウンド貿易交渉が終結を迎え、1995年にWTO（世界貿易機関）が誕生し、WTO体制と呼ばれる国際経済秩序ないし世界経済秩序が成立した。またウルグアイ・ラウンド農業合意は、WTO農業協定という形で取り纏められたが、そうした一連の動きを整理しているときに、ウルグアイ・ラウンド農業交渉において時折使われている「農業貿易」という表現がより広範な内容を包含した表現である、ということに気がついた。

　そのとき以来、私は、「農業貿易」という表現を意識的に使うようになったが、その頃、東京農業大学では、21世紀という新しい時代を見据え、教育システム全体の変革が必要であるとして、大幅な学部・学科の再編計画が持ち上がった。1998年4月、その再編計画は実施され、私の所属していた農学部農業経済学科は、国際食料情報学部食料環境経済学科へと編成替えされた。その編成替えに関連して行なわれたカリキュラムの見直しの機会を利用して、私は、担当科目である「農産物貿易論」の名称を「農業貿易論」と改め、以後、定年退職を迎えるまでの十数年間、「農業貿易論」という講義を担当し続けたのである。

　「農業貿易論」という名称の講義科目は、現在でも東京農業大学食料環境経済学科の講義科目として存在し、後任の教員によって受け継がれているが、それはともかくとして、「農業貿易論」という名称の講義を進めていくうちに、

私は、国際貿易論の研究者と農業経済学の研究者のいずれもが加わって議論を交わすことのできるような研究領域として、「農業貿易論」という新たな研究領域を確立することが必要であるとも考え始めた。そして、その必要性を広く呼びかけるためにも「農業貿易論」と題する一書を纏め上げたいと考えるようになった。

　2000年代に入って、幾度となく「農業貿易論」と題する著作の執筆プランを作成し、また一部の章については執筆を試みたが、しかし、私の力不足のため、定年退職に至るまでにそのような著作を完成させることはできなかった。定年退職後、そうしたプランはいつしか「計画倒れ」の状態に陥ってしまっていたが、そのプランを思い出させ、「農業貿易論」研究の再開へと奮い立たせてくれたのは、意外にも「新型コロナウィルス（COVID-19）のパンデミック」である。

　2019年末の中国・武漢市での発症が始まりとされる新型コロナウィルスのパンデミックは、瞬く間に多くの人々の命を奪い去り、世界経済を、そして日本経済を危機的状況へと追い込んだ。予防のためのマスクがない、消毒用アルコールが足りない、ワクチン研究を行なっているような製薬会社はほとんど存在しない、といったわが国での出来事は、経済のグローバル化や多国籍企業化、それに伴う産業空洞化の進展によって、いまや国際分業を通じてのサプライ・チェーンなくしては成り立たない状態になってしまっている日本経済の脆弱性を一挙に露呈させるものであった。

　わずか半年ほどの間に、いとも簡単に瓦解していくグローバル経済や日本経済の様相を目の当たりにしながら、私は、この状況をただ傍観するだけではなく、このような脆弱なグローバル経済や日本経済を作り出すことに邁進してきた経済学、とりわけ新自由主義に基づく市場原理主義経済学の責任を改めて問い質す必要があるという想いに駆られた。そうした中で脳裡に浮かんできたのが、「計画倒れ」の状態になっていた「農業貿易論」の研究再開と本書の取り纏めである。

　そのような想いに至ったのは、地球温暖化、異常気象、さらには突如引き起こされる地域紛争といった要因によって、〈食や農の世界〉においても新

型コロナウィルスによって引き起こされたような状況が起こり得るし、しかも新自由主義の考えや市場原理主義的経済学によって作り出されてきたWTO体制下の農業貿易システムの中にそうした状況を引き起こし、増幅させる要因が潜んでいると感じたからである。

　かつての執筆プランを検討し直し、執筆を開始したのは2020年末のことである。奇しくも執筆開始から1年余り後の2022年2月に突如勃発したロシアのウクライナ侵攻という事態は、上記の懸念を現実のものとさせ、本書の執筆をより一層駆り立てた。しかし、本書全体を書き終えるまでには4年近くの時間を要することとなった。その理由は、ひとえに長年にわたる私の怠慢のせいである。農業貿易に関する研究の長期にわたるブランクを取り戻すのに、多くの時間を必要としたためである。

　ともあれ、本書は、そのような経緯のもとにようやく完成した著作である。しかし、取り上げることのできた問題はきわめてわずかで、しかもそれらは、私自身の考えによって選び出した問題にすぎず、その点からすると、本書は「農業貿易論の一試論」というべき著作である。本書で取り上げた問題が農業貿易論の課題とすべき問題であるか否かという点を含め、本書全体の評価は読者の方々にお任せするほかないが、本書で論じた内容を少しでもよりよく理解していただくために、以下ではいま少し、本書全体に関わる私の問題意識について付け加えておくこととしたい。

　本書における最も中心的な問題意識は、国際貿易論の一研究領域として「農業貿易論」という新しい研究領域を確立させる必要がある、という点である。その問題意識をいま少し敷衍しておけば、従来の「農産物貿易論」という名称のもとに行なわれてきた研究が、農産物の国際流通の数量的把握ないしは現象としての実態把握にとどまっていて、その背後に存在する多様な問題群を視野に入れた包括的かつ体系的な考察が見られず、国際貿易論の一研究領域を構成する貿易論としては著しく立ち後れた状況にあること、しかもその立ち遅れの一因が「農産物貿易論」という限定的な名称にも潜んでいると考えられるのであって、そうした問題点を一掃し、より広範な意味内容を持つ「農業貿易論」という名称のもとに研究の進展を図る必要がある、というの

がその問題意識である。

　しかし、そうした問題意識の背後には、序章において少し詳しく論じていることであるが、農業経済に関するわが国の研究・教育活動に見られる奇妙な〈棲み分け状態〉を解消する必要がある、という問題意識も潜んでいる。その奇妙な〈棲み分け状態〉とは、農業に関する経済問題は経済学にとって考察すべき重要な対象でありながら、わが国の大学におけるその研究・教育活動は、経済学研究の中心をなす経済学部・学科においてはいまやほとんど行なわれておらず、もっぱら「農学」系の学部・学科に委ねられている、という状態のことである。

　このような〈棲み分け状態〉の存在は、わが国の経済学部・学科で学んだエコノミストの多くが、往々にして、農業を軽視、ないしは捨象して日本経済や世界経済を論じていくという傾向を生み出すとともに、一方、「農学」系の学部・学科を中心に進められていく農業経済の分析・考察に一定の限界をもたらすことになる、と考えられる。たとえば、従来の「農産物貿易論」が、国際貿易論の一研究領域をなすような貿易論になり得ていなかったことは、その一例であると言ってよい。

　わが国における農業経済に関する研究が、そして日本経済や世界経済に関する研究がより深化し、進展していくためには、その〈棲み分け状態〉を解消することが必要である。もしも国際貿易論の一研究領域として「農業貿易論」という研究領域が確立され、その研究領域に「農学」系の研究者のみならず、国際経済論や国際貿易論の研究者が参加し、相互に意見交換しながら研究を深めていけるような、いわば「学際的研究の場」が形成されていくならば、〈棲み分け状態〉の解消はもちろんのこと、わが国における農業経済の分野の研究が、そして日本経済や世界経済に関する研究が、更なる深化、進展をとげていくことになるのではないか、というのが私のいま1つの問題意識である。

　本書を纏め上げるに当たっては、長年にわたっての研究者仲間である幾人かの方々の知恵をお借りした。福田邦夫氏（明治大学名誉教授）には、サブ

サハラ・アフリカ諸国の食料危機や対外債務の状況、外国企業による可耕地の買占めに始まる土地取引の激化と紛争状況、さらに日本が展開したモザンビークへのプロサバンナ事業の失敗など、多くのことを教えていただき、また野口敬夫氏（東京農業大学教授）には、日本のミニマム・アクセス米や穀物飼料の輸入に関する近年の動向を教えていただいた。そのほか、坪井伸広氏（元筑波大学教授）と坂内久氏（大妻女子大学教授）には、本書の草稿の一部に目を通していただき、貴重な助言を頂戴した。これらの方々に、まず御礼を申し上げておかなければならない。

同時に、本書全体の内容を振り返りながら、國學院大学において教えを受けた、いまは亡き二人の恩師、水田博先生と三輪昌男先生に対する感謝の念が浮かんでいることも付け加えさせていただきたい。水田先生には国際経済や世界経済に関する素養を植え付けていただき、また三輪先生には学部学生のときにお会いしてから亡くなられるまでの約40年間、先生の傍らで経済学を学びながら、経済を見る目、研究者としてのあるべき姿を教えられた。本書の随所で論じている自説の多くが、水田先生、三輪先生から教えられ、学び取ったものであることを想い起こしながら、長年にわたって経済学と関わりを持ちながら過ごすことができた幸せを、いま感じている。

最後になったが、出版業界の状況が厳しさを増しているにもかかわらず、東京農業大学出版会の古谷勇治氏には、快く本書の出版を引き受けていただいた。心より御礼を申し上げたい。

2024年6月

應和　邦昭

農業貿易の政治経済学──農業貿易論のすすめ──

目　次

まえがき

序　章　政治経済学としての農業貿易論のすすめ

Ⅰ．農業貿易論とは何か
農業貿易とは ……………………………………………………………… 17
農業貿易論の必要とWTO体制の成立 ………………………………… 19

Ⅱ．農業貿易論と政治経済学
ポリティカル・エコノミーとエコノミクス …………………………… 22
政治経済学としての農業貿易論の分析方法について ………………… 25

Ⅲ．農業貿易論の課題と本書の章別構成
国際貿易論の一研究領域をなす農業貿易論の課題 …………………… 27
本書の章別構成と各章における検討課題 ……………………………… 29

Ⅳ．農業貿易論の構築に必要な学際的研究
農業経済の研究活動に見られる〈棲み分け状態〉 …………………… 32
〈棲み分け状態〉の何が問題か ………………………………………… 34
〈棲み分け状態〉の解消と学際的研究のすすめ ……………………… 36

第1章　農業の特殊性と農業貿易

はじめに

Ⅰ．農業の特殊性と非合理性——農工間国際分業の形成要因——
産業としての農業の特殊性 ……………………………………………………… 42
農業発展の制約要因となる私的土地所有 ……………………………………… 44
農業の非合理性と農業の世界市場への移譲 …………………………………… 45

Ⅱ．農業の世界市場への移譲と農工間国際分業の形成——19世紀イギリス産業資本主義の世界展開を事例として——
「原料・販売市場」問題と農業の世界市場への移譲 …………………………… 47
イギリス産業資本の世界展開と農工間国際分業の形成 ……………………… 50
穀物法の廃止と食料生産としての農業の世界市場への移譲 ………………… 53
穀物法の廃止が投げかけている新たな問題 …………………………………… 59

Ⅲ．農業貿易論の今日的課題に向けて
農業の非合理性は世界市場で解決できるのか ………………………………… 61
やがて行き詰まる農業の世界市場への移譲 …………………………………… 63
イギリスの歴史的な経験から何を学ぶのか …………………………………… 65

第2章　農業貿易と農工間国際分業の論理

はじめに

Ⅰ．農工間国際分業とリカードの比較生産費説
国際分業とリカードの比較生産費説 …………………………………………… 76
リカード比較生産費説に関する2つの理解の仕方 …………………………… 78
比較生産費説の変型理解 ………………………………………………………… 79
比較生産費説の原型理解 ………………………………………………………… 84

比較生産費説の原型理解が教えてくれているもの ………………………… 87

Ⅱ．リカード比較生産費説モデルの作為性と農工間国際分業
　　　リカード比較生産費説における奇妙なモデル設定 ……………………… 89
　　　想定し得る2国2財モデルの4つのケース ………………………………… 91
　　　作為的なモデル設定をしたリカードの真意は何か ……………………… 94

Ⅲ．国際分業とリカードの描く普遍的社会
　　　リカードの国際分業論はいかなる世界の実現を目指しているのか ……… 98
　　　農業貿易は自由貿易を基本原理とすべきか ……………………………… 102

第3章　WTO体制の成立と農業貿易システムの変容
　　　　　　──GATT体制からWTO体制へ──

は じ め に

Ⅰ．GATT体制下の農業貿易システム
　（1）ITO（国際貿易機関）設立構想の挫折とGATT体制の成立
　　　　自由貿易体制を軸とする世界経済の再建構想とGATT …………………… 108
　　　　アメリカはなぜITO憲章を批准しなかったのか ………………………… 110
　（2）GATT体制下の農業貿易システム
　　　　GATTに見られる数々の例外規定 ………………………………………… 113
　　　　数量制限に関する例外規定 ………………………………………………… 115
　　　　輸出補助金に関する例外規定 ……………………………………………… 116
　　　　その他の農業貿易に関連する例外規定 …………………………………… 117
　　　　農業貿易システムとしてのGATT体制 …………………………………… 118
　　　　GATTにはなぜ多くの農業貿易に関する例外規定が存在するのか ……… 120

Ⅱ．ウルグアイ・ラウンド農業交渉について
　　　日本が開始を求めたウルグアイ・ラウンド貿易交渉 …………………… 121

ウルグアイ・ラウンド農業交渉をリードするアメリカ ……………… 123

Ⅲ．WTO体制下の農業貿易システム
　（１）ウルグアイ・ラウンド農業合意の概要
　　　市場アクセス（market access） ……………………………………… 127
　　　輸出競争（export competition） ……………………………………… 128
　　　国内農業支持（domestic support） …………………………………… 128
　（２）WTO農業貿易システムの問題点
　　　ワトキンズによるWTO農業貿易システム批判 ……………………… 130
　　　市場アクセスに関する問題点 …………………………………………… 131
　　　輸出競争に関する問題点 ………………………………………………… 133
　　　国内農業支持に関する問題点 …………………………………………… 134
　　　小　括 ……………………………………………………………………… 135

Ⅳ．WTO農業貿易システムのゆくえ
　　　「改革過程の継続」としてのWTO農業交渉の開始とその頓挫 …… 137
　　　何がWTO農業交渉を頓挫させたのか ………………………………… 139
　　　WTO農業交渉の頓挫が教えてくれていること ……………………… 141
　　　100億人が共に生き抜くための農業貿易システムを ………………… 143

第４章　開発途上国の食料安全保障とWTO農業貿易システム
　　　　──サブサハラ地域の後発開発途上国（LDCs）を対象として──

Ⅰ．本章における目的と課題、および考察方法について
　（１）目的と課題
　　　本章における検証課題について ………………………………………… 149
　（２）農業貿易と開発途上国の食料安全保障に関するOECDおよび
　　　　FAOの見解と、それに対する疑念
　　　OECDおよびFAOの見解についての概要 …………………………… 151
　　　OECDおよびFAOの見解に対する疑念 ……………………………… 154

（3）課題の検証方法等について
　　　　課題の検証方法 ……………………………………………………… 157
　　　　公的統計データの利用について ………………………………… 158
　　　　先進国、開発途上国、および後発開発途上国の区分について ………… 159

Ⅱ．開発途上国の農産物貿易の動向［検証その1］
　　（1）WTO体制成立以前の開発途上国の農産物貿易
　　　　開発途上国の農産物貿易に関する先行研究 ……………………… 161
　　（2）WTO体制下での開発途上国の農産物貿易
　　　　赤字拡大傾向が続く開発途上国の農産物貿易 …………………… 165
　　　　農産物貿易黒字を拡大させるケアンズ・グループ内の開発途上国 ……… 168
　　　　農産物貿易赤字と商品貿易赤字を拡大させる後発開発途上国 ………… 170

Ⅲ．後発開発途上国の食料需給の動向と現状［検証その2］
　　（1）世界の穀物生産と世界人口の動向についての概観
　　　　世界の穀物生産とその大陸別分布の状況 ………………………… 174
　　　　世界人口の大陸別分布と大陸別1人当たり穀物生産量の状況 ………… 177
　　（2）サブサハラ地域における後発開発途上国の食料需給の動向
　　　　サブサハラ地域におけるWTO加盟後発開発途上国の
　　　　　食料需給の状況 ………………………………………………… 180
　　　　後発開発途上国の食料事情を判断する指標とは
　　　　　なり得ない穀物自給率 ………………………………………… 182
　　　　1人当たり穀物生産量と1人当たり穀物供給量の状況 ……………… 184
　　　　サブサハラ地域における後発開発途上国の国際貿易と栄養不足
　　　　　人口の動向 ……………………………………………………… 186

Ⅳ．総括と展望
　　（1）総　括
　　　　検証作業結果についての総括 ……………………………………… 189
　　　　補遺──WTO体制のもとで大きく変化した世界の食料自給構造── …… 196

（2）展　望

21世紀を乗り越えるために、新たな農業貿易システムの探究を ………… 200

第5章　日本の食料安全保障とWTO農業貿易システム
　　　　──食料自給率をめぐる議論との関連で──

Ⅰ．本章における課題について
農産物輸入の増大と食料自給率の低下 ……………………………………… 203
食料安全保障に関する2つの考えと本章における課題 …………………… 206

Ⅱ．食料自給に基づく食料安全保障論
（1）日本における食料安全保障政策の展開と食料自給率をめぐる議論
「食料・農業・農村基本法」の制定と食料安全保障政策の展開 ……… 208
食料自給率向上策と数値目標の設定 ……………………………………… 209
食料自給率をめぐる議論は不毛か ………………………………………… 210
農林水産省が示している食料自給率は意味のない指標なのか ………… 213

（2）食料自給率低下の真の原因は何か
食料自給率低下の真の原因を見誤った農林水産省 ……………………… 218
食料自給率低下の真の原因は、〈日本農業の国際競争力のなさ〉
　　である ……………………………………………………………………… 220
日本農業から国際競争力を奪った要因は何か …………………………… 222
核心を突きながらも理解されることの少なかった、三輪昌男
　　の「国際競争力のない日本農業」論 …………………………………… 225
「食生活の見直し」論は、本筋の食料自給率向上策ではない ………… 228

Ⅲ．国際分業に依拠した食料安全保障論
〈食料自給率は低いほうがよい〉とか、〈食料自給率の向上に
　　こだわる必要はない〉という食料安全保障論 ………………………… 229
国際分業に依拠した食料安全保障論の問題点 …………………………… 232

忍び寄る日本産業・日本経済の衰退と国際分業に依拠した
　　　　　食料安全保障論 ……………………………………………………… 235

Ⅳ. 日本の食料安全保障政策の現状
　　　食料安全保障は国家安全保障の基本でもある ……………………… 237
　　　「尻すぼみ状態」にある「食料・農業・農村基本計画」……………… 238
　　　〈国内の農業生産の増大〉が謳われながら、削減され続ける
　　　　　日本の農業予算 ……………………………………………………… 241

Ⅴ. 日本の食料安全保障政策の課題とWTO農業貿易システムの改革
　　　食料安全保障政策の基本は穀物自給率の向上にある ……………… 243
　　　食料安全保障政策の抜本的な改革を──恒久的な「21世紀食料
　　　　　安全保障対策特別予算」枠の制定を── ……………………… 249
　　　日本の〈食料自給に基づく食料安全保障〉を不可能にさせている
　　　　　WTO農業貿易システム …………………………………………… 253
　　　WTO農業貿易システムの変革を求めて──輸出補助金、
　　　　　ミニマム・アクセス、カレント・アクセスの撤廃を── ……… 258

終　章　100億人が21世紀を共に生き抜くために
　　　　　──農業貿易論の新たな課題と展望──

Ⅰ. 総括と新たな農業貿易論の課題
　　　総　括 …………………………………………………………………… 265
　　　本書の総括から見えてきた農業貿易論の新たな課題 ……………… 271

Ⅱ. 21世紀を見据えた新たな農業貿易システムの探究
　　　食料問題と農業貿易システム ………………………………………… 272
　　　環境問題と農業貿易システム ………………………………………… 275
　　　WTO農業貿易システムは誰のためのものか ……………………… 277

Ⅲ. 新たな農業貿易システムの実現に向けて
各国の食料主権と食料安全保障を最優先する農業貿易システムを ……… 281
三輪昌男の「適正な管理貿易」………………………………………… 284
ラングとハインズの「新しい保護主義」……………………………… 286
本書を閉じるに当たって——国際世論の形成と国際的連帯を—— ………… 287

【凡　例】

＊本書で利用した引用・参考文献は、「ハーバード方式」と呼ばれる文献表記法に準じた方法で表わし、各章ごとに一括整理し、章末に記載した。

＊引用・参考文献からの出典および出典箇所を明記する場合には、下記の記載例のように、著者名（姓）、発行年をもって、引用・参考文献を特定し、最後に引用・参照ページを付記し、パーレンで囲んで該当箇所に挿入する、という方法をとった。

＊なお、著者（編著者）が複数の場合には、最初の著者名（編者名）のみをもって代表させ、記載例のように「宮崎ほか」と表記することとした。

　　　記載例 ……（應和 1997：55）／（宮崎ほか 2020：122）

序　章

政治経済学としての農業貿易論のすすめ

Ⅰ．農業貿易論とは何か

●農業貿易とは

　本書は、いわゆる「農業貿易」(trade in agriculture；agricultural trade) に関する諸問題について、政治経済学的な考察を試みようとするものである。その試みについてより具体的に説明しておくならば、国際貿易論の一研究領域として「農業貿易論」という新しい研究領域の構築が必要であるという考えのもとに、その構築にとって不可欠と考えられる基本的な理論や分析方法についての考察、そして農業貿易の様相を左右する農業貿易システムについての考察、さらには現行の農業貿易システムが世界各国の食料安全保障に及ぼす影響についての個別事例的な考察、等がその内容である。

　ところで、上記のような考察を開始するに当たっては、最初に本書の表題に掲げている「農業貿易」という表現について、少し説明を加えておくことが必要であろう。と言うのは、わが国ではこれまで、農業経済の研究領域においても、また国際経済や国際貿易の研究領域においても、農業との関わりで貿易を語る場合には「農産物貿易」という表現が一般的に使われており、その表現に馴染みのある方々の中には、「農業貿易」という表現に対して違和感を持つ方や、「農産物貿易でなくして、なぜ農業貿易なのか」という疑

念を抱く方がいるのではないか、と想像されるからである。

　筆者が知る限りであるが、わが国で「農業貿易」という表現ないし語が使われ始めたのは1980年代後半のことである。それからすでに40年近くの年月が経っているのにもかかわらず、「農業貿易」という表現ないし語の使用頻度はきわめて少なく、語そのものに対してもいまだ確たる定義づけがなされていない状態にある。なぜそのような状態にあるのかと言うと、これまで一般的に使われてきた「農産物貿易」という表現が〈農産物の国際間での流通ないしは輸出入〉という貿易の実態を端的に捉えた、分かり易い表現であるのに対して、「農業貿易」という表現には、絶えず〈農業の貿易とは何か〉という問いかけが付きまとうような意味の曖昧さや、日本語表現としての違和感が存在するからである。だが、「農業貿易」という表現にはそのような意味の曖昧さや違和感があるにもかかわらず、本書では意識的に「農業貿易」とか「農業貿易論」という表現を使いたいと考えているし、また使うべきであるとも考えている。もちろん、そのように考えるからには、それなりの理由が存在する。

　「農産物貿易」という表現は、〈農産物の貿易〉という実態を端的に捉えた、分かり易い表現であるが、しかしきわめて限定的で狭小な概念でもある。それに対して「農業貿易」という表現は、いまだ確たる定義づけがなされてはいないものの、単に農産物の輸出入という実態を表わすのではなく、農産物の原点である農業という産業が持つ特殊性と貿易との関係、農産物の国際流通を左右する貿易システムの問題、農産物の貿易が貿易当事国の農業や国民経済に与える影響、さらには農産物の貿易が人類全体の課題である食料問題や地球環境問題に及ぼす影響など、広範な意味内容を含ませることのできる表現である、と考えられる。行論の都合上、あえて定義づけを行なうとするならば、それは、〈農産物の輸出入をはじめとして、農業に関連するすべての貿易事項を包含する経済用語〉、言い換えれば〈農業に関連する貿易事項の総称〉と定義づけることが可能な表現であり、用語である。

　そのような概念上の違いは、自ずとその表現のもとに進められる貿易研究の内容を大きく左右することになるはずである。誤解を恐れずに、これまで

進められてきた「農産物貿易論」研究について触れておくならば、そのほとんどが、農産物貿易の数量的把握ないしは品目的把握にとどまっていて、農産物貿易の背後に横たわる多様な問題群を視野に入れた包括的かつ体系的な考察が見られず、いわば「商品学的貿易論」の域を出ない状態であるというのが実状である。しかも、貿易論研究として、そのような立ち後れた状態にとどまっている一因が、「農産物貿易」という限定的な表現の中に潜んでいるとも考えられるのである。

　それに対して、国際貿易論の一研究領域としての「農業貿易論」に関して、いま少し付け加えておくならば、かつて木下悦二が「貿易論には『経済学的』貿易論と『商学的』貿易論とがある。『経済学的』とは、国際経済にとっての貿易の意義とか、貿易を介して世界経済と国民経済とがいかに影響しあうか、を研究対象にしている」（木下 1970：i）と述べたところの、「経済学的貿易論」としての「農業貿易論」の構築が必要である、というのが筆者の意図である。もちろん、「農産物貿易」という表現は、本書の随所で用いなければならないが、しかしこれまで「農産物貿易論」の名のもとに進められてきた考察の狭小性を一掃するためにも、また国際貿易論の一研究領域を構成する貿易論であるためにも、より広範な意味内容を含ませることのできる「農業貿易」や「農業貿易論」という表現を使うべきである、というのが筆者の考えである。

　そうした理由に加えて、1995年にWTO（世界貿易機関）が成立し、GATT体制からWTO体制へと世界の貿易システムが大きく変化するなかで、農業と貿易との関係が国際経済や世界経済（グローバル経済）のきわめて重要な検討課題となったこともまた、「農業貿易」や「農業貿易論」という表現を用いることが望ましい、と考える理由の1つである。

●農業貿易論の必要とWTO体制の成立

　先にも述べたように、わが国において、「農業貿易」という表現が見られるようになったのは1980年代の後半、とくにGATT（関税と貿易に関する一般協定）の第8回目の多角的貿易交渉であったウルグアイ・ラウンドが開始

された直後からである。ウルグアイ・ラウンドは1986年9月に開始されているが、たとえば、ウルグアイ・ラウンドの開始直後に、農林水産省内部において「農業貿易問題研究会」が発足し、1987年4月には、同研究会によって、『どうなる世界の農業貿易――ガット新ラウンドの現状と展望――』(大成出版社)と題した一書が刊行されている。また、経済企画庁が発行した昭和63(1988)年版『世界経済白書』において、ウルグアイ・ラウンドの状況が報告され、その中で早くも「農業貿易分野の動向」と題した一項が設けられ、「農業貿易」という表現が用いられている(経済企画庁 1988)。

このように、ウルグアイ・ラウンドの開始とともに相次いで「農業貿易」という表現が使われ始めたということは、ウルグアイ・ラウンド貿易交渉の中で進められた農業部門の交渉が、単に〈国境措置としての農産物貿易ルールを協議する〉といった限定的な内容のものではなく、きわめて広範な内容をなすものであったことを示唆している。事実、ウルグアイ・ラウンドにおける農業部門の貿易交渉は、農産物の関税引下げや数量制限といった国境措置に関する交渉だけではなく、各国の農業生産を左右する国内農業支持政策にまで及ぶ交渉だったのである。

だが、そうした事実に加えて、世界の貿易システムがGATT体制からWTO体制へと移行したことにより、「農産物貿易論」は必然的に「農業貿易論」とならざるを得なくなった、とも言える。つまり、WTO体制の成立によって、GATT体制の時代に農業部門に対して容認されていた多くの国際通商上の規制が取り除かれ、主として国民経済の枠内問題であった農業問題が、貿易関係を通じて国際経済ないし世界経済における重要な問題となり、単に農産物貿易の数量的把握とか、現象としての実態把握といった限られた考察ではなくして、まさに農業そのものと貿易との関係についての広範かつ包括的な考察が必要となったと考えられるからである。その点に、「農産物貿易論」ではなくして、国際貿易論の一研究領域として「農業貿易論」という新しい研究領域を設けるべき理由が存在する。

筆者が、本書において意識的に「農業貿易」という表現を使おうとしている意図は、以上の説明でほぼ理解していただけたと考えるが、本項の締めく

くりとして、「農業貿易」という表現がウルグアイ・ラウンド貿易交渉の参加国の間で共通に認識されていた、いわばキーワードの翻訳語であった、と考えられる点についても少し触れておきたい。

周知のように、難航をきわめたウルグアイ・ラウンドの農業交渉は、1994年に最終合意に達し、その合意内容はWTOの成立とともに「農業に関する協定」(Agreement on Agriculture) となったが、実はその農業協定（以後、「WTO農業協定」と表記する）の英語による原文の中に、「農業貿易」という日本語のもととなったと思われる表現が存在する。

その表現とは、WTO農業協定「前文」の、しかも冒頭の一文である "Members, Having decided to establish a basis for initiating a process of reform of **trade in agriculture** in line with the objectives ……" の中に見られる "trade in agriculture" である（農林水産物貿易問題研究会 1995：109）。その部分に対する日本語訳は、「加盟国は、農業貿易の改革過程を開始させるための基礎を …… の目的に沿って確立することを決定し ……」（同：72）であって、明らかに "trade in agriculture" という英語表現に対して「農業貿易」という訳語が当てられている。WTO農業協定において "trade in agriculture" という表現が使われているのは、この冒頭の部分と第20条「改革過程の継続」の (b) 項における "world trade in agriculture" の２カ所だけである。日本語の「農業貿易」に該当する英語は何か、と考えたときにまず思い浮かぶのは "agricultural trade" という表現であろうが、しかし、WTO農業協定においては、あえて "trade in agriculture" という表現が使われている点が重要である。

ウルグアイ・ラウンドの開始以降、わが国の政府や公的機関がどのような意味を込めて「農業貿易」という表現を用いたのかは定かでないが[1]、それまでの「農産物貿易」という表現に代わって、ウルグアイ・ラウンドの開始とともに「農業貿易」という表現が使われ始めたことからすると、ウルグアイ・ラウンド農業交渉における討議内容を示す文書の中で、"trade in agriculture" という表現がすでに使われていて、それに対して「農業貿易」という訳語が当てられ、使用され始めたとも推測される。

さらに付言しておくならば、上記の"trade in agriculture"という表現に対して、「農産物貿易」と意訳することも可能ではないか、という反論が生じる恐れもあるが、しかしそのように意訳することは誤訳である。と言うのは、WTO農業協定第18条5項では「農産物貿易」に該当する表現として、"trade in agricultural products"という表現が使われ（WTO農業協定の日本語訳では「農産品貿易」という訳語が当てられている）、明確な用語上の区別がなされているからである。

直訳すれば、まさに「農業の貿易」である"trade in agriculture"という表現をいま少し意訳すれば、〈農業に関連する貿易事項〉といったことになるであろうが、その意を汲み取りながら、日本語としては幾分曖昧な表現とも思われる「農業貿易」という訳語が使われることになったとすると、それはそれで農業分野の貿易に関する多様な問題を内包する概念、用語として的確な表現である、とも言える[(2)]。しかし、問題は単なる訳語上の問題ではない。WTOの成立によって必然的に、国際貿易論の重要な一研究領域として、また農業経済学においても重要な一研究領域として、「農業貿易論」という新たな研究領域の構築が必要となった、という点である。

II．農業貿易論と政治経済学

●ポリティカル・エコノミーとエコノミクス

従来の「農産物貿易論」に代わって、多様な〈農業に関連する貿易事項〉についての広範かつ包括的な把握を目的とする「農業貿易論」という新たな研究領域を構築することが必要である、というのが本書における中心的な問題意識であるが、その多様な〈農業に関連する貿易事項〉を考察ないし分析するに当たって必要な経済学の思考法についても触れておく必要があろう。

その点に関して、結論を先取りした形で述べておくならば、本書の表題を「農業貿易の政治経済学」としているように、農業貿易に関する諸問題の考察や分析には〈政治経済学的思考〉が不可欠である、というのが筆者の考え

である。なぜ、政治経済学的思考が必要であるのか、それは以下のような理由からである。

　資本主義経済社会の仕組みやその経済社会が生み出す多様な経済問題を解き明かす学問として誕生した経済学は、アダム・スミス（A. Smith）によって打ち立てられた古典学派をはじめとして、歴史学派、マルクス経済学、新古典学派、そしてケインズ経済学など多数の異なる考え方や分析方法を生み出しながら今日に至っているが、改めてその歴史を振り返ってみると、考え方や分析方法が大きく異なる2つの経済学に大別できるように思われる。その2つの経済学とは何か、誤解を恐れずに言うならば、1つが経済学の歴史の最初の100年間を支配した「ポリティカル・エコノミー」（political economy）、すなわち「政治経済学」と呼ばれる経済学であり、いま1つが、1870年代の「限界革命」をきっかけとして誕生した「エコノミクス」（economics）という新しい経済学である。経済学説史の観点からすると、そのような大まかな区分は「乱暴すぎる」との誹りを免れないかも知れないが、にもかかわらず筆者がそのような区分を持ち出す理由は、現実の経済社会を分析し、把握していく方法として、「ポリティカル・エコノミー」と「エコノミックス」との間には顕著な違いが存在し、その違いによって現実の経済社会が抱える問題の把握やそれに対する対応策に大きな隔たりが生じてくると考えるからである。

　経済学は、近代市民社会の成立とともに、社会を構成する経済領域と政治領域とが分離し、そのことによって経済領域を独自に取り扱うことが可能となり、新たな学問として誕生した、と説明される。だが、経済学が考察対象とする現実の経済社会は、政治領域から完全に分離し、経済要素のみで律せられているような社会ではなく、それゆえ市場原理にすべてを委ねることのできるような社会でもない。生産から消費に至るまでの経済過程は、基本的には経済の論理に従って動いているとはいえ、その経済過程には多様な政治的要素が絡まり、経済的要素と政治的要素との相互作用のもとで経済過程は動いているというのが現実でもある。そうした経済過程に対する政治的要素のかかわり方をどのように考えるかが、ポリティカル・エコノミーとエコノ

ミクスとを分け隔てている要因であり、分かれ目である。

「ポリティカル・エコノミー」、すなわち政治経済学は、その名称が示すように、経済社会や経済過程が単に経済的要素ないしは経済法則のみで動いていると捉えるのではなく、政治的要素が経済過程に係わっていること、そしてその政治的要素を無視し得ないと考えている点にその特徴があると言ってよい。

一方、19世紀末葉に、アルフレッド・マーシャル（A. Marshall）によって命名されることになった新しい経済学、すなわち「エコノミクス」は、20世紀に突入以降、紆余曲折をたどりながらも、次第に経済学の〈科学性〉を追い求め、政治的要素を極力排除する形で経済過程を捉え、理論化していくという、いわば経済学の「純粋化ないし科学化」を追い求めながら、その一方で、経済過程に対する国家の介入を取り除く政策展開、すなわち規制緩和と自由な競争市場の創出にその存在意義を見出そうとしている。

そうした中で、いつしか「ポリティカル・エコノミー」は「エコノミクス」の後景に追いやられてきたというのが現状である。だが、そのような歴史をたどる経済学の歴史に対しては、経済学の様々な研究領域から批判が寄せられるとともに、「ポリティカル・エコノミー」の必要性が主張されてきている。

たとえば、アメリカ経済学界の泰斗であるジョン・ケネス・ガルブレイス（J. K. Calbraith）は、主著『経済学の歴史』の中で「経済学を政治および政治的動機づけから切り離すのは不毛なことである。このことはまた、経済的権力および経済的動機づけの現実に、隠れみのを提供することにもなっている。さらにそれは、経済政策における誤診や過ちの重要な源泉でもある。経済学の歴史に関するどんな書物も、経済学が政治学と再結合して、政治経済学というより大きな学科を再び形成するようになるだろう、との希望なしに終わらせることはできない」（ガルブレイス 1988：426）と論じている。さらに、国際経済関係についての研究者であるロバート・ギルピン（R. Gilpin）は、「現代の世界では、『国家』と『市場』が並存して、相互に影響を与えている。このような状況で『政治経済学（ポリティカル・エコノミー）』が成立する。すなわち、国家と市場の両方がなければ、政治経済学は存在しえない。国家

が存在しなければ、価格メカニズムと市場の力が経済活動のすべてを決定することになり、経済学の世界になる。また、市場が存在しなければ、国家または国家に相当する権力が経済資源を配分し、政治学の世界になる。しかし、経済学の世界あるいは政治学の世界は純粋な形では存在しない」（ギルピン 1990：7）と述べ、そのうえで、「国家と市場は相互に影響を与えながら国際関係における権力と富の分配に影響を与えるのである」（ギルピン 1990：10）として、国際政治経済学の必要性を主張している[3]。

　国際貿易は、言うまでもなく国際経済関係を成す主要な要素であるが、ギルピンの指摘に倣って、もしも国際貿易が経済的な要素によってのみ律せられているとするならば、それはまさに国際市場のもとでの価格メカニズムによって律せられていくことになるであろうし、極論を言えば、エコノミストさえ不要である。それは、国家がまったく介入することのない世界であり、完全な「自由貿易」の世界である。しかし、スミスをはじめとして、理念としての「自由貿易主義」は主張され続けているとはいえ、完全な自由貿易の世界はこれまで実現してはいないし、またこれからも国民国家の枠組みが存在する限り実現しないはずである。

　国際間の経済関係は、経済的要素と政治的要素との相互作用のもとで形成されている、というのが現実であって、それゆえ本書で取り上げる農業貿易には政治経済学的な考察や分析が不可欠なのである。本書の表題を「農業貿易の政治経済学」としたのは、そうした理由からである。

●**政治経済学としての農業貿易論の分析方法について**

　多様な〈農業に関連する貿易事項〉を考察対象とする農業貿易論にとっては政治経済学的な分析方法が不可欠であるが、その政治経済学的な分析方法とはどのような方法であるのかという点についても、いま少し論じておきたい。

　これまで述べてきたことを踏まえながら、政治経済学的な分析方法についてひとまず整理しておくならば、それは、資本主義経済のもとで生じる諸変化は経済的要素と政治的要素との相互作用の産物であるとの認識のもとに、現実の経済関係を政治的要素による作用と関連づけながら総合的かつ包括的

に把握しようとする経済学の手法である、ということができる[4]。そうした手法に基づいた政治経済学をさらに具体化して特徴づけるとすると、若森章孝の次のような整理が参考となるであろう。その整理とは、「再生産の経済学」、「制度の経済学」、そして「民主主義の経済学」としての政治経済学の特徴づけである（若森ほか2007：2-5）。

第1の「再生産の経済学」に関しては、「政治経済学は、経済システムを再生産の視点から研究する経済学である」として、その経済システムの持続的な維持・再生産のためには、①社会的に必要な財やサービスの安定的な供給のための社会的分業や産業構造の再生産、②労働力の再生産、③自然と人間との関係の再生産、という3つの条件を満たすことが必要であると言う。

第2の「制度の経済学」に関しては、「政治経済学は制度の経済学でもある」として、人びとの意思決定や行動を左右するルール・規範・慣行の総体としての「制度」、すなわち、私的所有と契約を保護する法的ルールにはじまり、労使関係に関する諸制度、国家による財政政策・金融政策・福祉政策、そして国際的な貿易・投資・決済に関するルールなどによって資本主義市場経済の動きが制約されると同時に、方向づけられている、という点に注目すべきことが指摘されている。

また第3の「民主主義の経済学」に関しては、「政治経済学は民主主義の経済学でもある」として、民主主義が持つ「公的な討論と民主的な意思決定を通じてコンセンサスを作り出す制度」の重要性と、とくに民主主義が政策の優先順位の決定や、制度変化の可能性を内蔵していることの意義が指摘されている。

以上のような整理を踏まえ、改めて政治経済学としての農業貿易論について考えてみると、自ずとその考察対象の領域や考察の視点、さらには政治経済学としての農業貿易論の意義が浮かび上がってくるように思われる。

まず、「再生産の経済学」としての政治経済学の視点からすると、農業貿易が貿易当事国の経済システムの再生産にどのような影響を与えることになるのか、という点の解明である。農業貿易を通じて形成される国際分業関係は、貿易当事国の産業構造を基礎として形成されてくるとはいえ、そのよう

にして形成されてきた国際分業関係には、貿易当事国の産業構造をさらに変化させていく作用や産業構造の硬直化をもたらす可能性が存在する。それが社会的に必要な財やサービスの安定供給に資する国際分業関係を形成するのか否か、あるいはまた農業貿易が自然と人間との物質代謝関係にどのような作用を及ぼすのか、といったことがらが重要な考察対象となる。

　第2の「制度の経済学」としての政治経済学の視点からは、農業貿易を律する貿易ルールの変更とそれをめぐる国際経済ないしは世界経済の状況変化との関連、貿易ルールの変更が国民経済にどのような変化や作用をもたらすのか、といった問題が、主要な考察対象となる。

　さらに、「民主主義の経済学」としての政治経済学の視点からは、たとえば、現行の貿易ルールが、国民経済に対して、あるいは国際経済関係に対して弊害をもたらしているとすると、それをどのようなルールに改正すべきか、また改正に向けてのコンセンサスをどのように作り上げていくか、といったことがらがその考察対象となる。

　そうした多様な視点からの考察は、自ずと〈農産物の国際流通〉を取り巻く諸問題の広範かつ包括的な把握へとつながっていくはずであり、その点に政治経済学としての農業貿易論の意義が存在する。

Ⅲ. 農業貿易論の課題と本書の章別構成

●国際貿易論の一研究領域をなす農業貿易論の課題

　ところで、「政治経済学としての農業貿易論」の展開を図ろうとするとき、さし当たって解明すべき課題としてはいかなるものが考えられるのであろうか。

　すでに論じたように、農業貿易論が国際貿易論の一研究領域をなすものである以上、農業貿易論の課題と国際貿易論の課題との間には共通点がある、と考えられる。国際貿易論の課題について明確に論じた先行研究はほとんどみられないが、筆者の理解するところによると、これまでの国際貿易論研究では、大きく2つの課題の解明に多くの精力が注がれてきたと思われる。そ

の第1の課題とは、国境を越えての商品流通ないし商品交換に特有な法則の解明であり[5]、第2の課題とは、先に引用・紹介した木下悦二が言うように、貿易が貿易当事国の経済、すなわち国民経済に対して与える影響や、世界経済全体に及ぼす影響の解明である。

　第1の課題については、多くの説明は不要であろう。周知のように、国際貿易の理論としては、スミスの貿易論やデーヴィッド・リカード（D. Ricardo）の「比較生産費説」をはじめとして、多くの経済学者による国際貿易に関する理論的研究の蓄積が存在する。しかし、なお解明すべき理論的課題が残されているのであって、それが国際貿易論研究において追究していくべき課題である。

　第2の課題に関していえば、国際貿易は必然的に貿易当事国の経済、すなわち国民経済に対して影響を及ぼすと同時に、世界経済全体に対しても影響を及ぼし、結果として、それ自体が多様な問題を生み出すのであって、その問題の解明が国際貿易論にとっての重要な課題となる。

　国際貿易論の第1の課題に即して農業貿易論の課題を考えるとすると、それは農業貿易に固有な法則の解明ということになる。何が農業貿易に固有な法則か、という点については異論があり得るであろうが、たとえば、国民経済という枠組みのもとでの農業の持つ「産業上の特殊性」ないし「技術上の特殊性」によって規制される農業貿易の論理や法則を明らかにすることは、農業貿易論にとって重要な課題であると考えられる。この課題は、農業貿易論の理論的課題と呼ぶことのできる課題であるが、ひとまずそれを農業貿易論の第1の課題と呼んでおこう。

　一方、国際貿易論の第2の課題に即していえば、農業貸易論はまさに解明すべき多様な問題や課題を抱えている。農業貿易は、貿易当事国の産業構造のあり方と深く関わっており、その動向によって貿易当事国の産業構造を変化させ、一国の食料安全保障にも大きな影響を与えると考えられ、そうした国民経済レベルで解明すべき多くの問題や課題が存在する。また、農業貿易が世界経済全体に及ぼす影響も決して小さくはない。中でも最も重要な今日的な課題は、人間にとって最も基礎的な財である「食料」に関わる問題、す

なわち、世界人口80億人のうち約10％の人々が食料不足の状態で苦しんでいるという現実に対して、現行のWTO農業貿易システムのもとでの農業貿易がその問題にどのような影響を及ぼしているのか、あるいはWTO農業貿易システムが各国民国家の食料安全保障に対していかなる影響をもたらしているのか、さらには「食の安全性」や地球環境問題の観点から考えて現行の農業貿易システムは望ましい貿易システムであるのか否か、といった制度的な問題を含めて、多様な問題の解明が求められていると考えられる。こうしたより具体的な今日的な課題を、農業貿易論の第2の課題と呼んでおきたい。

以上のように、農業貿易論には大きく2つの課題が存在すると考えられるのであるが、それら2つの課題は決して独立した個別の課題ではない。経済学という学問の使命は、われわれの目の前に立ちはだかっている今日的な問題に対処することであり、その点からすれば第2の課題こそが解明すべき最重要な課題であり、最終的課題であると言えるが、しかしその今日的課題の真の解明のためには第1の理論的課題の解明もまた不可欠であって、言うならば、それら両者の包括的な考察が求められている、と言わざるを得ない。

とは言え、農業貿易論という研究領域はまったく新しい、未開拓の研究領域であり、いまだ研究開始の段階にあるのであって、次章以下での考察は上記のような課題に向けての予備的考察であると同時に、いわば農業貿易論を構築するための糸口を探る作業とならざるを得ないであろう。その点を、予めお断わりしておきたい。

●**本書の章別構成と各章における検討課題**

農産物の貿易に関連する広範な事項を農業貿易と捉え、そのうえで国際貿易論の一研究領域をなす農業貿易論を構築するための糸口を模索すること、それが本書の目的であるが、その目的に関して言えば、まずは農業貿易論という枠組みの中に、どのような問題を取り込んで考察・分析を加えていくべきか、枠組み全体をどのような方法のもとに纏め上げていくべきか、という点を明らかにすることが当面の課題である。以下の諸章で取り上げる内容はいずれも、農業貿易論の体系化といった問題を考えた場合に、その体系の中

に含める必要があると考えられることがらである。

　第1章と第2章における考察は、先に述べた国際貿易論の一研究領域としての農業貿易論の第1の課題である〈理論的課題〉に関する検討である。これに対して、第3章以下の諸章での考察は、農業貿易論の第2の課題である〈今日的課題〉に関することがらの検討である。それらの諸章で取り上げることのできた内容は限られており、農業貿易論を構成する内容としては不十分であろうが、しかし、農業貿易論の体系といったものを想定するときに考えられる方向性や枠組みについては、一定程度示すことができていると考える。予め、本書の章別構成と各章ごとの検討課題に関する概要を示しておくと、以下のとおりである。

　第1章「農業の特殊性と農業貿易」において取り上げようとする課題は、いわば農業貿易の特質についての明確化である。資本主義という経済システムにおいては、農業はその産業上の特殊性のゆえに非合理的な産業であると見做され、資本主義の発展とともに国民経済の枠外に移譲される傾向を持ち、そしてその移譲とともに先進国と開発の遅れた国々との間に〈農工間国際分業〉という経済関係が形成され、その一翼を農業貿易が担うことになるという論理の存在を明らかにすること、加えて、そうした論理の存在をイギリス産業資本主義の歴史的展開を通して確認する作業がその内容である。

　第2章「農業貿易と農工間国際分業の論理」での課題は、第1章で明らかにした資本主義という経済システムにおいては自ずと農工間国際分業が形成されてくるという論理を、貿易理論としてきわめてシンプルなモデルを用いて説明したリカードの比較生産費説に焦点を当て、そのリカード比較生産費説の理解の仕方の再確認と比較生産費説の背後に潜む〈自由貿易主義こそが望ましい〉とする考えを農業貿易の観点から再検討し、自由貿易主義の主張の是非を問い質すことを課題とした。

　第3章「WTO体制の成立と農業貿易システムの変容──GATT体制からWTO体制へ──」における課題は、第2次世界大戦後の貿易体制であったGATT体制に代わって1995年にWTO体制が成立したが、そのGATT体制からWTO体制への移行に伴って農業貿易システムはどのように変容したのか、

またその変容が各国民経済や世界経済にどのような影響をもたらすことになるのか、という点の検討である。農業貿易論のいわば〈制度的側面〉についての考察である。

第4章「開発途上国の食料安全保障とWTO農業貿易システム——サブサハラ地域の後発開発途上国（LDCs）を対象として——」では、WTO体制の成立前後にかけて、OECD（経済協力開発機構）やFAO（国際連合食糧農業機関）などの国際機関によって、農業貿易の一層の自由化は〈開発途上国の食料自給を促すことにつながる〉とか、〈開発途上国の食料安全保障を助長する〉といった主旨の見解が示されてきたが、WTO体制が成立して四半世紀を経た現在、それらの見解に示されたような状況や傾向が現われてきているのか否かの検証を課題とした。

第5章「日本の食料安全保障とWTO農業貿易システム——食料自給率をめぐる議論との関連で——」においては、わが国の食料自給率低下の原因をめぐる議論を検討し、真の原因が国際経済関係の中に潜んでいること、さらに食料自給率の向上は食料安全保障の基本であり、その追求は国民国家にとっての基本的な主権であるという主張の論拠を明確にするとともに、現行のWTO農業貿易システムが日本の食料安全保障に与える影響の検討を課題とした。

第3章から第5章にかけての考察は、主としてWTO農業貿易システムに焦点が当てられているが、それはGATT体制の時代とは異なって、WTO体制の成立によってもたらされた〈農業貿易のより一層の自由化〉が、世界各国の農業生産や食料問題に対して大きな影響をもたらし、しかも多くの国々の食料安全保障を脅かすような状況が生まれているからである。

終章「100億人が21世紀を共に生き抜くために——農業貿易論の新たな課題と展望——」においては、第1章から第5章までの考察内容を総括するとともに、現行のWTO農業貿易システムが、21世紀世界における人類全体の安定的な経済生活や持続的で平和な経済社会の実現に資する農業貿易システムであるか否かを問い質し、望ましい農業貿易システムについての模索やその展望について一考を加えることとした。

Ⅳ. 農業貿易論の構築に必要な学際的研究

●農業経済の研究活動に見られる〈棲み分け状態〉

　本書の目的は、国際貿易論の一研究領域をなす農業貿易論という新たな研究領域を構築する必要があることを訴えるとともに、その構築のために必要と思われる理論的枠組みないしは基本的視座の探究を試みようとするものである。そして、その試みが1つの契機となって、近い将来、農業貿易論という新しい研究領域における活発な議論が展開されるようになることも筆者の願いであるが、そのためには、いま1つ乗り越えなければならない大きな問題が存在すると思われる。その問題とは、農業部門の経済に関してわが国の研究活動において見られる、奇妙な〈棲み分け状態〉とでも言える問題である。

　言うまでもないことであるが、経済学という学問は、経済社会を構成するあらゆる産業部門における経済活動を研究対象とする学問である。しかし、わが国の大学における農業部門の経済に関する研究・教育活動は、いまや経済学研究の中心をなす経済学部・学科においてはほとんど行なわれておらず、もっぱら農学系の学部・学科に委ねられているという状態であって、農業部門の経済に関する研究・教育活動に関しては一種の〈棲み分け状態〉が生まれているのである。このような〈棲み分け状態〉は長年にわたって存在しているにもかかわらず、この問題について触れる研究者がほとんど見当たらない、ということに筆者は不思議な感じさえ抱いているが、その点についてはともかくとして、従来の農産物貿易論研究が立ち後れた状態にとどまっていた一因は、この〈棲み分け状態〉にも潜んでいると考えられるのである。

　こうした〈棲み分け状態〉がなぜ生まれたのかが問題であるが、それはわが国における経済学研究の歩みと深く関わっていると考えられる。

　よく知られているように、わが国において経済学研究が開始されたのは、江戸時代末期頃から明治初頭にかけてのことである。当初、イギリス古典学派やドイツ歴史学派の経済学書の翻訳・紹介という形で始まったわが国の経済学研究が、経済学書の翻訳・紹介という段階から抜け出し、地に着いた学問としての歩みを始めるのは20世紀に入ってからのことである。中でも1920

年代後半頃から始まったいわゆる「日本資本主義論争」は、わが国における本格的な経済学研究の開始を告げる論争であった、ということができる。

その論争は、明治新政府の指導のもとに植え付けられ、育て上げられてきたわが国の資本主義がいかなる性格を持つ資本主義であるのか、という問題をめぐっての議論であったが、その議論の中で、日本の経済社会の本格的な分析、とりわけ農業部門における地主・小作関係や土地所有に関する経済学的な分析、さらには地代論研究など精力的な研究が行なわれたのである。この日本資本主義論争に見られるように、わが国における経済学研究の初期段階においては、農業部門や農村社会の分析に多くの精力が注がれたのであって、言ってみれば、わが国の本格的な経済学研究は農業部門の経済学的分析をもって開始されたのである[6]。その理由は、欧米の国々と比べてわが国の資本主義の成立・発展が遅れ、第2次世界大戦に至るまで、農業部門が日本経済における重要な産業部門であり続けたからである。

そのように、わが国における本格的な経済学研究は、農業部門の経済学的分析をもって始まったのであるが、しかし、農業部門の経済学的分析は社会科学系の「経済学」の側からのアプローチのみではなく、農業という産業に特化した総合科学である「農学」という学問分野の、「農業経済学」という研究領域からも進められてきたのである。その点に、わが国における農業部門の経済分析や経済学的研究に関する特異性が存在するのであるが、しかしそうした学問的な特異性が、やがて日本の経済社会の変化、とりわけ産業構造の変化とともに、今日見られるような〈棲み分け状態〉を生み出すことになった、と考えられるのである。

周知のように、第2次世界大戦の終戦とともに、占領軍（GHQ）によって遂行された「農地改革」によって戦前の日本資本主義を特徴づけていた寄生地主制という封建的遺制は撤廃された。徹底した民主化政策のもとでの経済復興が追求されていく中で、日本経済の様相は急速に変化し、それに伴ってわが国における経済学研究における研究対象も変化し始める。とくに、1950年代後半以降の「高度経済成長期」の中で、「経済学」側の経済研究の焦点は、製造業、とりわけ輸出主導型産業の分析や、エネルギー問題、そして国際貿

易や対外投資を中心とする国際経済問題、さらには国際金融の問題などへと大きくシフトし、それとともに産業構造における比重が著しく小さくなった農業部門の経済に関する分析・研究は、社会科学としての「経済学」の側からは次第に姿を消していくこととなる。

　だが、農業部門の比重が小さくなったとはいえ、〈食料〉という人間にとって最も重要な財の生産を担う農業の意義・役割が変わるはずもなく、また日本の経済社会から農業がなくなったわけではない。農業が存在する限り、農業に関わるすべての問題を研究対象とする総合科学としての「農学」はあり続けるし、その総合科学としての「農学」の重要な研究領域である「農業経済学」もまた存在し続けるのである。こうしてわが国では、農業部門の経済研究は、社会科学としての「経済学」の世界から次第に姿を消し、いつしか農学系の「農業経済学」に一任されるという、研究活動上の〈棲み分け状態〉が生まれたのである。

● 〈棲み分け状態〉の何が問題か

　この〈棲み分け状態〉は、一見すると、これまで経済学の領域でとられてきた研究手法、すなわち研究対象を細分化しながら研究を深化させ、その結果得られたそれぞれの研究成果を再び統合していくという研究手法と同じような研究方法であり、合理的な研究手法であるとも言えそうであるが、しかし、そのような研究方法は、細分化を通じて得られた成果が統合され、総合化されていき、経済社会全体の的確な状況把握につながることによってのみ、合理的な方法と言えるのである。その点から考えると、残念ながら上記のような〈棲み分け状態〉のもとで得られた個々の研究成果を統合し、総合化して、研究成果を体系化することは決して容易ではなく、その点に農業部門の経済研究をめぐる〈棲み分け状態〉の問題点が存在する、と言わなければならない。

　なぜ「経済学」の側の研究成果と、「農業経済学」の側の研究成果とを統合し、総合化ないしは体系化することが難しいのかというと、それは社会科学としての「経済学」がとる分析・研究方法と、農業に特化した「農学」と

いう研究領域の「農業経済学」がとる分析・研究方法に大きな違いが存在するからである。

　資本主義という経済システムを解明する学問として生まれた「経済学」は、資本主義の発展・変容に伴って生じる多様な経済問題や事象、そして複雑化していく経済システムを解明するために、一定の問題領域や経済領域ごとに分析対象を細分化し、その個別研究を進め、その細分化を通じて得られた研究成果を整理統合し、総合化して、一定の枠組みのもとに、その時々の経済社会の全容や資本主義という経済システムの全体像を掴む努力をしてきたと言ってよい。その経済社会の全容や資本主義という経済システムの全体像を掴むために経済学が設けた枠組みとは何かというと、それは、国民国家を単位とした国民経済（national economy）、国民国家と国民国家との間の経済関係である国際経済（international economy）、そして多様な国民経済の間で展開される国際経済関係のいわば「総体」ともいえる世界経済（world economy；global economy）という枠組みである。

　国民経済を構成する種々の産業部門の中で、農業部門は国民の生存に直接関わる食料を作り出す最も重要な産業部門である。しかし、本書の第1章および第2章で詳細に検討しているように、資本主義という経済システムにおいては、農業は工業に比べて〈非合理的な産業である〉という特性を持っているがゆえに、経済発展をとげ始めた国々は、その非合理的な産業である農業を国民経済の枠内に押しとどめようとはせず、国際貿易を通じて世界市場のもとでその〈農業の非合理性〉を解消しようとし始めるのである。そのような特殊な産業部門である農業部門の分析・研究を社会科学系の「経済学」の側から試みるとすると、その分析・研究の方法は自ずと、国民経済という枠組みの中での農業の役割や、農業と工業との関係、さらには農産物の貿易を通しての国際経済や世界経済と農業の関係といった問題へと拡がっていく思考方法にならざるを得ない。

　それに対して、「農業経済学」の側からの分析・研究の方法としては、「農学」という農業に特化した学問領域の一分野であるがゆえに、農業世界と非農業世界（工業を中心とした世界）とを区分し[7]、農業という産業の特異性

や農業生産を左右する経営規模や土地問題、さらに農業経営組織や農産物流通の効率性といった、農業の経営経済学的な解明へと向かう思考方法がとられていく傾向が存在し、しかも多分にその考察は一国民経済という枠組みの中の農業経済に関する分析・研究にとどまっていると言ってよい。

　農業という同一の産業部門の経済分析ないしは経済研究でありながら、「経済学」の側の問題の捉え方や分析方法と、「農業経済学」の問題の捉え方や分析方法との間には、かなりの差違が存在するのである。そうした中で、わが国の「経済学」の側は、農業部門の分析・研究をいわば放棄し、その分析・研究を「農業経済学」の側に委ねる、という〈棲み分け状態〉が生み出されているのである。農業部門の考察を放棄した「経済学」の側が、「農業経済学」の側の研究成果を借りて、自らの側の研究成果と統合させ、総合化し、体系化を図ろうとしても、上記のような異なった分析方法や思考方法によって得られた研究成果であることを考えれば、その総合化、体系化が容易でないことは明らかである。そのことはまた、本書における〈農業貿易論の構築〉という課題に対しても大きく関わっている問題でもある。

● 〈棲み分け状態〉の解消と学際的研究のすすめ

　上記のような、農業部門の経済研究に見られる〈棲み分け状態〉の存在は、わが国の経済学部・学科で学んだエコノミストの多くが、往々にして農業を軽視、ないしは捨象して日本経済や世界経済の状況を論じていく傾向を生み出し、結果として実相を十全に捉え切れていない日本経済論や世界経済論を展開する恐れが存在する。一方、農学系の学部・学科で進められていく農業経済の分析・考察には、考察対象に含まれる課題が十分に捉えきれないという問題が生じることにもなるであろう。たとえば、後者の農学系の農業経済研究の問題として言うならば、従来の「農産物貿易論」という名称のもとに進められてきた研究は、農産物の国際流通の数量的把握や現象としての実態把握にとどまっていて、農産物の貿易に特有な理論問題や、農産物貿易が国民経済や世界経済に及ぼす影響など、背後に潜む多様な問題への考察が乏しい、といった限界を持っているのである。

本書で意図している、国際貿易論の一研究領域としての農業貿易論を構築するためには、何よりも農業部門の経済に関する研究活動に見られる〈棲み分け状態〉を解消することが必要である。なぜならば、農業貿易論という新たな研究領域は、貿易の基礎理論はもちろんのこと、国民経済や国際経済、さらには世界経済に関する多様な知識や情報を踏まえた考察が必要であるし、一方、農業という産業の特殊性や農業経済に特有な知識・情報を踏まえた考察も必要だからである。そのことは、逆説的ではあるが、農業貿易論という新しい研究領域が、農業経済学研究の分野の研究者にとっても、国際貿易論ないしは国際経済論等の研究者にとっても、相互に意見交換し合いながら、課題に向かって協力し合わなければならない場、すなわち、ある意味での「学際的研究の場」とならざるを得ないこと、そしてそれが必然的に上記のような〈棲み分け状態〉を解消していく方法であることを意味している。農業貿易論という研究領域は、いわば農業経済学の分野の研究者と社会科学系の経済学研究に携わっている研究者を結び付ける1つの結節点である、とも言えるのである。

　農業貿易論という研究領域が、そのような「学際的研究の場」となるためには、農業問題や農業貿易という研究領域に関心を持つ若い研究者たち、とりわけ経済学部および大学院の経済学専攻で学ぶ学生たちや、同様に国際経済や国際貿易論に関心を持つ農学系の大学や大学院で農業経済学を学ぶ学生たちが、それぞれの大学や大学院を越えて、相互に必要な講義科目を選択・聴講でき、意見交換できるような教育システムの実現も必要である。本書の試みの背後には、そうした願いも潜んでいることを付け加えておきたい。

［注］
（1）　上述したように、ウルグアイ・ラウンドの開始とともに、農林水産省内に「農業貿易問題研究会」が組織され、同研究会によって『どうなる世界の農業貿易』と題する一書が刊行されている。しかし、同書では、「農産物貿易」という表現に代わってなぜ「農業貿易」という表現を用いることにしたのか、その理由

についてはまったく触れられていない（農業貿易問題研究会 1987）。
（2）「農業貿易」と類似の表現は、ウルグアイ・ラウンドの貿易交渉ではじめて取り上げられることになった他の交渉議題にも見られる。それは、「サービス貿易」である。この語が用いられはじめたときには、「サービスの貿易とはいったい何だろう」という違和感が存在したが、〈運輸、保険、金融、通信など、モノ以外の国際間での経済取引を一括してサービス貿易と呼ぶ〉という注釈を知れば、その表現も次第に受け入れられるようになるのである。ちなみに、「サービス貿易」の公式の英語表現は、"trade in services" である。
（3）ギルピンは、1970年代半ばから「現代においては、国際関係の研究者が経済と政治の相互作用を無視することはもはや許されなくなっている。今日では、国際関係の政治経済学を意識することの必要性が強まっている」（ギルピン 1977：3）として国際政治経済学の必要を訴えているし、また、イギリスのスーザン・ストレンジ（S. Strange）もギルピンと同様に、1980年代から「国際政治経済学」の必要を訴えている（ストレンジ 1994）。
（4）ギルピンとともに国際政治経済学の必要性を強く主張するスーザン・ストレンジは、国際政治経済学の研究方法について、「わたくしがここで述べているのは、国家——より正確にいえば、何であれ政治的権威のこと——が市場に与える影響、また反対に市場力が国家に与える影響をそれぞれ構造的に分析する方法を用いて、政治学と経済学を総合する方法である」と論じている（ストレンジ 1994：20）。
（5）この点について吉信粛は、「貿易は、複数の国家にまたがって行われるのであり、……国家を捨象することはできない。したがって、貿易論は、その対象に特有な、商業論一般に解消されえない商品流通の特殊性を、経済法則として明らかにするという学問的課題をもつのである」（吉信 1994：4）と論じているし、また木下悦二は、「外国貿易についての研究は、……何よりもまず、この国際商品交換を規制する諸法則と商品交換一般のそれとの関係と相違を明確にすることからはじめねばならないであろう」（木下 1963：97）と述べている。
（6）日本における本格的な経済学研究が、農業部門の経済学的分析から始まったとする1つの証左は、農業経済に関わる学術・研究集団として中心的な役割を担っている「日本農業経済学会」が、他の多くの経済学会に先んじて設立されている点である。たとえば、今日、純粋経済学ないしは理論経済学の研究者組織として中心的な役割を担っていると思われる「日本経済学会」が

設立されたのは1934年であるが、「日本農業経済学会」はそれよりも10年早く、1924年に設立されている（両学会の設立年に関しては、ウエッブ上の両学会のホームページを参照）。

（7）　たとえば、現在のわが国における代表的農業経済学者のひとりである荏開津典生は、経済社会を都市的世界（工業を中心とした世界）と農業的世界とに区分し、その農業的世界の特質を論じながら、「農業的世界の経済を考えるためには、それをただ経済の面だけ切り離して都市的世界を想定した理論で説明するのでは不充分である。……農業経済は、農業的世界の理解なしには理解できない面を持っている」（荏開津 2003：10）と述べている。

[引用・参考文献]

荏開津典生（2003）『農業経済学〔第2版〕』岩波書店
ガルブレイス、J. K.（1988）『経済学の歴史——いま時代と思想を見直す——』鈴木哲太郎訳、ダイヤモンド社
木下悦二（1963）『資本主義と外国貿易』有斐閣
木下悦二編（1970）『貿易論入門』有斐閣
木下悦二編（1979）『貿易論入門〔新版〕』有斐閣
ギルピン、R.（1977）『多国籍企業没落論』山崎清訳、ダイヤモンド社
ギルピン、R.（1979）『世界システムの政治経済学——国際関係の新段階——』佐藤誠三郎・竹内透監修、大蔵省世界システム研究会訳、東洋経済新報社
経済企画庁（1988）『世界経済白書〈昭和63年度〉・本編』経済企画庁
ストレンジ、S.（1994）『国際政治経済学入門——国家と市場——』西川潤・佐藤元彦訳、東洋経済新報社
農業貿易問題研究会編（1987）『どうなる世界の農業貿易——ガット新ラウンドの現状と展望——』大成出版社
農林水産物貿易問題研究会編（1995）『世界貿易機関〔WTO〕農業関係協定集』国際食糧農業協会
吉信粛（1994）『貿易論を学ぶ〔新版〕』有斐閣
若森章孝（2007）「政治経済学とは何か」若森章孝・小池渺・盛岡孝二『入門・政治経済学』ミネルヴァ書房

第1章

農業の特殊性と農業貿易

はじめに

　人間の生存にとって不可欠な食料および農産原料の生産を担っている農業は、国民経済を構成する重要な産業部門の1つであるが、しかし農業には〈動植物の生育に依存した産業〉という、他の産業には見られない産業上の特殊性が存在する。資本主義という経済システムを牽引する工業を中心とした産業資本の側からすると、そうした特殊性を持つ農業は、ときとして合理性を欠いた産業ということになる。

　国民経済という枠組みを差し当たりの活動の場とする産業資本にとっては、非合理的な産業である農業を国民経済の枠内に抱え込むことは、国民に対して割高な食料を提供することになると同時に、農業部門からの労働力の排出を鈍らせることにもなるのである。そうした農業部門の問題が国民経済の枠内では解決しがたいものと考えられるや、産業資本の側からは、非合理的な産業である農業をでき得る限り国民経済の枠外に移譲すること、すなわち安価な食料や農産原料を国外から輸入することによってその問題を解決すべきであるという圧力が生まれることとなる。

　本章では、農業がそうした特殊性を持っていることに端を発して、やがて資本主義の発展とともに農工間国際分業が作り出されてくること、しかもそ

の農工間国際分業の形成にとって農業貿易が一翼を担うことになるという論理を明確にするとともに、そうした論理展開に沿う形で農工間国際分業をいち早く形成していったイギリス産業資本主義の歴史的展開を振り返り、今日的な問題を考えるための糸口を探ることとしたい。

I. 農業の特殊性と非合理性——農工間国際分業の形成要因——

●産業としての農業の特殊性

　資本主義という経済システムは、工業が著しく発展し、機械制大工業のもとでの大量の商品生産が行なわれている点にその特徴がある。この資本主義という市場経済システムのもとで、農産物は工業製品と何ら変わることのない1つの財ないしは商品として取り扱われているが、しかしその生産を担う農業と工業とでは、同等に論じることのできない大きな違いが存在する。

　周知のように、農業は動植物の生育を基礎とした産業であり、とくに穀物・野菜・果樹の生産に関わる農業は自然条件（気候、土壌、水など）によって大きく左右されるという特性を持っている。加えて農業には、労働対象（作物・家畜）が生きた有機体であるという特性があり、その点にまず工業とは異なる産業上の特殊性が存在する。

　そうした農業における産業上の特殊性は、より具体的には、農業における「技術上の特殊性」として現われ、それが工業に比べて農業の発展を遅らせる一因となるのである。その農業における「技術上の特殊性」については、保志恂の明解な整理が存在するので、それを紹介しておこう。保志があげている農業の「技術上の特殊性」とは、①農業における生産期間の固定性、②農業における作業分業の特殊性、③農業における機械化の困難性、の3つである（保志 1966：168）。

　第1の「農業における生産期間の固定性」というのは、農業が動植物の生育に大きく依存した産業であり、農産物の生産期間（作物の生育期間）がほぼ固定的であると同時に、そこには短縮しがたい限界が存在するという点である。工業製品の場合であれば、技術の進歩や資本・労働力の集約的投下に

よって生産期間を短縮していくことが可能であるが、農業の場合にはそれは容易ではないし、生育期間を半減させるとか、あるいは10分の1ほどまで短縮させることは不可能である（たとえば、資本や労働力をどれだけ集約的に投下しても、コメの生育期間を1カ月に短縮することはできない）。この短縮しがたい生産期間は、資本の回転期間（資本を投下してから、その資本を回収するまでの期間）を容易に短縮することができず、その結果、資本蓄積のテンポを緩慢なものとする。

　第2の「農業における作業分業の特殊性」とは、「農業の作業体系の特殊性」と言い換えてもよいかと思われることがらである。工業製品を生産するための労働は、比較的均質な労働が継続的に、しかも複数の労働者による分業体制のもとに同時並行的に進められていくのに対して、農業における労働は、農作物の生育に沿った形で進めざるを得ない。すなわち農業においては、播種、作付けの時期や収穫期はきわめて厳しい労働が必要となるのに対して、作物の生育期間中は比較的緩やかな労働で済ませることができるという、いわゆる農繁期と農閑期が存在するのである。農業労働には、こうした季節的な制約が存在し、年間を通じての同時並行的な分業体系が成立しにくいという特徴が存在する。この点もまた、資本の運動の観点からすると、工業に比べ農業が非合理的な産業とならざるを得ない一要因である。

　第3の「農業における機械化の困難性」であるが、農業においては、労働過程の随所において繊細な手作業が必要とされるのであって、全生産工程を網羅するような機械化を行なうことはきわめて困難である。とくに畜産物の場合には、動物の成育に関わる産業であり、機械化が難しく、絶えず人間が家畜に直接向き合わなければならないという問題も存在する。近年、農業における機械化は進められているものの、各作業工程に合わせての機械化ということを考えると多種多様な機械の導入が必要となること、また、たとえ機械を導入したとしても、各作業期間の短さからその経済効率はきわめて低いものとならざるを得ない。この点も工業に比べ、農業が抱えるマイナス面であることは言うまでもない。

●農業発展の制約要因となる私的土地所有

　以上のような「技術上の特殊性」に加えて、農業にはさらに工業とは違った特殊性が存在する。それは、農業が土地を主要な生産手段として成り立っている産業である、という点である。

　農業において最も重要な生産手段である土地は、資本主義社会のもとでは私的に所有されている。つまり、資本主義のもとでは、私的土地所有が存在するのであるが、その私的土地所有の存在が、資本主義のもとでの農業の発展を制約する一要因となっているのである。なぜ、私的土地所有が農業発展の制約要因となるのであろうか。

　資本主義のもとでの農業は基本的に個人経営の形をとっているが、その経営規模は主要な生産手段である土地面積に大きく依存している。アメリカ大陸やオーストラリアにおけるような、比較的新しくヨーロッパ人が入植した地域では、大規模な土地所有に基づく大規模経営が見られるが、しかしそのような大規模経営は世界全体からするとむしろ例外的である。

　長い歴史的な変遷を通じて形成されてきたアジアやヨーロッパにおける土地所有は、比較的小規模である。とくに日本をはじめとする東アジアの国々における零細な土地所有の場合には、規模拡大を通じて資本主義的な農業経営を行なおうとすると、新たに農耕地を買い求めるか、あるいは土地所有者（地主）から土地を借り入れなければならない。しかし、新たな土地を買い求めるとなると多くの資本が必要であり、その資本を用立てることは決して容易なことではない。そこで多くの場合は、土地を借り入れる形で規模拡大を行なうことになるが、しかし、土地の借入れに対しては賃借料（地代）の支払いが必要となる。加えて、土地の借入れの場合、農業経営者は契約期限付きの借地に対しては土地改良のための資本投下をためらいがちであり、借地においては農業生産力の向上が実現されにくい。いずれにせよ、借地による経営規模拡大は期待されるほどの収益拡大をもたらさないのである。

　このように、日本や東アジアの国々におけるような零細的な土地所有の場合には、私的土地所有そのものが経営規模の拡大、ひいては農業発展の制約要因となるのである。この点にもまた、工業に比べて、農業部門では資本主

義的な経営が成り立ちにくいという特殊性が存在する。

●農業の非合理性と農業の世界市場への移譲

　〈農業における技術上の特殊性〉や〈農業においては土地が主要な生産手段となっている〉という点は、一般に工業に比べて農業の発展を遅らせる諸要因であるが、農業を資本主義的な産業の一形態と捉えようとするとき、それらの諸要因はまた、資本の運動から見た「農業の非合理性」として現われると言うことができるであろう。国民経済という枠組みを前提とし、そのうえで国民経済を構成する産業としての工業との対比で農業を考えるとき、資本の運動から見た「農業の非合理性」は、国民経済にとっては解決しがたい「農業問題」として現われることになる。

　半世紀近くも前に、「資本時間」という聞き慣れない概念を用いながら、「農業こそは、資本にとっては絶望的なほど合理性を持たない部面なのである」（本山 1976：55）として、農業の非合理性を説いたのは本山美彦である。誤解を恐れないで本山の主張を説明しておけば、まず資本にとっての合理性とは、財ないしは商品の生産に要する現実の時間としての「自然時間」を、技術進歩や分業関係等を通じて絶えず生産工程の短縮、流通時間の最小化を通して利潤の最大化をもたらし得るような効率的な生産時間という意味での「資本時間」に限りなく近づけ、それに置き換え、転換させていくことである。工業の場合には、絶えざる技術革新や分業体系の改善を通じて、きわめて合理的に自然時間を資本時間に転換することができるのに対して、こと農業に関してはその転換が絶望的なほどになし得ないのである。本山は言う、「農業の決定的不利さは、自然的時間を資本時間に転換させえない点にある」（同：55）と。

　本山の説明は少々分かりにくいが、しかしすでに見てきたように、動植物の生育を基礎とした農業であるがゆえに、作物の生産に要する自然時間を容易に短縮することができ得ないこと、そのほか農業が動植物という生物を取り扱う産業であることから農作業は多種多様であり、工業において見られるような連続的で効率的な作業が容易になし得ないことは明らかであろう[1]。

つまり資本の運動から見れば、合理性を持つ工業に対して、著しく合理性を欠いた農業、という構図になるのである。ともあれ、そうした農業の「非合理性」は、資本の運動にとっては敬遠されるべき問題であり、とりわけ国民経済にとっては解決しがたい、厄介な問題として現われることになる。

　差し当たって国民経済という枠組みを基本的な活動の場とする産業資本にとっては、合理性を持たない農業を国民経済の枠内に抱えることは、国民に対して割高な食料を提供することとなり、ひいては賃金の高騰を招くばかりか、農業部門からの労働力の排出を鈍らせることにもなるのであって、産業資本の合理的な運動を制約する要因となる。その制約が国民経済の枠内で克服されないとすると、資本はその制約を国民経済の枠内から排除し、世界市場において解決しようとする。本山は言う、「資本主義は農業における発展を自己の個有の領域〔「自己の個有の領域」は 原文のママ。国民経済のことであるが、「個有」は「固有」の誤りか …… 應和〕に見出す必要はないのである。輸入を通じてにしろ、あるいは植民政策によってにしろ、とにかく外部の世界市場にそれを移譲することに成功しさえすれば、資本主義の社会制度は合理的に編成できるからである」（同：58）と。

　資本主義確立の歴史を振り返ってみても、19世紀初頭にいち早く産業革命を成し遂げたイギリスが、19世紀中葉にかけて「世界の工場」として君臨するに至ったのは、イギリスの国外にイギリス工業のための食料・原料の供給地としての農業国を配置し得たからである。資本主義という経済システムは、資本の運動の観点からみて〈絶望的なほど合理性を持たない農業〉を国民経済という枠組みの外部におくことによって、円滑な資本の運動を展開し得ることになる。本山は、「かくして、資本主義は、特に農業を根幹とする世界市場を産出しなければならなかったのである」（同：58）と結論づけている。

　この本山の考えは、かつて宇野弘蔵が「世界経済論の方法と目標」という小論[2]の中で論じた〈世界経済論の焦点は農業問題にある〉という考えに関連して、「農業と工業の対立は、資本主義にとっては解決し得ない難問をなしているのである。私は、イギリスにおける資本主義の発展も、自国の農業問題を外国に委譲することによって行われたのではないかとさえ考えてい

る」（宇野 1966：85）と論じたことに対して、「資本時間」という概念を組み込みながら、資本主義が新たに世界市場を創出しなければならない契機を明らかにしようとしたものである。

　ここに紹介した本山美彦、および宇野弘蔵の議論の主眼は、世界経済論の課題ないしは世界市場創出の契機に関する問題に置かれているのであって、農業そのものに置かれているのではない。しかし、資本主義という経済システムのもとでは、人間にとって最も基礎的な財である〈食料〉の生産に関わる農業が、国民経済という枠組みの中では収まり切らない問題を孕んでいること、またそれゆえに国際経済や世界経済に関わる重要な問題領域とならざるを得ないことを、この両者の議論は教えてくれているのである。

　現実的な問題として、資本の運動からみて〈絶望的なほど合理性を持たない産業〉である農業を国民経済の枠外に移譲することで、解決を図ろうとすることは、当然に農業を移譲する国と移譲される国との間の経済関係、すなわち国際経済関係に新たな編成替えをもたらすことになる。と同時に農業を移譲する国においても移譲される国においても新たな産業上の編成替えがもたらされることにもなる。

　そのような国際間での編成替えは、いわゆる「農工間国際分業」という関係を作り出すことである、と言ってよい。先にも述べたように、その編成替えの端的な歴史的事例を、われわれはイギリス産業資本主義の発展過程の中に見出すことができる。イギリスはその編成替えをどのように行なったのか、そしてそれはその後のイギリス資本主義にどのような光と影を投げかけたのか、今日の問題を考えるためにその具体的な歴史を振り返っておきたい。

II．農業の世界市場への移譲と農工間国際分業の形成
　──19世紀イギリス産業資本主義の世界展開を事例として──

● 「原料・販売市場」問題と農業の世界市場への移譲

　周知のように、1760年代の綿工業上の一連の技術革新に始まり、やがて種々の産業部門の技術革新をも呼び起こした産業革命によって、ほぼ1820年代半

ばに工場制度による機械制大工業を打ち立て、本格的な産業資本主義をいち早く確立させたのがイギリスである。世界に先駆けて誕生したイギリスの産業資本、言い換えれば綿工業を中心としたイギリスの機械制大工業は、それが持つ飛躍的な生産力のゆえに、国民経済という枠組みを越えて世界市場ないし世界経済という枠組みのもとへ活動の場を拡大してゆかざるを得なくなるのである。と言うのは、資本主義の根幹をなす資本の運動は最大限の利潤を追い求めるところにあるのであるが、機械制大工業を背景とした産業資本は、遅かれ早かれ、その最大限の利潤を追求する運動（言い換えれば、資本規模の拡大を追求する資本蓄積運動）を制約する要因に直面するからである。

その制約要因とは何か、それは「原料」と「販売市場」とである。その点について、カール・マルクス（K. Marx）は、『資本論』第1巻第13章「機械と大工業」において、次のように論じている。

「工場制度がある範囲まで普及して一定の成熟度に達すれば、ことに工場制度自身の技術的基礎である機械がそれ自身また機械によって生産されるようになれば、また石炭と鉄の生産や金属の加工や運輸が革命されて一般に大工業に適合した一般的生産条件が確立されれば、そのときこの経営様式は一つの弾力性、一つの突発的飛躍的な拡大能力を獲得するのであって、この拡大能力はただ原料と販売市場とにしかその制限を見いださないのである。機械は一方では原料の直接的増加をひき起こす。たとえば繰綿機が綿花生産を増加させたように。他方では、機械生産物の安価と変革された運輸交通機関とは、外国市場を征服するための武器である。外国市場の手工業生産物を破滅させることによって、機械経営は外国市場を強制的に自分の原料の生産場面に変えてしまう。こうして、東インドは、大ブリテンのために綿花や羊毛や大麻や黄麻やインジゴなどを生産することを強制された。大工業の諸国での労働者の不断の『過剰化』は、促成的な国外移住と諸外国の植民地化とを促進し、このような外国は、たとえばオーストラリアが羊毛の生産地になったように、母国のための原料生産地に転化する。機械経営の主要所在地に対応する新たな国際的分業がつくりだされ

て、それは地球の一部分を、工業を主とする生産場面としての他の部分のために、農業を主とする生産場面に変えてしまう。」(マルクス 1965：589)

　この一文は、「大ブリテンのために ……」という表現が示すように、いち早く産業革命を成し遂げたイギリスの歴史的な事実に基づいて論じられたものであり、工場制度に基づく機械制大工業としてのイギリス産業資本が、自らの持つ飛躍的な生産力のゆえに直面する「原料と販売市場」という資本蓄積上の制約問題を克服するために、新たな国際分業関係の創出と、自らの論理に適合的な世界市場の創出という形で、国際経済関係の編成替えを行なっていく様相を簡潔に述べたものである。
　しかし、この叙述を本山美彦や宇野弘蔵が提起した〈非合理性を持つ農業の世界市場への移譲〉の問題を念頭において読み返すならば、この叙述はまさに非合理性を持つ農業の世界市場への移譲の論理を論じた一文である、と解することもできる。事実、森田桐郎は、このマルクスの叙述の中に、資本の運動から見て非合理性を持つ農業の世界市場への移譲の論理が存在することを読み取り、「この制約を克服する方法が、資本制生産様式の支配する圏域の外部に農業原料の供給地を意識的に作り出すとともに、それらの地域を同時に工業製品の販売市場に転化することであった。つまり、いわゆる工－農間の世界的分業体制の創出、──資本制生産様式によって組織された工業的生産場面と、この工業に原料を供給する農業的生産場面とのあいだの、世界的・空間的分業の形成であった。そしてこれが、資本主義世界経済における分業構成の古典的原型となった」(森田 1997：116) と論じている。
　国民国家という枠組みのもとに人々が暮らしていくという観点から国民経済を捉えるならば、国民生活に不可欠な食料を生産する農業は国民経済にとって不可欠な産業と言えるが、資本主義という経済システムにとっての国民経済という枠組みは、資本の運動にとって合理的な活動の場でありさえすればよく、非合理性を持つ農業を国民経済の中に必ずしも抱える必要はなく、国民生活に必要な食料の問題は農工間国際分業という形で解決されればよい、ということになる。農業貿易は、資本主義の発展とともにいわば不可避的に

形成されてくる農工間国際分業の一翼を担うべき貿易、ということで資本主義という経済システムにとって不可欠な貿易ということになる。

● **イギリス産業資本の世界展開と農工間国際分業の形成**

　国民経済という枠組みは資本の運動にとって合理的な活動の場でありさえすればよい、とする資本主義経済システムの論理を優先させ、非合理的な産業である農業を世界市場に移譲させ、世界市場の作り替えをしていった歴史具体的な事例、すなわち19世紀におけるイギリス産業資本の世界展開の様相を、統計数値を踏まえながらいま少し確認しておくこととしよう。

　フィリス・ディーン（P. Deane）が整理した、1770年 → 1812年 → 1831年というイギリス国民所得の産業構成別の推移を見てみると、農業が45％ → 27％ → 28％と推移していったのに対して、工業の推移は21％ → 30％ → 35％であって、1812年段階においてすでに工業が農業を凌駕していることが明らかである（Deane 1967：90）。

　こうした工業発展の中軸をなしたものが綿工業であったこともよく知られていることである。国民所得への綿工業の寄与率について、ディーンとウィリアム・コール（W. A. Cole）が明らかにしているところによると、1770年段階では0.5％以下でしかなかったが、1802年には4〜5％、1812年には7〜8％へと発展し、しかも1812年段階ではあのイギリスの伝統的産業である羊毛工業の寄与率を完全に凌駕するに至るのである（Deane & Cole 1967：184）。

　この綿工業を基軸とした新たな産業構造の形成は、イギリスの貿易構造を変革させずにはおかない。イギリス産業資本の中軸をなす綿工業にとって何よりもまず重要な問題は、原料綿花の安定的な確保である。原料用の綿花をイギリス国内で栽培することは不可能ではないであろうが、綿花は本来、温帯性もしくは熱帯性の気候に適した植物であり、しかもイギリスではほとんど栽培されてこなかった植物であって、原料綿花の生産地を新たに国内に設けることは、資本の観点からしても合理性を持たないと言ってよい。

　そもそもイギリス国民が綿製品を求め始めたきっかけは、イギリス東イン

ド会社が植民地インドから持ち帰った綿布にあったのであり、マルクスが述べているように原料綿花はまず「東インド」、すなわち植民地インドから輸入されたのである。しかし、イギリス綿工業の急速な発展に伴って、原料綿花の供給地としてのインドの役割は急速に衰え、中心的な綿花供給地は、西インド諸島、ブラジル、そしてアメリカ合衆国を含むアメリカ大陸へと移っていく。その理由は、何よりもまず輸送上の問題であろう。スエズ運河が開通していない段階にあっては、アメリカ大陸への距離に対してインドまでの距離は遙かに長いからである。

トーマス・エリソン（T. Ellison）が示した18世紀末から19世紀末にかけてのイギリス原綿輸入の地域別構成を見てみると、すでに1796～1800年の段階において、アメリカ合衆国、ブラジル、そして西インド諸島を合わせたアメリカ大陸からの輸入が70％強であるのに対して、東インドからの輸入はわずか9％ほどとなっている。19世紀に入ってイギリスの原綿輸入地域は次第に一極集中の様相を呈し始め、とくに1820年代後半以降は70～80％がアメリカ合衆国からの輸入となり、アメリカの南北戦争の時期に、一時、その割合は40％台にまで落ち込むものの、1880年代に至るまでアメリカ合衆国からの高水準の輸入が続いていく（Ellison 1968：86）。

1820年から1880年までの時期のイギリスを、「世界の工場」（the workshop of the world）と呼んだのはジョナサン・チェンバーズ（J. D. Chambers）であるが、その時期の様相をウォルト・ロストウ（W. W. Rostow）が整理した「世界工業生産に占める主要国の割合」によって見てみると、1820年の世界工業生産に占めるイギリスの割合は24％であり、世界の工業生産の4分の1をイギリス工業が担っている[3]。その割合は、1860年が21％、1870年が32％と、依然として第1位を占め、イギリスの工業生産がアメリカ合衆国によって凌駕され、世界第2位に後退するのは、ほぼ1880年代に入ってからのことである（表1-1参照）。

19世紀初頭から半世紀以上にわたってイギリスは、「世界の工場」として綿製品、羊毛製品、鉄製品、その他金属製品など、さまざまな工業製品を海外に輸出していくのであるが、中でもその中心をなしたのは綿製品である。

表 1-1　世界工業生産に占める主要国の割合（1820〜1910年）　　（単位：%）

年	イギリス	フランス	ドイツ	アメリカ
1820	24	20	15	4
1840	21	18	17	5
1860	21	16	15	14
1870	32	19	13	23
1881〜1885	27	9	14	29
1896〜1900	20	7	17	30
1906〜1910	15	6	16	35

（出所）　Rostow 1978：52-53

　かつて筆者が、経済史家であるラルフ・デーヴィス（R. Davis）の研究をもとに整理した産業革命期から19世紀中葉に至るまでのイギリスの国産品輸出の品目別構成によると、1810年代半ばから1840年代半ばまでの綿製品輸出がイギリスの輸出全体に占める割合は40％以上であり[4]、それにイギリスの伝統的産業である羊毛工業の製品を加えると、実に輸出の60％前後が繊維産業の製品で占められるという輸出構造になっている（應和 1989：81）。

　これに対して、同じくデーヴィスの研究をもとに同時期の輸入貿易の品目別構成を整理したものが、表1-2である。これによると、イギリスの産業革命期以降の輸入貿易、とくに19世紀に入ってからの輸入貿易においては、食料と原料とを合わせて輸入全体のほぼ95％前後を占める状態が続いている。原料輸入の中には、染料、皮革、木材、石油なども含まれているが、原料輸入の4分の1から3分の1程度を原料用綿花が占めており、また伝統的な羊毛工業の原料である原毛輸入も年々増加している。綿花、原毛はいずれも農産物であり、これに食料を合わせると、産業革命期以降のイギリスの輸入の過半は農産物ということになる。19世紀前半期のイギリスに、まさに典型的とも言えるような「農工間国際分業」が形成されているのである。

　工業原料としての綿花の海外依存に関しては、国内生産と競合しなかったため、それに対する輸入制限といったものは当初から生じなかった。当初、綿工業に対しては、国内原料によって成り立っていたイギリスの伝統的な産業である羊毛工業の側からの圧力が存在したが（マントゥ 1964：259-263）、

表1-2　イギリスの品目別輸入貿易の推移　（1784～1856年、3カ年平均）

(単位：1万ポンド、カッコ内は％)

年	工業製品	食料	うち穀物	原料	うち原綿	うち原毛	計
1784～86	324	961	76	992	182	27	2,276
	(14.2)	(42.2)	(3.3)	(43.5)	(8.0)	(1.2)	(100.0)
1794～96	405	1,821	241	1,566	276	64	3,792
	(10.7)	(48.0)	(6.4)	(41.3)	(7.3)	(1.7)	(100.0)
1804～06	380	2,395	307	2,781	563	182	5,556
	(6.8)	(43.1)	(5.5)	(50.1)	(10.1)	(3.3)	(100.0)
1814～16	276	3,202	335	3,702	859	397	7,180
	(3.8)	(44.6)	(4.7)	(51.6)	(12.0)	(5.5)	(100.0)
1824～26	389	2,637	431	3,613	746	429	6,639
	(5.9)	(39.7)	(6.5)	(54.4)	(11.2)	(6.5)	(100.0)
1834～36	193	2,068	106	4,766	1,449	672	7,027
	(2.7)	(29.4)	(1.5)	(67.8)	(20.6)	(9.6)	(100.0)
1844～46	354	2,739	640	5,103	1,131	541	8,196
	(4.3)	(33.4)	(7.8)	(62.2)	(13.8)	(6.6)	(100.0)
1854～56	768	5,447	1,980	8,943	2,249	699	15,158
	(5.1)	(35.9)	(13.1)	(59.0)	(14.8)	(4.6)	(100.0)

(注)　1824～26年は、アイルランドからの輸入を含む
(出所)　Davis 1979：110-125

しかし最終的には綿製品に対する庶民からの需要がその圧力をはね除け、やがてイギリスの綿工業は発展軌道に乗ったのである。そしてさらに付言しておけば、基本的には国内産の原毛に依存し、18世紀中には種々の法律によって保護されてきた羊毛工業も（マサイアス 1972：89-90）、19世紀以降、次第に国外産の原毛に依存せざるを得なくなる（表1-2参照）。まさにマルクスが指摘するようにオーストラリアを中心とする国外産の原毛に依存した羊毛工業への変身である。

●穀物法の廃止と食料生産としての農業の世界市場への移譲

　産業革命期に、イギリスの主要産業である綿工業および羊毛工業にとって欠かすことのできない原綿および原毛、すなわち農業に依存するその2つの

原料の供給地をイギリス国外に配置し得たことは、それ自体、「絶望的なほど合理性を持たない農業」を国民経済の枠外に移譲することであり、その限りでイギリスの産業資本主義は合理的編成を成し遂げたのである。だが、イギリス産業資本主義には、いま1つ残された大きな課題が存在した。それは、食料生産としての農業が持つ「非合理性」の問題の処理であり、具体的にいえば、農業保護のために長年維持されてきた穀物法の撤廃である。

　穀物法の撤廃とは、長年にわたって保護されてきたイギリスの穀物生産ないし食料生産を、国際市場ないしは世界市場の論理のもとに投げ込むこと、すなわち穀物ないしは食料の貿易を保護貿易から自由貿易へと転換することである。その穀物法の撤廃をめぐる議論が始まったのは、周知のように、18世紀末葉に始まったナポレオン戦争が終結した1815年のことで、その年にイギリスが制定した新しい穀物法をめぐる議論、すなわち「穀物法論争」がその発端である。

　イギリスにおける「穀物法」の歴史は古く、その起源は15世紀まで遡ることができるとされているが（佐藤 1985：21）、当初の穀物法の目的は、イギリスの穀物生産者の利益を守るというよりも、消費者の利益、すなわち不作時における穀物価格の急騰を避けるために、穀物輸出を規制し、輸入を自由にしておくというものであったと言われている（北野 1943：75）。その当時、イギリスは食料の中心をなす穀物に関しては、基本的に自給し得ていて、輸出余力さえ持っていたのである。その穀物法の性格が大きく変化したのは、王世復古（1660年）以降のことである。

　その変化とは、輸入は穀物価格が一定水準以上に達したときにのみ許可され、輸入関税に関しては穀物価格の変化に応じて関税額が変化していくというスライディング・スケール（sliding scale）制が採用されたこと、それに加えて穀物輸出に対しては奨励金が与えられるという内容の穀物法、すなわち「消費者偏重主義から離脱して、生産者にもその考慮が払われる」（北野 1943：75）という穀物法への変化である。とくに1689年に設けられた穀物法は、従来設けられていた穀物輸出関税を廃止し、輸入規制と穀物輸出奨励金とからなる、「土地貴族と資本家的借地農の利益を擁護するきわめて階級的な農

業政策体系」（染谷 1982：2）を実現させたものであって、まさにそれは、アダム・スミス（A. Smith）が『国富論』において批判の対象とした典型的な重商主義政策にほかならない。

〈1クオーターの小麦価格が48シリング以下になった場合には、5シリングの輸出奨励金が与えられる〉とする1689年の穀物法によって、イギリスは穀物自給を維持するだけでなく、以後、18世紀後半の産業革命期に至るまで、ほぼ一貫した穀物輸出国へと変身したのである。飯沼二郎が、トーマス・アシュトン（T. S. Ashton）の研究をもとに整理した18世紀100年間のイギリス小麦純輸出量の統計表をみると、1700～60年の間で小麦が不足した年（純輸入年）は、1728、1729、1757、1758年のわずか4年だけである（飯沼 1967：41, 表4）。このように産業革命期に至るまでのイギリスの穀物生産は、穀物法に守られて過剰気味ではあるが安定的に推移し、また輸出奨励金によって土地貴族と資本家的借地農の利益も保護され続けたのである。

だが、産業革命期に入った1760年代以降、イギリスは急激な人口増加と産業革命の進展に伴う穀物需要の拡大の中で穀物を海外に依存せざるを得なくなっていく。表1-3は、ブライアン・ミッチェル（B. R. Mitchell）によって纏められた歴史的統計をもとに、1761年から1840年までの80年間にわたるイギリスの穀物貿易の動向を5年間ごとに集計し表わしたものであるが、見られるように、輸入量よりも輸出量が上回った期間は、1761～65年と1776～80年の期間のみであり、1766年以降、ほぼ一貫してイギリスは穀物の純輸入国へと変身しているのである。しかし、イギリスの穀物生産者、すなわち土地貴族や資本家的農業経営者の利益が、この穀物輸入によって奪われたわけではない。と言うのは、1760年時点で1クオーター当たり30シリング前後であった小麦価格は、フランス革命とその後のナポレオン戦争とによるヨーロッパ大陸における穀物需給の逼迫によって急速に高騰し、1800年代に突入した頃には1クオーター当たり100シリング以上となって、ナポレオン戦争が終了するまでほぼ高止まりの状態が続いたからである。

この小麦価格の高騰をチャンスとみたイギリス国内の土地貴族や資本家的農業経営者はこぞって経営規模拡大に向かったのであるが、しかし、長期に

表1-3　イギリスの穀物貿易の動向（1761～1840年）

（単位：1キロリットル）

年	輸入量	輸出量	純輸入量
1761～65	31	504	△473
1766～70	251	88	163
1771～75	272	38	233
1776～80	107	258	△150
1781～85	335	152	184
1786～90	173	169	5
1791～95	472	181	291
1796～1800	1,008	59	950
1801～05	1,114	115	999
1806～10	821	76	746
1811～15	705	141	564
1816～20	1,378	186	1,192
1821～25	836	177	659
1826～30	2,157	77	2,080
1831～35	2,042	217	1,855
1836～40	2,273	249	2,024

（注）　△印は純輸出量
（出所）　Mitchell 1978：162-165のデータをもとに、筆者作成

わたって続いた小麦の高価格は、1814年から1815年にかけて急激な低下に見舞われることとなる。それは、1814年の小麦の豊作と、1815年のナポレオン戦争終結に伴う平和の到来とによってである（染谷 1982：6）。

　1クオーター当たり100シリング台を記録していた小麦価格が、一挙に70シリング台へ、さらに60シリング台へと低下していく中で、ナポレオン戦争中に借入れを行なって規模拡大に努めた土地貴族や資本家的農業経営者は、次第に経済的困難に直面し始める。ナポレオン戦争が終結し、大陸封鎖が解かれる中で、彼らが最も恐れたことは、「ヨーロッパ大陸から安い大量の穀物が、イギリス国内に流入するであろうということ」（染谷 1982：7）で、その局面打開のために、当時なお彼らが持ち得ていた社会的地位を背景に議会に働きかけて成立させたのが、1815年の新しい穀物法にほかならない。

　その新しい穀物法の骨子は、〈小麦価格が1クオーター当たり80シリング

以下の場合には、外国からの小麦の輸入を絶対的に禁止し、80シリング以上の場合のみ自由に輸入することを認める〉というもので、それは〈消費者とりわけ労働者階級や、彼らを雇用している産業資本家階級の犠牲において、高穀物価格が維持される〉という制度だったのであり（同：7）、この新しい穀物法は、成立とともにイギリス社会を二分するような激しい議論と、長い年月をかけての政治運動を引き起こすことになったのである。歴史に残る経済学上の論争、すなわち「穀物法論争」と、そしてそれに付随して展開された「自由貿易運動」がそれである。

　周知のように穀物法論争は、その撤廃を強く主張するデーヴィッド・リカード（D. Ricardo）とその存続を主張するトーマス・マルサス（T. Malthus）との間で争われたものである。穀物法論争についての詳細な研究を公にしている服部正治の言葉を借りれば、その論争は「一般には、産業革命の高揚期において産業資本の利害を代表する工業立国論と、それに対抗する地主の利害を代表する農工並立（均衡）立国論との対立とみなされている」（服部 1991：3）ものである。

　穀物法論争が開始された直後の1817年に、リカードが主著『経済学および課税の原理』を著わし、その中で展開した「比較生産費説」と呼ばれる貿易理論が、スミスの主張した国際分業には利益が存在し、それゆえ貿易は自由貿易が望ましいとする「自由貿易主義」の考えを正当化することに一役買ったことは確かである。そしてまたリカードの貿易理論が、歴史上いち早く産業資本主義を確立させ、「世界の工場」という地位に立ったイギリスの、とりわけ綿業資本を中心とする産業資本家にとって歓迎すべき理論であったことも疑いない。

　それに対して、当時なおイギリスの社会および議会を左右する力を有していた地主階級や借地農の立場を擁護する形になったマルサスの考えは、新興の資本家階級からすれば排斥すべき重商主義的な考えということになる。だがそれは、あくまでも19世紀前半期の、まさに工業国として世界の頂点に立つイギリスの状況を踏まえての評価であり、当時から200年を経た今日の状況から考えるならば、マルサスの考えは異なった評価を受ける可能性があり、

同じくリカードの比較生産費説に基づいた主張も当時とは違った評価が与えられる可能性もあるのである。

　その点はともかくとして、周知のように穀物法をめぐる動きはリカードが主張するような方向へと進んで行くのである。1クオーター当たり80シリング以上になるまで小麦の輸入を禁止するという1815年の穀物法は、安価な食料を求める労働者階級の側からもまた商工業者の側からも批判の対象となり、やがて国中をあげての自由貿易運動へと繋がっていく。リカードは、1819年に下院議員に選ばれ、急逝する1823年までの約4年間、議会において自由貿易主義の立場からの演説や発言を行なっているが、服部正治が紹介しているところによると、議会においてリカードが行なった提案は、急進的な穀物法の完全撤廃ではなく、穀物関税の引き下げ提案にとどまっているとされている（服部 1991：11-12）。しかし、リカードの死後、自由貿易運動はいわゆる「マンチェスター学派」と呼ばれる人々によって引き継がれ、やがて反穀物法同盟の結成（1838年）となり、最終的に穀物法の廃止（1846年）、さらには航海条例の廃止（1849年）に至るのである。

　その自由貿易運動に対するリカードの影響について、服部正治は「反穀物同盟にとっての英雄はスミスであってリカードではなかったのである」（服部 1991：74）という結論を与えているが、穀物法を廃止に追い込んだ功績がリカードではないとしても、資本主義という経済システムが工業を中心として展開する経済システムである限り、国民経済を前提とする産業資本の運動は自ずと非合理的な産業である農業の処理に直面していくことになるのであり、可能であれば〈農業の世界市場への移譲〉という方法で、問題解決を図ろうとする傾向を持ち、特段の制限がない限り〈農工間国際分業〉という形が作り出されていくのである。そういう意味で言うならば、19世紀前半期の穀物法論争とそれに伴う自由貿易運動は、イギリス産業資本が直面する「原料と販売市場」の問題を解決すると同時に、資本の観点からして非合理的な農業を国民経済の枠内から世界市場へと移譲するための、いわば「総仕上げをなすための政治的・社会的な論争であり、運動であった」と言うこともできるのである。

●穀物法の廃止が投げかけている新たな問題

　穀物法廃止、および航海条例廃止によって、イギリスが長年にわたってとり続けてきた重商主義政策（保護主義政策）は終わりを告げ、イギリスの資本主義は自由貿易主義を基本理念とする経済システムへと大きく転換する。そしてその転換によって、「絶望的なほど合理性を持たない農業」の国民経済の枠外への移譲の「総仕上げ」がなされたことは、先に掲げた表1-2の「イギリスの品目別輸入貿易の推移」に示されている1844～46年段階以前の各統計数値と、1854～56年段階のそれとを見比べることによっても容易に理解されるであろう。イギリスが自由貿易体制へと大きく方向転換した後のわずか10年間で、食料輸入額、原料輸入額は約2倍となり、中でも穀物輸入額は3倍にまで急増しているからである。

　穀物法の廃止以降、自由貿易制度のもとで典型的な農工間国際分業を展開するイギリスの産業資本主義の様相を見る限り、〈非合理的な産業としての農業〉が抱える問題は解決したかに思われるが、しかしそのような解決の仕方は国民経済という枠組みと資本の運動の観点からは解決したとみえても、世界市場という枠組みと食料生産という農業の観点から考えると、依然として解決しがたい問題として農業問題は残っていると言わざるを得ないようにも思われる。

　19世紀イギリス産業資本主義は、非合理的な産業である農業を自由貿易制度によって世界市場に移譲することによって解決を図るという方法をとったのであるが、何よりもまず、そのような方法が普遍的な方法であるのか否かという問題が残っていると思われるからである。と同時に、人間の生存にとって不可欠な食料生産を担う農業の観点から考えるとき、農業が持つ産業としての特殊性、そしてまたその特殊性に基づく産業としての非合理性は、世界市場においても容易に解決しがたい問題として残るのではないかと思われるからである。

　とくに後者の問題に関して言うならば、イギリスの穀物法の廃止は、イギリス産業資本の観点からは非合理的な農業の世界市場への移譲であるが、しかしその移譲されたイギリス農業は決して世界全体の農業の中にあって生産

性の劣る農業だったのではない。むしろ18世紀から19世紀にかけてのイギリスの農業は、世界に誇る生産性の高い農業だったのである。すでに論じたように、18世紀の前半期、イギリスはほぼ一貫した小麦純輸出国であったこと、加えて18世紀後半期以降、ノーフォーク農法といった輪裁式農法の導入をはじめとする様々な農業生産性を向上させるための改善が行なわれているからである。各国間の農業生産性の比較を行なうことはきわめて難しいが、たとえば、経済史家のニコラス・クラフツ（N. F. R. Crafts）は、1840年時点でのフランス農業における労働者1人当たりの生産量は、イギリスの約60％にすぎなかった、と論じている（クラフツ 2007：86）。

前掲の表1-3に見られるように、産業革命期以降、イギリスの穀物貿易はほぼ一貫して純輸入国の状態にあるが、その輸入は、ラルフ・デーヴィスの整理によるとそのほとんどが北ヨーロッパおよび北西ヨーロッパの国々からである（Davis 1979：110-124）。イギリス農業の労働生産性は、上記のようなイギリス農業の発展ぶりから考えても、決して北ヨーロッパの国々よりも劣ってはいないはずであるが、しかし産業革命期以降のイギリス農業の国際競争力は、イギリスの工業生産力の高さのゆえに、北ヨーロッパの国々よりも劣る、言い換えれば価格比較において、イギリスの穀物価格はそれらの国々よりも高価になってしまうのである。

その点は、たとえば、今日の機械化された労働生産性の高いアメリカの大規模稲作農業が作り出すコメの国際価格が、零細で労働生産性が低いタイの稲作農家が作り出すコメの国際価格よりも高くなるメカニズムと同じであって、それこそが、次章でとり上げるところのリカードが説いた比較生産費説という貿易理論の教える論理である。すなわち工業化の進んだ国にあっては、たとえ工業化の後れた国よりも高い労働生産性の農業であっても、国際競争力の劣る農業となってしまうのであって、そのような高い労働生産性を誇る農業を世界市場に移譲し、放棄してしまうことが、果たして世界市場レベルで農業問題の解決になるのか否かという問題が残ってしまうとも考えられるのである。

Ⅲ．農業貿易論の今日的課題に向けて

●農業の非合理性は世界市場で解決できるのか

　本章第Ⅰ節でみたように、資本主義の発展とともに形成される農工間国際分業の背後には、農業が抱える非合理性という問題を解決する目的と、産業資本が直面する原料の安定的確保という問題を解決する目的とが折り重なる形で、農業の世界市場への移譲を推し進め、そのことが回り回って販売市場の問題の解決にもつながっていくという論理が存在する。

　資本の観点からみて非合理性を持つ農業を国民経済の枠外へ移譲することとは、農産物の国際流通を市場原理に委ねること、すなわち自由貿易体制のもとに農産物を置くことにほかならない。歴史具体的には、いち早く産業革命を成し遂げ、世界で「最初の工業国家」となったイギリスがたどった道がそれである。だが、このイギリスがたどった道は、普遍的に工業化の道をたどる国々が取り得る道であるかどうか、またイギリスと同じような道を歩むべきかどうかが問題である。

　わが国が第2次世界大戦後の荒廃状態から抜け出し、高度経済成長を遂げ、世界有数の工業国にまで成長してくる中で次第に農業を国民経済の枠外に移譲してきたプロセスは、19世紀前半期にイギリスがたどった道に酷似しているし、さらに言えば、急速な経済成長を続け、いまや「世界の工場」とまで言われるほどの急激な工業化を成し遂げてきている中国の近年の動きもまた、食料や工業原料としての農産物の多くを国外に依存するような形で、農業の世界市場への移譲を推し進めているとも考えられる。だが、改めて19世紀以降の世界経済の歩みを振り返ってみるならば、イギリスに追随する形で工業化を成し遂げ、産業資本主義を確立していった国々のすべてが、イギリスと同じような道をたどったわけではないのである。

　19世紀の後半期に産業革命を成し遂げ、19世紀の末葉から20世紀の初めにかけてイギリスを凌ぐほどの工業国家に発展したアメリカやドイツ、さらにはフランスなどの国々は、保護主義政策をとりながら工業化を成し遂げ、相対的に劣位産業化していく農業をも保護関税措置を講じて温存し続けている

のである（持田 1981：81-96）。そうした歴史的事実を思い浮かべるならば、19世紀中葉から20世紀前半期にかけて徹底的とも言えるような形で農業の世界市場への移譲を推し進めたイギリスこそがむしろ異例であって、なぜイギリスのみが農業の世界市場への移譲を推し進めることができたのか、そしてまた、アメリカやドイツ、フランス等の国々はなぜイギリスのように非合理的な産業である農業を世界市場に移譲しないで温存し続けたのか、という問題が浮かび上がってくる。

　その点に関して本山美彦は何ら論じていないが、イギリスがたどった道について言うならば、本山が「輸入を通じてにしろ、あるいは植民政策によってにしろ、とにかく外部の世界市場にそれを移譲することに成功しさえすれば、資本主義の社会制度は合理的に編成できる」と論じている中での、「植民政策によって」がその答えの1つであるとも思われる。

　周知のように、19世紀のイギリスには、非合理的な農業を国民経済の枠外に投げ出すことのでき得る国際的な環境、すなわち、大英帝国という広大な植民地および自治領が存在し、しかも独立したとはいえ、依然としてかつての植民地経済の状態を色濃く残していたアメリカ合衆国南部の農業地帯が存在していたからである。

　アメリカやドイツ、フランス等の後進資本主義国が、工業に対してだけでなく農業に関しても手厚い保護政策を採り続けた経緯については、持田恵三の論文「農業問題の成立——『農業大不況』を中心に——」（1981年）において、かなり詳細に論じられている。その論文の表題にもあるように、1870年代から1890年代にかけての大不況期における「農業大不況」の中で、ドイツをはじめとしてフランス、イタリア、アメリカ等々へと保護関税運動が波及し、農業大不況への対応策として、農業保護関税が登場し、定着していったことが明らかにされている。なぜ、アメリカをはじめ、ドイツやフランス、イタリア、そして日本では、イギリスのように資本主義の発展とともに農業を世界市場に移譲するという道をとらなかったのか、その点ついて持田は次のように説明している。

　「通常、資本主義の発展、つまり工業化の過程は、工業が必要とする追加

労働力を農業から引き出すことによって行われる。相対的にあるいは絶対的にも減少する農業労働力によって、発展する資本主義の要求する農産物を供給するためには、農業生産力のそれに対応する発展を必要とする。農業生産力の発展がそれに立ちおくれる時、農産物特に食糧の国内供給の不足が起こる。食糧問題の発生である。……ドイツ、フランス、イタリー、日本等の後進資本主義国の農業保護関税の設定は、単に農業保護というだけではなくて、食糧問題に対する対応、すなわち国内自給を指向するものであった」（持田 1981：85）と。

この持田の説明を見る限り、後進の資本主義国にとっては、穀物の国内自給を中心とする「食糧」の安定的な確保こそが、工業化の、そして経済発展のための優先的な要件であると考えられたからである。

農工間国際分業の論理に従って、農業を世界市場に移譲し、輸入を通じて必要な食料を獲得すればよいとするか、国内農業を保護しながらであっても極力国内で作り出す努力をするかの分かれ目は、いわば資本の論理に従って農業を世界市場に移譲するか、あるいは国内での食料自給に基づき食料の安定的確保、すなわち食料安全保障を維持しようとするかの分かれ目でもある。

そのことは、また次のようにも言い換えることができるのではなかろうか。つまり、農業という産業を、貨幣換算し得る価値的視点から「非合理的な産業であると」と捉え、国民経済の外部に移譲しようとするのか、あるいは人間にとって欠くことのできない食料である、という使用価値視点から「切り捨てることのできない産業である」と捉えるかの違いである。本書第5章では、日本の食料安全保障に関して、〈食料自給に基づく食料安全保障論〉と〈国際分業に依拠した食料安全保障論〉について検討を加えているが、それはここで論じている農業の世界市場への移譲の問題と深く関わってもいる。

● やがて行き詰まる農業の世界市場への移譲

非合理的な農業を世界市場に移譲するという方法は、果たして今後も取り得る道なのであろうか。改めて考えてみると、世界市場に移譲することによって農業問題を解決するという方法は、少なくとも次の2つの面において遅か

れ早かれ限界に達し、やがてそれは1つの破綻となって現われる可能性を持っている、とも考えられる。

　今日の問題としては、もはや「植民政策によって」解決するような方法は取り得ないのであって、可能な方法は「輸入を通じて」ということにならざるを得ないであろうが、しかしそうした解決の方法さえもが、遅かれ早かれ限界にたどり着くことになるのではないかと考えられるからである。

　その1つは、国民経済の枠外に農業問題を移譲していく場、すなわち非合理的な農業を受け入れることになる世界市場そのものが、次第に限界に達していくことである。たとえば、今日の中国と同じように、インドや東アジアの国々が次々と経済成長と工業化を推し進めていき、その過程で食料の多くを国外に依存していくようになると、非合理的と考えられる農業を受け入れ、世界の食料生産を担っていく場（農業国）そのものが絶対的に減少し、次第に限界を迎えざるを得なくなるはずである（否、すでに限界を迎えつつあると言うべきかも知れない）。その一方で、世界人口がいまなお増え続けていること、さらに地球温暖化の進行や異常気象の発生など世界の食料生産に対するマイナス要因が増え続けている状況を考えると、いつしかそれらの要因が折り重なって〈世界的食料不足〉といった破綻状況を生み出す恐れが十分にあり得るからである。

　いま1つは、国民経済の枠外に非合理的な農業を移譲していくことを通じて、現在では「食のグローバル化」という状況が生まれてきているが、その進展が遅かれ早かれ限界を迎えることになるはずである。「食のグローバル化」という問題は、一面では豊かな食生活をもたらすという点では喜ばしい状況であるかにみえるが、冷静になって考えてみると「食の安全性」を脅かす一要因でもある。すでにそうした認識は、世界的な広がりを見せている。たとえば、イタリアに端を発した「スローフード運動」、イギリスにおける「フードマイルズ運動」、アメリカにおける「地域が支える農業（CSA）」といった取組み、そして日本における「地産地消」の取組みなどは、「食のグローバル化」に逆行する動きであり、そうした動きの中に農業を国民経済の枠外に移譲していくことの限界が現われている、とも言えるからである。

さらに付け加えておけば、「食のグローバル化」という状況は、グローバルなフード・サプライチェーンを基盤として成り立っているのであるが、食の生産から消費に至るまでの長大な連鎖であるグローバルなフード・サプライチェーンは、その長大な連鎖であるがゆえの脆弱性を本来的に持っている。したがって、食料の海外依存度が高まれば高まるほど、一国の食料安全保障のリスクも高まっていくことになる。もしも何らかの要因によって、この連鎖に支障が生じることになれば、たちまちこの連鎖は機能不全に陥って、危機をもたらすことになるであろう。

たとえば、この度のコロナウィルスのパンデミックが「グローバル・フードサプライチェーンの潜在的な脆弱性を浮かび上がらせる契機となった」という指摘もすでに見られるのである[5]。また、2022年の初頭に始まった、ロシアのウクライナ侵攻によって始まった戦争によって、ウクライナやロシアからの穀物輸出が途絶え、両国の穀物に依存していたアフリカ諸国では、現実に食料不足問題が発生しているのである（阮 2022：140-141）。

近い将来に世界市場がそうした限界を迎えることが予想される中で、移譲することによって解決されるはずであった農業問題は、遅かれ早かれ〈移譲することによっては解決でき得ない農業問題〉とならざるを得ない。とするならば、非合理性に起因する農業問題は、自ずと世界経済を構成する各国民経済が抱える共通の問題となり、共同して解決すべき問題、もしくは可能な限り国民経済の枠内で解決していかなければならない問題となる。

その解決が、国民経済と国民経済の相互協力関係を通じてなされていくにしろ、あるいは国民経済の枠内で解決されていくにしろ、それは何らかの政策的な措置を通じて解決せざるを得ないということになる。その解決の方策を探し求めることもまた農業貿易論の課題の1つであって、農業貿易論が「政治経済学としての農業貿易論」でなければならない理由は、その点にも存在する。

●イギリスの歴史的な経験から何を学ぶのか

最後に、イギリスの歴史的経験から学びうることを若干述べることで、本

章での叙述を終えることとしよう。国際分業の原型とも言えるような農工間国際分業を形成し、非合理的な産業である農業を世界市場に移譲していったイギリスの、その後の歴史的経験が、今日の農業問題を解決するためのヒントを与えてくれるかも知れないからである。

　第Ⅱ節でみたようにイギリスは、19世紀の中葉に自由貿易政策を採用し、以後、1930年代に至るまでの約80年間、基本的にその政策を維持し続けた。穀物法の廃止によって完全に自由な貿易関係のもとに投げ出されることになったイギリス農業は、急速にイギリスにおける産業上の地位を低下させていく。ディーンとコールが示したイギリスの国民所得に対する農林水産業の寄与率の変化を見てみると、1851年の20.3％から1881年の10.4％へと、30年間に2分の1の水準まで低下しているのである（Deane & Cole 1967：166 Table 37）。とくに、1873年に始まる「大不況」がそうした傾向に拍車をかけ、食料の海外依存度は急速に高まっていく。チェンバーズは、1868年から1878年までの間に、イギリスの総小麦消費量に占める輸入小麦の割合は、48％の水準から60～70％の間の水準まで上昇したと述べている（チェンバーズ 1966：96）。

　表1-4は、ブライアン・ミッチェル（B. R. Mitchell）が整理したイギリス穀物輸入量の統計資料から、1850年以降、10年ごとの数値を抜き取り、大まかな推移を示したものであるが、19世紀半ばに145万トンであった穀物輸入量は半世紀間で5倍以上に増加し、20世紀以降は年々、ほぼ800万トンに上る穀物輸入の状態が半世紀以上にわたって続くのである。この事実からだけでも、ほぼイギリスの産業構造と、19世紀初頭に形成された農工間国際分業の構造が1世紀以上にわたって続いていることが読み取れるのであるが、しかし、そうした産業構造と農工間国際分業の構造が維持されながらも、その構造には徐々に変化が生じている。その変化をみることができるのが、表1-5のイギリスの輸出入構造の推移である。

　表1-5は、ウェルナー・シュロテ（W. Schlote）が整理したイギリス貿易統計から作成したものであるが、それをみると19世紀の末葉からイギリスの完成工業製品の輸出のウェイトが低下しつつあること、そしてそのことを反

表1-4　イギリスの穀物輸入の推移　　　　　（単位：1万トン）

年	1850	1860	1870	1880	1890	1900	1910
数量	145	240	334	600	677	812	904

年	1920	1930	1940	1950	1960	1970	
数量	772	832	851	518	805	809	

(注)　1万トン未満は四捨五入
(出所)　Michell 1978：165-168 のデータをもとに、筆者作成

表1-5　イギリスの輸出入構造の推移　（1854～1930年）　　　　（単位：%）

		1854	1860	1870	1880	1890	1900	1910	1920	1930
輸出	食料	6	5	5	5	5	5	6	4	7
	原料	7	6	7	11	14	20	18	15	16
	完成工業製品	88	89	88	84	81	75	76	81	77
	計	100	100	100	100	100	100	100	100	100
輸入	食料	40	38	36	45	42	41	38	38	44
	原料	53	54	52	40	41	39	43	45	33
	完成工業製品	8	7	13	14	17	20	19	17	23
	計	100	100	100	100	100	100	100	100	100

(注)　1％未満は四捨五入
(出所)　Schlote 1952：121-126

映してか、原料輸入のウェイトが低下していることが読み取れる。その一方で、食料の輸入は19世紀末から20世紀前半期にかけて、そのウェイトを増しているのである。

　周知のように、19世紀前半期には「世界の工場」として君臨していた工業国イギリスも、19世紀末葉になってアメリカに追いつかれ、さらに第1次世界大戦直前にはドイツにも追いつかれ、第3位の工業国へと転落するのである。しかも、そうした事態を招くことになった一因が、自由貿易体制をとり続けるイギリスに対して、手厚い保護政策によって工業化を推し進めたアメリカやドイツであったことを認識しておく必要がある。

　話は、一挙に第2次世界大戦後に移るが、その第2次世界大戦後の変化の中にもわれわれが教訓とすべき歴史的な経験が存在する。第2次世界大戦後、資本主義世界において絶対的な優位を誇っていたアメリカの工業が、いつし

かドイツ、日本に追いつかれ、さらには中国にさえも凌駕されつつあるという現実がそれである。それに加えて、農業の問題に視点を移すと、驚くべきことにイギリスが20世紀の末葉に至って農業国とも言える国に変身していることである。

　表1-6は、近年のイギリスの小麦輸出入量の統計であり、また表1-7はイギリスの穀物自給率の推移を示した統計である。農業部門における1、2の指標にすぎないが、1980年代以降、イギリスは主要な食料である小麦の自給国であり、輸出余力さえ持った国へと変化し、また小麦のみならずすべての穀物を含めた穀物自給率も100％自給率を達成しているのである。そのような変化をもたらし得た要因は何かというと、それはイギリスのEEC（ヨーロッパ経済共同体）への加入であり、EECから今日のEU（ヨーロッパ連合）まで引き継がれている、いわゆる「共通農業政策」（CAP）という保護政策のもとにイギリス農業が置かれたからにほかならない。

　今日のEUの母体であるEECが結成されたのは1957年であるが、イギリスが加わったのは1973年である。以後、「共通農業政策」の枠組みに従ってイギリスの農業保護政策は進められ、きわめて短期間に上記のような小麦の自給国、さらには純輸出国へと変化を遂げている。少なくとも1世紀以上にわたって農工間国際分業という形で大量の食料を海外市場から輸入し続け、いわば非合理的産業としての農業を国民経済の枠外に移譲し続けたイギリスが、EECへの加盟とそのもとでの共通農業政策によって国民経済の枠内に農業を取り戻しつつあるという現実をどう評価するかである。

　関税同盟としてのEECが結成されるためには、EECを構成する国々の間の関税障壁を撤廃することが必要であるが、とくに農産物に関する関税の撤廃のためには、その撤廃によって生じる不利益を補填し、かつ各国の農業生産を維持・拡大していくような政策が不可欠である。EECの共通農業政策はそのための政策であり、きわめて困難な農業問題を構成国間の相互協力関係によって解決しようとする政策であったと言えるであろう。農業問題や食料問題が、もはや世界市場のもとに投げ込み、世界市場のもとでの自由な競争関係に任せるという形では根本的な解決にならない状況が生まれつつある

表1-6 イギリスの小麦輸出入の推移 （1973～2015年）

(単位：1,000トン)

年	輸出量	輸入量	純輸出量
1973	10	3,779	△3,769
1975	217	3,626	△3,409
1980	1,055	2,256	△1,201
1985	1,886	1,609	277
1990	4,460	872	3,588
1995	2,669	880	1,789
2000	3,527	1,161	2,366
2005	2,495	1,195	1,300
2010	3,335	1,111	2,224
2015	2,001	1,538	463

(注) △印はマイナス
(出所) FAOSTAT

表1-7 イギリスの穀物自給率の推移（1970～2015年）

(単位：%)

年	自給率	年	自給率
1970	59	1983	107
1971	65	1984	133
1972	66	1985	111
1973	68	1986	118
1974	73	1987	104
1975	65	1988	107
1976	60	1989	115
1977	77	1990	116
1978	79	1995	113
1979	81	2000	112
1980	98	2005	98
1981	106	2010	95
1982	111	2015	105

(出所) FAOSTAT

中で、共通農業政策は、かつてのEECを母体とするEUの構成国全体がその解決の道を追求している1つの方法である、と言えるのかも知れない。

一方、アメリカが第2次世界大戦後にたどった道は、イギリスや日本とは

異なっている。経済学の論理からすると、世界最大の工業国であったアメリカにとって、農業は〈非合理的な産業〉であり、国際競争力のない農業であって、国外に移譲すべき産業である、ということになるはずであるが、しかし、アメリカは膨大な補助金を投入し、農業を保護し続けたのである。結果として、かつて圧倒的な優位を誇っていたアメリカの重化学工業や製造業等の国際競争力がいまや失われつつある中で、アメリカ農業は、いまだ多くの補助金に支えられているとは言え、一定の国際競争力や国際政治力を持つ重要な産業としての地位を保ち続けることができているのである。

　それが、イギリスのたどった農業・食料の歴史を教訓としたものであるのかどうかは確かめようもないが、アメリカ農業の置かれた現実からすると、アメリカは資本の論理を優先するのではなく、食料の安定的な確保を優先する道を選んだのである。

[注]
（１）　農業における「自然時間」と資本の論理に適合する「資本時間」との関係について、森田桐郎も本山美彦と同じような内容を論じている（森田 1997：114-115）。ただし、森田は、「資本時間」の用法について、「内田弘氏によって先鞭をつけられた」と論じているだけで（同：115）、本山美彦の考えについては、「自然時間」に関することがらも含めて、そこでは触れていない。
（２）　宇野弘蔵の論文「世界経済論の方法と目標」は、世界経済調査会発行の機関誌『世界経済』1950年7月号、に発表されたもので、1966年、宇野が書いた二十数編の論文とともに『社会科学の根本問題』（青木書店）に収められた。
（３）　19世紀初頭から20世紀半ばに至るまでの「世界工業生産における主要国シェア」に関しては、ドイツの経済史家ユルゲン・クチンスキー（J. Kuczynski）による推計も知られている。その推計によると、イギリスの世界工業生産に占めるシェアは、1820年＝50％、1840年＝45％、1850年＝39％、1860年＝36％、そして1870年＝32％、となっている（宮崎ほか1981：11）。このクチンスキーの1820年から1860年までの推計値は、ロストウの推計値と比べるとかなり高い数値であり、逆にロストウの数値は、1820年＝24％から次第にシェアが高まり1870年時点でようやくクチンスキーの推計値と同じ32％に達して

いる。産業革命をいち早く成し遂げ、19世紀初頭に世界最大の工業国になっていたイギリスのこと、そしてその後フランス、ドイツ、アメリカ等の国が工業国へと発展していったことを考えると、逆にロストウの19世紀前半期に関する推計値は少し低すぎるとも考えられる。
（4） 綿製品（綿糸および綿布）が、イギリスの全輸出品目において首位の座を占めるに至ったのは1803年、その地位が機械輸出によって奪われたのが1938年であり、実に135年の長きにわたって綿製品はイギリスの筆頭輸出品の地位を守り続けたとも言われている（武居 1986：83）。
（5） 飯山みゆき「COVID-19とグローバル・フードシステム」『ARDEC』第63号、日本水土総合研究所（www.jiid.or.jp/ardec/ardec63 / 2021年10月取得）

[引用・参考文献]
飯沼二郎（1967）「産業革命の前提としての農業の近代化」河野健二・飯沼二郎編『世界資本主義の形成』岩波書店
飯山みゆき（2020）「COVID-19とグローバル・フードシステム」『ARDEC』第63号、日本水土総合研究所
宇野弘蔵（1966）『社会科学の根本問題』青木書店
應和邦昭（1989）『イギリス資本輸出研究――1815～1914年――』時潮社
北野大吉（1943）『英国自由貿易運動史――反穀物法運動を中心として――』日本評論社
クラフツ、N. F. R.（2007）「産業革命――イギリスの経済成長　1700～1860年――」ディグビー、A.＝ファインスティーン、C.編『社会史と経済史――英国史の軌跡と新方位――』松村高夫・長谷川淳一・高井哲彦・上田美枝子訳、北海道大学出版会
佐藤俊夫（1985）「イギリスにおける穀物法の撤廃と農業」九州大学農学部『九州大学農学部学芸雑誌』九州大学
染谷孝太郎（1982）「1660年から1846年までのイギリス穀物法の歴史的意義」『明大商学論叢』明治大学、第64巻第4号
武居良明（1986）「『世界の工場』期の経済・社会」米川伸一編『概説イギリス経済史』有斐閣
チェンバーズ、J. D.（1966）『世界の工業――イギリス経済史 1820-1880――』宮崎犀一・米川伸一訳、岩波書店

服部正治（1991）『穀物法論争』昭和堂
保志恂（1966）「農業技術論」近藤康男編『農業経済研究入門 新版』東京大学出版会
マサイアス、P．（1972）『最初の工業国家』小松芳喬監訳、日本評論社
マルクス、K．（1965）『資本論』大内兵衛・細川嘉六監訳「マルクス・エンゲルス全集」第23巻第1分冊、大月書店
マントゥ、P．（1964）『産業革命』徳増栄太郎・井上幸治・遠藤輝明訳、東洋経済新報社
宮崎犀一・奥村茂次・森田桐郎編（1981）『近代国際経済要覧』東京大学出版会
持田恵三（1981）「農業問題の成立——『農業大不況』を中心として——」『農業総合研究』農業総合研究所、第35巻第2号
本山美彦（1976）『世界経済論——複合性理解の試み——』同文舘出版
森田桐郎（1997）『世界経済論の構図』有斐閣（なお、本書は室井義雄の編集によるものである）
Davis, R. (1979) *The Industrial Revolution and British Trade*, Leicester, Leicester University Press
Deane, P. (1967) "The Industrial Revolution and Economic Growth: The Evidence of Early British National Income Estimates," in R. M. Hartwell (ed), *The Causes of the Industrial Revolution in England,* London, Methuen
Deane, P. & W. A. Cole (1967) *British Economic Growth* 1688-1959: *Trends and Structure,* 2 nd ed., Cambridge, Cambridge University Press
Ellison, T. (1968) *The Cotton Trade of Great Britain*, 1886, new impression ed., London, Frank Cass & Co
Mitchell, B. R. (1978) *European Historical Statistics 1750-1970*, abridged ed., London, Macmillan
Rostow, W. W. (1978) *The World Economy: History & Prospect*, London, Macmillan Press

第2章

農業貿易と農工間国際分業の論理

はじめに

　農産物の国際間での流通に関わる問題を論じる農業貿易論は、言うまでもなく国際貿易論の一構成部分であり、一研究領域である。また序章で触れたように、国際貿易論には「経済学的貿易論」と「商学的貿易論」とが存在するが、本書で取り上げる農業貿易論は、言うまでもなく経済学的なアプローチである。その考察対象は、国際貿易論の考察対象と比べて限定的ではあるが、しかしれっきとした国際貿易論の一構成部分であり、したがってその課題も国際貿易論の課題と基本的に共通していると言ってよい。すなわち、農産物の輸出入が貿易当事国の経済に与える影響や意義についての考察、さらにはグローバルな農産物の流通がもたらす世界経済への影響についての考察が重要な課題となる。

　その点をいま少し説明しておけば、農産物の国際間での流通は一国民経済のもとでの農業という産業部門のあり方を左右することになり、ひいては一国の食料安全保障を含む国民生活の問題に大きく関わることになる。と同時に、農産物の国際流通が世界全体の食料問題、すなわち今日の世界が抱える栄養不足人口（飢餓人口）に対して与える影響であるとか、「食の安全性」に関する問題、さらには地球環境に与える影響といった問題も看過できないで

あろう。加えて、GATT体制からWTO体制へと世界の貿易システムが変化していく中で、農産物の貿易システムもまた変化し、そのことがまた上記の諸問題に大きな変化を与えてきていることも周知のことがらであって、そうした点もまた重要な考察課題であると考えられる。

　第1章で考察したように、農業は他の産業とは異なる産業上の特殊性を持っているが、しかし農業経済は、資本主義経済の基本原理である市場原理によって説明し得ない経済領域ではない。農産物の生産者（農業者）は、国民経済という枠組みの中においては基本的に自由競争の原理にしたがって行動しているし、世界各国の農業者たちは、今日のグローバル経済のもとでの厳しい競争関係にもさらされている。国際貿易が経済のグローバル化の一翼を担い、今日のグローバル経済を作り出している限り、農産物の国際流通という貿易関係もまた国際経済関係を織りなす重要な要素であり、同時にそれはグローバル経済と深く関わっているのである。

　だが、これまでのわが国の農業経済学の側から行なわれてきた農産物貿易に関する研究においては、国際経済や世界経済の視点からの考察、とりわけ農産物の貿易によって形成されてくる国際分業関係、すなわち「農工間国際分業」に関する貿易原理を踏まえた分析や考察がなされてこなかったばかりか、むしろそうした分析や考察を退ける傾向さえ存在したのである。

　たとえば、1980年代から1990年代にかけて、わが国における代表的な農業経済学者のひとりであった佐伯尚美が、GATTのウルグアイ・ラウンド貿易交渉が行なわれていた最中に刊行した著作『ガットと日本農業』（東京大学出版会、1990年）において次のような指摘をしている点が、その一例である。

　佐伯は、同書の「農産物貿易の特徴」と題した一節の中で、「ガットのなかで農産物貿易については制度的にも、実態的にも、工業製品とは異なるアプローチがとられてきたのである」（佐伯 1990：71）と論じながら、そのような農産物貿易の特徴を規定した要因の1つとして、「農業においては工業と違っていわゆる比較生産性に基づく国際分業論がきわめて制限された範囲でしか妥当しないことである。それはいうまでもなく基本的には土地の制約による。……　農業は工業のように技術・経営資源を国際的に移動させつつ

国際競争を通じて生産力を平準化していくようにはならない。たとえば、日本農業がいかに技術・資本投下を高度化したとしても、広大な土地資源の上に営まれるアメリカ農業と互角に太刀打ちすることは不可能である」（同：73）と論じている。まさに、この農産物貿易の特徴を規定した要因について論じた一文の中の、「農業においては工業と違っていわゆる比較生産性に基づく国際分業論がきわめて制限された範囲でしか妥当しない」と述べている点、またその一文の末尾において「日本農業がいかに技術・資本投下を高度化したとしても、広大な土地資源の上に営まれるアメリカ農業と互角に太刀打ちすることは不可能である」と述べている点に、農業経済学の側における農産物貿易の捉え方の限界が現われている、と言わざるを得ない。

佐伯の言う「比較生産性に基づく国際分業論」とは、言うまでもなくデーヴィッド・リカード（D. Ricardo）が明らかにした「比較生産費説」という貿易原理であり、貿易理論のことである。その貿易理論が、農業ないし農産物の貿易に関しては「制限された範囲でしか妥当しない」という理由としてあげられているのが、日本とアメリカの農業者の間にある農地の広さである。だが、日本とアメリカの農業者の間にある農地の広さをもって、比較生産費説が農業に関して、「制限された範囲でしか妥当しない」という理由としているところに、すでに佐伯の比較生産費説という貿易理論に対する理解の誤りが現われているのである。

日本農業とアメリカ農業との対比で説明されると、その佐伯の誤りに気づくことができないかも知れないが、しかし、日本と大差のない小規模農家によって成り立っているタイの稲作農家とアメリカの稲作農家との対比で見てみると、タイのコメ価格はアメリカのコメ価格よりも遙かに安価であって、タイの稲作農家は、広大な耕作地のもとで機械化された農業を営むアメリカの稲作農家に対して、十分に太刀打ちできる国際競争力を持っているのである[1]。なにゆえ、タイの小規模稲作農家がアメリカの機械化された大規模稲作農家よりも国際競争力を持っているのか、それを説明してくれているのが比較生産費説であって、残念ながら、佐伯はその点を理解し得なかったと言わざるを得ない。さらに付け加えておくならば、あたかも比較生産費説と

いう貿易理論は「技術・経営資源を国際的に移動させつつ国際競争を通じて生産力を平準化していく」ことを説いた理論であるかのような理解が示されているが、比較生産費説はそうしたことを説明した理論ではないのである。このような誤った理解が日本の農業経済学者の多くに影響を与えてきた、という点が大きな問題である。

　農業に関しても、農産物の貿易に関しても、国際分業の理論であるリカードが展開した貿易の原理は妥当するのであり、いわば〈国際分業の原理ないし論理〉を踏まえた考察や、国民経済や国際経済、世界経済との関連をも組み込んだ包括的な把握に基づいた経済学的な貿易論としての「農業貿易論」の確立が求められているのであって、そのためには、改めてリカードの比較生産費説の考えを再確認し、その理論の根底にある国際分業論の論理と農業貿易の特質について検討を加えておくことが必要である。

　そのことはまた、農業貿易論の今日的な課題、すなわち国際分業論の背後にある〈自由貿易こそが望ましい〉という考えに則って、〈農業貿易の一層の自由化〉が進められてきている現実をどのように受け止め、それに対していかなる対応をしていくべきかを考えるためにも必要なことである。その点が、本章での考察課題である。

I．農工間国際分業とリカードの比較生産費説

●国際分業とリカードの比較生産費説

　言うまでもないことであるが、国際貿易は結果として国際間での分業関係、すなわち「国際分業」を形成する。その国際分業の利益をいち早く説き、自由貿易主義を唱えたのは、「経済学の父」と呼ばれるアダム・スミス（A. Smith）である。しかし、スミスの国際貿易論は、国内の商品交換を支配する法則と同じ法則（等労働量交換、すなわち等価交換）が国際間での商品交換をも支配しているという、「絶対的生産費説」ないしは「絶対的優位論」にとどまっていて、ジョン・スチュアート・ミル（J. S. Mill）の言葉を借りれば、

「たとひ積極的に誤ってはゐないにしても、曖昧にして非科学的な貿易の利益に関する見解」（ミル 1936：8）であると言わざるを得ないものであった。

そのスミスの限界を打ち破り、国際分業の利益をきわめてシンプルなモデルでもって説明し、国際貿易の基礎理論を展開したのがリカードである。ミルによって「比較生産費説」と名付けられたリカードの理論の核心は、その名付け親であるミルが的確に捉え、説明しているように、交易を決定するものが「絶対的生産費の較差ではなくて、比較的費用の較差である」（ミル 1936：8-9）という点である。

リカードが比較生産費説を展開し、それを公にしたのは、1817年に刊行された主著『経済学および課税の原理』（*On the Principle of Political Economy, and Taxation*）の第7章「外国貿易について」においてである。周知のようにリカードは、1815年にイギリスが制定した穀物法をめぐって展開された「穀物法論争」において、保護貿易を主張するトーマス・マルサス（T. Malthus）に対抗しながら、他国に先駆けて工業生産力の飛躍的発展を成し遂げているイギリスにとっては、自由貿易政策を通じて形成される農工間国際分業こそが望ましい方向であると主張していたのであって、その最中に公にされた比較生産費説がリカードの主張をさらに理論的に裏打ちするためのものであったことは言うまでもない。

国際分業に関する理論は、20世紀に入ってからスウェーデンの経済学者であるエリ・ヘクシャー（E. F. Heckscher）とベルティル・オリーン（B. G. Ohlin）によって国際分業のパターンを決定する要素を盛り込んだ「ヘクシャー＝オリーンの定理」をはじめ、ポール・サミュエルソン（P. A. Samuelson）などによって、精緻化が試みられてきているが、しかしそれらの理論の根底にある原理は、いずれもリカードが展開した比較生産費説の原理であって、貿易理論ないしは国際分業の理論としてのリカード理論は今日に至るも揺るぎのないものである。

ところで、19世紀初頭に産業資本主義が確立して以降の国際分業の様相を振り返っておくならば、第2次世界大戦に至るまでは、少数の先進工業国と圧倒的多数の非工業諸国（開発途上国）との間での垂直的国際分業（先進工

業国の工業製品と開発途上諸国の農産物・鉱産物等の一次産品とが相互に交換される分業）と呼ばれる形態の国際分業、言い換えれば農工間国際分業が支配的であった。しかし、第2次世界大戦以降は、先進工業国間で相互に工業製品を輸出入し合うような形の貿易関係、すなわち〈水平的国際分業〉の比重が次第に拡大し、しかもその水平的分業は単に先進工業国間での分業関係ではなく、とくに1970年代以降の東アジアにおけるNIES（新興工業経済地域）をはじめ、中国やASEAN諸国など急速に工業化を進める開発途上国と先進諸国との間での水平的国際分業へ、さらにはその水平的国際分業も単に完成品としての工業製品の相互輸出入という形ではなく、とくに先進諸国の多国籍企業が海外の子会社等との間で展開しているグローバルなサプライ・チェーンに基づいた部品、半製品、完成品等の輸出入、すなわち〈企業内国際分業〉といった形のものへと変身を遂げている。

だが、〈農産物の輸出入〉という点に焦点を当てて国民経済間の貿易関係を見てみると、大量の農産物を輸出する一方で、同時にその輸出に匹敵するような大量な農産物を輸入するという、いわば〈農産物の水平的国際分業〉とでも言うべき状況のもとにある国々も一部存在するが、しかし基本的には大量の農産物を輸出する一方で大量の工業製品を輸入する、もしくは大量の工業製品を輸出する一方で大量の農産物を輸入するという形の垂直的国際分業、すなわち農工間国際分業の形態が支配していると言ってよい。したがって、農業貿易論における今日的課題に対処するためにも、国際分業論の基礎理論とも言うべきリカードの「比較生産費説」に立ち返り、いま一度、農工間国際分業の根底に潜む論理を確認しておくことが必要である。

●リカード比較生産費説に関する2つの理解の仕方

リカードの「比較生産費説」は、周知のように2国2財というきわめてシンプルなモデルを使って国際分業によってもたらされる利益のありかを論理的に明らかにしたものである。その比較生産費説は、これまで多くの研究者によって取り上げられ、研究者ごとに工夫を加えた多様な解説ないし理解がなされている。多くの異なった解説、理解がなされてきた最大の理由は、リ

カードの比較生産費説を論じた部分の記述がきわめて大まかで、厳密さに欠けているために、ある程度の推論を加えながら理解しなければならなかったからである。だが、そのような比較生産費説の理解の仕方に関しては、すでに半世紀も前に行沢健三によって1つの問題提起がなされている。

その問題提起とは、多くの研究者が紹介、解説している比較生産費説の理解の仕方は、リカードが比較生産費説を提示するに至った思考プロセスに沿った形での理解の仕方ではなく、いわばリカード比較生産費説の「変型理解」であって、そうした理解がやがてリカード理論に対するあらぬ誤解や理論的な不備についての指摘を与えることになっていること、そうした問題の解消のためにも、いま一度、比較生産費説の命題を、リカード自身の「脳裡にあった推論を再現する」形で理解すること、すなわち「原型理解」に立ち返る必要があるのではないか、という内容のものであった（行沢 1974）。

この行沢の問題提起は、現在では忘れられつつあるように思われるが、行沢の言う「原型理解」ではより現実に即した理解が可能であり、また本章での課題である農工間国際分業の論理を確認するためにも必要であると思われる。以下では、これまで比較生産費説の理解として一般になされている理解、すなわち行沢の言う「変型理解」と、さらに行沢が問題提起した「原型理解」という2つの理解の仕方の違いについて触れながら、比較生産費説の核心と農工間国際分業の論理の確認作業を行なっておくこととしたい。

● **比較生産費説の変型理解**

最初に、行沢が言うところの「変型理解」と考えられる理解の仕方によって、リカードの比較生産費説の要点を解説しておきたいと考えるが、ここで紹介する「変型理解」もまた、筆者なりに理解した「変型理解」であることをまずお断わりしておきたい。

リカード比較生産費説において用いられている2国2財モデルの2国とは、イギリスとポルトガルであり、またその2国において生産される財としてあげられている2財とは、ワイン（wine）と毛織物（cloth）である[2]。

リカードが2国2財モデルを提示するに当たって、イギリスの貿易相手国

をポルトガルとし、また輸出入される2財を毛織物とワインにしたことについては、木下悦二が「リカァドオの比較生産費説にあたっては、イギリスのラシャとポルトガルのブドー酒が一定の量的割合で交換されることから出発している。1703年のメシュエン条約によってもわかるように、これはイギリスとポルトガルとの間の代表的な伝統的貿易商品であったから、この設例にとりあげたのであって ……」（木下 1963：109）と論じているように、メシュエン条約が深く関わっている。メシュエン条約は、スミスの『国富論』でも取り上げられているイギリスとポルトガルとの間の通商条約であって、イギリスがポルトガル産のワインを、そしてポルトガルがイギリス産の毛織物を永続的に輸入することを約した条約である（スミス 1976：267-269）。

19世紀初頭のイギリスとポルトガルの間の詳細な貿易関係については知ることができないが、経済史家のラルフ・デーヴィス（R. Davis）が整理した1814～16年（3カ年平均）のイギリスの貿易統計によると、イギリスの対ヨーロッパ全域への羊毛製品の年間輸出額338万ポンドのうち、約50％（163万ポンド）がポルトガルを含む南ヨーロッパへの輸出額で占められている。また同時期のイギリスのワイン輸入に関しては、ほぼ全量がヨーロッパ地域からの輸入であるが、そのヨーロッパ全域からの年間輸入額227万ポンドのうち約80％（181万ポンド）がポルトガルを含む南ヨーロッパからのものである（Davis 1979：94 Table 40，116 Table 60）。

以上のような統計データからみても、メシュエン条約に基づいた両国間の通商関係がリカードの時代まで維持されていたことはほぼ確実であって、リカードはそうした通商関係の現実を念頭に置きながら2国2財のモデルを提示していると言ってよい。その2国2財を前提とし、さらに一定の仮定を付け加えながら、以下のように比較生産費説と呼ばれる貿易理論は展開されていく。

まず、イギリス、ポルトガルの両国ともワインと毛織物の生産が可能であるが、両国の間でそれぞれの財の生産力（労働生産性）に違いが存在する、と仮定されている。その違いを整理して示すと、表2-1のとおりである。すなわち、イギリスでは、毛織物1単位を生産するためには100人分の労働

表2-1　リカードの比較生産費説モデル

	毛織物1単位の生産に要する労働量	ワイン1単位の生産に要する労働量
イギリス	100人	120人
ポルトガル	90人	80人

が必要であり、ワイン1単位を生産するためには120人分の労働が必要な状態にある。一方、ポルトガルでは、ワイン1単位を生産するためには80人分の労働が必要であり、毛織物1単位を生産するためには90人分の労働が必要であるという状態にある（ここで言う1単位とは、「一定量」という意味であって、たとえば、毛織物は1ヤード幅×100ヤード分、ワインは10樽〔バレル〕分、と考えればよい）。

　なお注意すべきは、リカードがこの2国2財モデルを用いて国際分業を説明するに当たり、「資本と人口」の国際間での移動が困難であることを繰り返し論じている点である。つまり、イギリスとポルトガルとの間では資本と人口（＝労働力）の移動は生じない、と前提されている。以上のような仮定と前提のもとに、リカードが言わんとした国際分業の利益について、その要点を整理しながら、解説を加えておこう。

(a)　まず、毛織物とワインのいずれの産業部門においてもポルトガルの生産力（労働生産性）がイギリスよりも絶対的に優れている。

(b)　ポルトガルは、両産業部門においてイギリスよりも絶対的に優れているとは言え、その優位の程度は毛織物産業よりもワイン産業の方が大きい。すなわちワイン産業の方が相対的に優れている（毛織物はイギリスの10分の9の労働量で生産できるが、ワインの方はイギリスの3分の2の労働量で生産できる）。

(c)　一方、イギリスは両産業部門とも生産力（労働生産性）がポルトガルよりも劣っているが、その劣っている程度はワイン産業よりも毛織物産業が小さい。つまり、イギリスにとっては、ワイン産業よりも毛織

物産業の方が相対的に優れている（ワインの生産はポルトガルの120／80＝1.5倍の労働量を必要とするが、毛織物の生産はポルトガルの100／90＝1.11倍の労働量で可能である）。

(d) このような事情にあるとき、両国はそれぞれ相対的に優位な産業に特化することによって（ポルトガルは相対的に劣る毛織物の生産をやめて90人分の労働量をワイン生産に向ける、イギリスは相対的に劣るワインの生産をやめて120人分の労働量を毛織物生産に向けることによって）、両国全体では同一の労働量でより多くのワインと毛織物を作り出すことができる。

(e) リカードが言うように、ワイン1単位と毛織物1単位を両国間で交換すれば、両国は互いに利益を得ることができる。これが国際分業の利益である。

以上が、リカードの比較生産費説の骨子である。上記（d）の相対的に優れた産業（＝比較優位産業）に特化することによって2国の間でより多くの財を生産しうることは、表2-2に示した〈特化以前〉の生産量と〈特化以後〉の生産量をみれば明らかである。

優れた産業に特化した状況のもとで行なわれる両国間での毛織物とワインとの交換に関して、リカードは「こうしてイギリスは、80人の労働の生産物に対して、100人の労働の生産物を与えるであろう」と述べ（リカードウ1987：192）、〈毛織物1単位：ワイン1単位〉の比率で交換が行なわれるとしている。しかし、原理的に考えると交換比率は必ずしも1：1ではなく、交換可能な比率には一定の幅が存在すると考えられ、しかもその交換可能性のある比率の幅は、国際分業（＝貿易）が行なわれなかった場合の国内での毛織物とワインとの交換比率によって決まるはずである。

その場合、イギリス国内では毛織物1単位に対してワインの交換比率は0.833単位（投下労働量での交換を考えると、100人の労働量で生産されるワインの量は100／120＝0.833単位）となり、一方、ポルトガル国内では毛織物1単位に対するワインの交換比率は1.125単位（同じく、90／80＝1.125単位）となる。

表2-2 〈特化以前〉と〈特化以後〉の生産量の違い

〈特化以前〉

	毛織物	ワイン
イギリス	1単位（100人）	1単位（120人）
ポルトガル	1単位（90人）	1単位（80人）
両国合計	2単位	2単位

〈特化以後〉

	毛織物	ワイン
イギリス	2.2単位（220人）	0単位（0人）
ポルトガル	0単位（0人）	2.125単位（170人）
両国合計	2.2単位	2.125単位

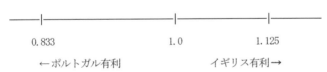

←ポルトガル有利　　　　イギリス有利→

図2-1　イギリスの毛織物1単位と交換可能なポルトガルのワインの量

このことから、両国にとって国際分業の利益が生じる交換比率は、図2-1に見られるようにイギリスの毛織物1単位に対してポルトガルのワイン0.833～1.125単位の間である（輸送コストは捨象）、ということになる。さらに付言しておけば、両国に国際分業の利益が生じる交換比率にはかなりの幅が存在するが、図2-1において交換比率が0.833単位に近づけば近づくほどポルトガルにとって有利であり、逆に1.125単位に近づけば近づくほどイギリスに有利ということになる。

　リカード比較生産費説に関する「変型理解」は、以上のような解説・理解でほぼ終わりであるが、しかし、以上のような理解で終わりとすると、なお未解決と言える問題が残ってしまうことになるであろう。

現実の国際貿易では、イギリスの毛織物とポルトガルのワインとが直接交換されるわけではなく、毛織物とワインの両国間での価格比較が行なわれ、その結果、毛織物に関してはイギリス産の毛織物が、ワインに関してはポルトガル産のワインが安価であるがゆえに、イギリスにおいてはポルトガルのワインが求められ、一方、ポルトガルにおいてはイギリス産の毛織物が求められることとなり、その結果、イギリス産の毛織物とポルトガル産のワインとの間の国際分業関係が形成されるのである。

その点をリカードの比較生産費説モデルに即して考えてみると、ワインの価格に関してはイギリスの3分の2の労働量で生産されるポルトガルのワインの方が安価であろうといった理解は容易になされ得るかも知れないが、しかし問題は、90人分の労働量によって生産されるポルトガルの毛織物よりも100人分の労働量によって生産されるイギリス産の毛織物の方がなぜ安価になるのかを理解することは決して容易ではない。リカードの2国2財モデルを通じてそのことを理解するためには、貨幣を導入し価格表現を行なうことが必要であるが、上記までの「変型理解」ではその点が未解決の問題として残るのである。

「変型理解」ではそのような難点が残ることになるが、しかし、行沢の主張する「原型理解」ではその問題が解消されることになる。

●比較生産費説の原型理解

リカード比較生産費説の「原型理解」の核心は、問題提起をした行沢が、「リカードゥはイギリスの服地とポルトガルのブドー酒との貿易が行なわれている現実にもとづいて、じっさいに1対1でかえられている服地とブドー酒の量をもってそれぞれの計算単位としているのである。より正確にいえば現実に同じ価格で取引されている服地の一定量とブドー酒の一定量をとり上げているのである」(行沢 1974：41／傍点は原文)と論じている点に即して比較生産費説を理解することにある。

リカードが、〈100人分の労働によって生産されたイギリスの毛織物1単位と80人分の労働によって生産されたワイン1単位とが交換される〉と論じて

第 2 章　農業貿易と農工間国際分業の論理　85

いることは、すでに変型理解においても確認しておいたことであるが、そのことに加えて、行沢が、「かれは〔リカードのこと …… 應和〕、本稿で検討中の箇所の少し後の部分で、イギリス製の一定量の服地（a certain quantity of cloth）とポルトガル産の 1 樽のブドー酒とが同じく英貨で45ポンドであるという挙例による推論を行なっているが、本稿の検討中の箇所でもすでにこのようなケースがかれの脳裏にあったと解される」（行沢 1974：41-42）と指摘しているように、リカードは、比較生産費説モデルを論じた箇所から数ページあとの部分で、イギリスからポルトガルに輸入される毛織物 1 単位がイギリスの貨幣であるポンドで45ポンドであること、一方、ポルトガルからイギリスに輸入されるワインの 1 単位（1 樽）も45ポンドである、という設定のもとに、両国間で毛織物とワインの輸出入が行なわれていく状況を論じている（リカードウ 1987：195）。この点もまた、原型理解にとってきわめて重要な点である。

　つまりリカードは、イギリスにおける毛織物 1 単位の価格を念頭に置きながら、その価格で国内産ワインの場合はどれだけの量を得ることができるか、ポルトガル産のワインであればどれだけのワインを得ることができるか、さらにポルトガル産の毛織物 1 単位の価格はいくらであるのか、といったことを引き比べながら、ワインと毛織物との交換比率が国内と国際間で異なっていることに気づき、その点から 2 国 2 財のモデルにたどり着いた、と考えるのが自然である。今日においても、現実の国際間での通商関係を考えようとするとき、まずわれわれが手がかりとするものは価格にほかならないからである。

　もちろん、そうした国際的な比較によって得られた交換比率の根底に、国際間での異なった労働量の交換という問題が存在すること、そして労働価値説の考えをもってそのような不等労働量交換が国際間ではなぜ生じるのかといった問題は残ることになるであろうが、それは理論レベルの問題である。ここでの課題は貿易によって形成される国際分業に潜む論理を読み取ることであり、その点から考えるならば、比較生産費説の理解の仕方は、先に取り上げた「変型理解」よりも「原型理解」の方が現実に即した形で理解し得る

図2-2 イギリス産毛織物とポルトガル産ワインの交換比率

表2-3 リカード比較生産費説モデルでの価格比較

	毛織物1単位の価格（労働量）	ワイン1単位の価格（労働量）
イギリス	45ポンド（100人）	54ポンド（120人）
ポルトガル	50.6ポンド（90人）	45ポンド（80人）

方法であり、今日の問題を理解するうえでもより有効であると思われる。

改めて、リカード比較生産費説についての原型理解の核心を整理しておくと、それは図2-2に示したように、イギリスの毛織物1単位（100人分の労働による産物）とポルトガルのワイン1単位（80人分の労働による産物）とが交換されていること、しかも価格はイギリスのポンドで表わして〈45ポンド〉である、という点である。

この交換比率を基準にして、リカードの2国2財モデルに示されている120人分の労働量によって生産されるイギリスのワイン1単位の価格、90人分の労働量によって生産されるポルトガルの毛織物1単位の価格を把握することができる。表2-1に示した2国2財のモデルに価格を付記して示してみると、表2-3のようになる。

見られるように投下労働量比で計算すると、イギリスにおける120人分の労働量で生産されるワイン1単位の価格は54ポンド、ポルトガルにおける90人分の労働量によって生産される毛織物1単位は50.6ポンドと、いずれも45ポンド以上の価格となる。両国の毛織物、ワインの品質が同一であるとするならば、輸送費や為替取引手数料などの経費を加えた価格がなお国内産のワイン、毛織物よりも安価である限り、イギリス産の毛織物はポルトガルに輸入され、ポルトガル産のワインはイギリスに輸入されることとなる。これが

リカード比較生産費説の原型理解である。

　以上、リカード比較生産費説の理解の仕方に関して、筆者なりに変型理解と原型理解との違いを整理してみたが、変型理解に関していえば、90人分の労働量によって作り出されたポルトガル産の毛織物価格よりも、100人分の労働量によって作り出されたイギリス産の毛織物価格の方がなぜ安価となるのか、という点について理解しがたい問題が残ってしまうが、原型理解においてはその点が解消され、容易に2国間での財（もしくは産業）の比較優位、比較劣位の判断が可能であると同時に、国際間では等労働量交換ではなく、不等労働量交換が成り立つという現実に即した国際分業関係の論理もまた比較的容易に理解できるという利点が存在する。

●比較生産費説の原型理解が教えてくれているもの
　ところで、リカード比較生産費説の原型理解が持つ利点は、国際経済関係を考える場合に無視することのできない重要な問題、すなわち「労働の国民的生産性の格差」と貨幣との関係の理解を容易にしてくれている、という点にもつながっている。

　「労働の国民的生産性の格差」という概念は、馴染みのない概念と思われるであろうが、これは一国全体の総合的かつ平均的な労働生産性が国ごとに異なっていることを表わす概念である。リカードが示した比較生産費説モデルの例で言えば、ワイン1単位の生産に必要な労働量は、イギリスでは120人分、ポルトガルでは80人分、また毛織物1単位の生産に必要な労働量は、イギリスでは100人分、ポルトガルは90人分、というように両国の間では異なっている。しかもその異なりの程度は、ワインと毛織物とでは違っている。そのように、その一国ごとに、しかも産業部門ごとに異なっている労働生産性を一国ごとに総合化し、平均化した労働生産性を表わす概念が「労働の国民的生産性」であり、そのような一国平均の労働生産性に違いがあるというのが「労働の国民的生産性の格差」である。

　この「労働の国民的生産性の格差」は、世界市場のもとで同一の価値を持つ財を作り出すために必要な労働量が国ごとに違っていることを意味してい

るのであり、さらに言えば、同一の価値額の貨幣を獲得するために必要な労働量が国ごとに異なっている、ということを意味している。そのことを比較的容易に理解させてくれるのが、リカード比較生産費説の原型理解であり、先に掲げた図2-2のイギリス産毛織物とポルトガル産ワインの交換比率である。

　図2-2に示されているように、リカードは、イギリスの100人の労働量で生産された毛織物1単位とポルトガルの80人の労働量で生産されたワイン1単位が交換されるとし、しかもその毛織物1単位とワイン1単位がイギリスの貨幣であるポンドで表わして同一の価格の45ポンドである、としているのである。このことは、イギリスの100人の労働で作り出される財の価値と同等の価値を持つ財がポルトガルでは80人の労働で作り出すことができる、つまりイギリスとポルトガルの間の「労働の国民的生産性」には〈100人：80人〉という格差があることを示している。それはまた、同一の価値額である貨幣、45ポンドを獲得するために必要な労働量が、イギリスでは100人の労働量、ポルトガルでは80人という違いがあることを示している。

　リカードが比較生産費説を展開した19世紀初頭には、まだ各国の貨幣制度は未整備の状態であったとはいえ、事実上、金（gold）の一定量をもって貨幣の基本単位とする金本位制度の状態であったと言ってよい。金本位制度は、金の一定量をもって貨幣の度量基準（度量単位）とし、かつそれに独自の呼称（貨幣名称）を付与した制度である。当時のイギリスでは、1ポンド通貨として純金に換算して約7.5gの重量を持つ「ソブリン金貨」が作られていたことが知られているが、それを使って説明すれば、イギリスでは100人の労働によって作られる毛織物が世界市場ではソブリン金貨45枚分（約340gの純金）の価値を持つものとして評価され、またポルトガルでは80人の労働によって作られるワイン1単位が、同じく世界市場ではソブリン金貨45枚分の価値物として評価されることを示しているのである。

　この「労働の国民的生産性の格差」を基準としながら、比較優位、比較劣位の産業が決まること、またいずれの国においても比較優位の産業が存在するのであって、自由な貿易関係を通じて比較優位の産業間での国際分業が形成されていくならば、貿易当事国の双方に利益がもたらされるというのが、

リカードの比較生産費説が教えるところである。
　ところで、リカードはさらに、自由貿易制度のもとに世界各国がそのような国際分業を形成することによって、望ましい「普遍的社会」が実現されるとも論じている。リカードが考える普遍的社会とはいかなる社会であるのかを検討しておくことも必要であるが、その点は後段で触れることとして、それに先立っていま1つリカードの比較生産費説の2国2財モデルの中に見過ごすべきではないと思われる問題が存在するので、その点について節を改め、少し論じておきたい。その問題とは、2国2財モデルの中に見られる奇妙な、あるいは「不可解」とも言えるモデル設定に関する問題である。

II．リカード比較生産費説モデルの作為性と農工間国際分業

●リカード比較生産費説における奇妙なモデル設定
　リカードの比較生産費説が、工業国と農業国との間の、あるいは先進国と後発国との間の農工間国際分業の形成を説いたものであるのか否かについては、研究者の間で意見の分かれるところである[3]。それは、リカードの説いた比較生産費説が、単に農工間国際分業の形成を説くためだけの原理ではなく、先進国間のいわゆる水平的国際分業関係をも説く理論、すなわち工業製品と工業製品との国際間での分業関係をも説明しうる理論であるからである。しかし、リカードが比較生産費説の2国2財モデルを提示するに先だって述べた、以下の〈引用文①〉のような叙述をみる限り、リカードの脳裏には、イギリスが金物（hardware）をはじめとする工業製品を受け持ち、それに対してアメリカやポーランドが農産物である穀物（corn）を受け持つという形の国際分業関係、すなわち農工間国際分業が形成される論理を明らかにしようとした意図があったことは明らかである。

　「完全な自由貿易制度のもとでは、各国は自然にその資本と労働を自国にとって最も有利であるような用途に向ける。個別的利益のこの追求は、

全体の普遍的利益と見事に結合される。勤勉の刺激、創意への報酬、また自然が賦与した特殊諸力の最も有効な使用によって、それは労働を最も有効かつ最も経済的に配分する。一方、生産物の総量を増加することによって、それは全般的利益を広める。そして利益と交通という一本の共通の絆によって、文明世界の全体にわたる諸国民の普遍的社会を結び合わせる。ぶどう酒はフランスとポルトガルで造られるべきだ、穀物はアメリカとポーランドで栽培されるべきだ、そして金物類やその他の財貨はイギリスで製造されるべきだ、といったことを決定するのは、この原理なのである。」（リカードウ 1987：190）……〈引用文①〉

とくに、穀物法論争において、穀物法の廃止と自由貿易政策の採用とを強く主張していたリカードにとって、その主張の論拠をなすものが比較生産費説でもあったはずであり、その意味で、森田桐郎が言うように、比較生産費説の中には「いわば時論的性格」が潜んでいるとも解すべきである[4]。

しかし、比較生産費説がそのような「時論的性格」を持ったものであるにもかかわらず、リカードは現実とはかけ離れた奇妙なモデル設定を行なっているのである。すなわち、すでに論じたようにリカードがイギリスとポルトガルの間の主要な交易品として選んだ毛織物とワインの生産力（労働生産性）に関して、いずれもポルトガルが絶対的に優れ、イギリスが絶対的に劣るというモデル設定がそれである。その奇妙なモデル設定に思いをめぐらすと、そこからは〈作為的〉とも言えるようなリカードの意図さえ浮かび上がってくる。

イギリスが他国に先駆けて推し進めた産業革命が、繊維産業（綿工業）における技術革新を中心としたものであったことは周知のことがらであり、またその技術革新が毛織物工業にも波及していったことはほとんど否定しがたいことである。そのことを考えるならば、ワインに関する生産力（労働生産性）に関してはポルトガルが優れているという点は首肯し得るとしても、毛織物の生産力（労働生産性）に関してもポルトガルが優れ、イギリスが劣っているという設定は、あまりにも現実離れした設定であると言わざるを得ない。

もちろん、リカードが提示したイギリスとポルトガル、毛織物とワインという2国2財を使った比較生産費説モデルも、1つの仮設モデルであると考える限り、比較優位、比較劣位の構造を掴み、国際分業のあり様と国際分業による利益のありかを理解することは可能であり、リカードが貿易の基礎理論を打ち立てた功績を何ら否定するものではない。しかし、比較生産費説の論理を説明するための2国2財モデルとしては、2国をA国、B国とし、2財をX財、Y財とするような不特定な国、財を用いて説明することも可能であるにもかかわらず、イギリスとポルトガル、そして毛織物とワインといった特定国、特定財を例とする比較生産費説モデルを提示している以上、やはり歴史具体的な状況を反映させたモデル設定を行なうべきであったと考えられるのである。しかし、そのように考えたとき、リカードが取り上げた2国2財のモデルは、そもそも比較生産費説を論ずるにふさわしい歴史具体的なモデルであったのであろうか、という新たな疑問も湧いてくるのである。

●想定し得る2国2財モデルの4つのケース

2国2財モデルを使って比較生産費説を説明する場合、比較生産費説が成り立つためには、2国の2財の間に生産力（労働生産性）の格差が存在することが大前提である。しかし2国2財間での生産力（労働生産性）水準のあり方としてはいくつかのケースが考えられ、比較生産費説が成り立つケースと、成り立たないケースとが存在する。その点を比較的わかりやすく説明した木下悦二の解説が存在するので（木下 1979：101-102）、ここではそれを援用しながら、比較生産費説が成り立つケースを確認しておこう。

木下は、2国をA国とB国、2財をX商品とY商品とし、その2国2財の間にある生産力（労働生産性）のあり方としては4つのケースが考えられるとして、表2-4のようなケースを例示している（表中の数値は、X商品、Y商品の1単位を生産するのに必要な労働量を示している）。

この4つのケースのうち、［ケースⅠ］は2商品の生産力水準が両国においてまったく等しい場合であり、また［ケースⅢ］は、2商品ともA国の生産力が高いが、各商品の両国間での生産力水準の格差がまったく等しいケー

表2-4　想定し得る2国2財モデルの4つのケース

[ケースⅠ]

	X商品	Y商品
A国	10	30
B国	10	30

[ケースⅡ]

	X商品	Y商品
A国	5	30
B国	10	20

[ケースⅢ]

	X商品	Y商品
A国	10	15
B国	20	30

[ケースⅣ]

	X商品	Y商品
A国	10	20
B国	30	30

(出所)　木下 1979：101 第3-1表

スである。このような状態は、論理的には考えることができても現実にはあり得ないケースである、と言ってよい。しかも両ケースとも、両国内でのX商品とY商品との交換比率は同一であり、貿易を通じて利益が得られるような交換ではあり得ないため、事実上、貿易は生じない。

　残る［ケースⅡ］と［ケースⅣ］が、両国間でX商品、Y商品の生産力水準が異なり、現実に貿易が行なわれ、国際分業が形成されるケースである。［ケースⅡ］は、X商品についてはA国の生産力水準がB国よりも高く、Y商品についてはB国の生産力水準がA国よりも高いケースである。貿易を行なわず、それぞれ国内でX商品とY商品とを交換する場合の交換比率は、A国では〈X商品6単位：Y商品1単位〉であり、B国では〈X商品2単位：Y商品1単位〉である。もしも貿易を行なうとすると、A国は〈2単位超～6単位未満〉のX商品でもってB国のY商品1単位を手に入れることができ、それはA国の利益になると同時に、B国にとっても利益が得られることになる。

　［ケースⅣ］は、A国の生産力水準がX商品に関してもY商品に関しても絶対的に高く、B国の両商品の生産力水準はいずれもA国に劣っているケースである。この場合、貿易を行なわなかった場合の両商品の交換比率は、A国では〈X商品2単位：Y商品1単位〉、B国では〈X商品1単位：Y商品1単位〉

となる。もしも貿易を行なうとすると、A国は〈1単位超〜2単位未満〉のX商品でもってB国のY商品1単位を手に入れることができ、それはA国の利益になると同時に、B国にとっても利益が得られることになる。

　[ケースⅡ]、[ケースⅣ]は、いずれも国際分業によって利益が生まれるケースであるが、しかし[ケースⅡ]はリカードが比較生産費説で説いたケースではない。木下の言葉を借りると、[ケースⅡ]は「それぞれの国が自ら有利な生産条件を備えた商品を輸出し、不利な商品を輸入すると述べたアダム・スミスの世界」（木下1979：102）、すなわち「絶対生産費説」でも成り立ちうるスミスの国際分業論のケースであって、それに対して[ケースⅣ]こそが「比較生産費説を説いたリカードの世界」（木下1979：102）を示すケースである。

　比較生産費説の勘所は、[ケースⅣ]に見られるように、2国間の比較において、2財とも生産力水準が相手国よりも絶対的に劣る国にあっても、その2財の生産力格差の度合いに違いが存在する限り、国際交換の局面で相対的に優位となる財が存在する、ということを説いている点である。

　木下悦二は、以上のような4つのケースを引き合いに出しながら、スミスの絶対生産費説が成り立っている世界と、リカードの比較生産費説が成り立つ世界とを区分し、そのうえで、旧著『資本主義と外国貿易』においては、さらに次のような解説を付け加えている。

　木下は言う、「スミスとリカァドオの間には産業革命が横たわっている。産業革命の結果として、機械制大工業の発展とともに、生産力の発展は爆発的なものとなり、最初の資本主義国イギリスの生産力水準が他の国々をひきはなし、この不均衡がますます著しくなる傾向にあった。これがリカァドオの比較生産費説の生れる背景である」（木下1963：119）と。

　木下も、産業革命をいち早く成し遂げ、他の国々を圧倒するだけの高い生産力水準を持つに至ったイギリスの歴史的現実を背景として、リカードの比較生産費説が生まれてきているのだ、と認めているのである。だが、木下はリカードの提示した〈ポルトガルがより進んだ国で、イギリスが遅れた国である〉という設定の2国2財モデルに対しては、何の疑問も投げかけてはい

ないのである。

　これまで多くの研究者がこのリカードの2国2財モデルを取り上げ、解説を加えてきているが、筆者の知りえた限りでは、国際経済論ないし国際貿易論の研究者の中でこの点に疑問を投げかけた研究者は見当たらず、その点に気づき、言及しているのは経済学説史の研究者である美濃口武雄のみである。しかし美濃口は、「 …… ヨーロッパ諸国の中で先がけて産業革命を成し遂げたイギリスにおいて、工業製品たるラシャ〔リカードが2財の1つとして掲げた cloth のこと …… 應和〕のコストが絶対水準においてポルトガルより高いとはとうてい信じられぬこと」と述べながらも、リカードがそのようなモデルを使った理由として「恐らくは人々を説得するためのリカード一流の論法であったにちがいない」と指摘するにとどまっている（美濃口 1989：5）。

　比較生産費説の2国2財モデルにおける労働生産性の違いに関する数値は、あくまでも一定の仮定に基づいたモデル設定である、と言ってしまえばそれまでであるが、しかし先に掲げておいたリカードの叙述、すなわち〈引用文①〉にみられたように、リカードは19世紀初頭のイギリスの状況を念頭に置きながら、イギリスの工業製品とアメリカやポーランドの穀物とが交換されるような農工間国際分業の形成を決定づける原理が比較生産費説であると明言しているのである。

　であるとするならば、すでにマルサスとの間で穀物法の賛否をめぐり激しい議論を展開していたリカードの立場からして、穀物法論争での主張の正当性をさらに裏打ちするための比較生産費説モデルとして、たとえば2国としてはイギリスとポーランド、2財としては鉄（iron）と小麦（wheat）といったモデル設定の方が、より現実を反映させたモデルになったはずである。にもかかわらず、リカードはなぜこのような現実に即したモデルを使わず、現実離れしたモデルを用いたのか、それが問題である。

●作為的なモデル設定をしたリカードの真意は何か

　リカードが、歴史的現実を踏まえた比較生産費説モデルを設定しないで、〈作為的〉とも思われるモデル設定をした真意は何であろうか。おそらく、

リカード自身がこのような設定を行なった理由について述べているような証拠は発見され得ないであろうから、この問いに対する答は「永遠に謎」ということにならざるを得ないのであろうが、しかし、その点を推測してみることは必ずしも意味のないことではないと思われる。

リカードは、2国2財モデルとして、先の木下悦二が示したようにA国、B国、そしてX財、Y財というような不特定な国と財を用いたモデル設定をすることもできたはずであるが、やはり自国イギリスと貿易を通じて明確な国際分業関係にある国、財を用いて比較生産費説を論じることの方が説得力を持ち得ると考えた結果、相手国としてポルトガルを、そして2財として毛織物とワインを選んだのではないかと想像される。それはすでに述べておいたように、18世紀初頭に結ばれたメシュエン条約が関わっていて、1世紀以上に及ぶワインと毛織物の国際分業関係が両国間に形成されていたからである。だが、果たしてその国際分業関係を取り上げることが、比較生産費説のモデルとして妥当であったかどうかである。

メシュエン条約が結ばれた当時の状況を考えると、ワインの生産に関してはポルトガルが絶対的に優れているが、毛織物の生産に関してはイギリスが絶対的に優れていると考えられる状況があり[5]、その結果、毛織物とワインの国際分業関係がイギリスとポルトガルとの間で形成されていて、その関係を維持することが両国にとって利益となるがゆえに、条約によってその関係を将来にわたって維持しようとしたと考えられるのである。だとすると、それはスミスの論じた絶対生産費説によっても成り立つ国際分業関係、言い換えればまさに「スミスの世界」の論理で成り立っている話であって、「リカードの世界」の論理（比較生産費説の考え）によって形成された国際分業関係ではない、ということになってしまうのである。現実には、2国間で形成される国際分業関係には、スミスの世界の論理で説明のつく国際分業関係もあれば、リカードの世界の論理でなければ説明のつかない国際分業関係もある、と考えられるからである。

モデル内の数値設定はリカードが考えた数値であり、どのような数値を設定することも可能である。ワインの生産に関しては、イギリスよりもポルト

表2-5　歴史的現実を反映させた比較生産費モデル

	小麦1単位の生産に要する労働量	鉄1単位の生産に要する労働量
ポーランド	100人	120人
イギリス	90人	80人

ガルが優れているということを出発点にする限り、毛織物の生産もポルトガルが優れているという数値にしない限り、比較生産費説は成り立たないがゆえに、結果的に2財ともイギリスがポーランドに劣るというモデルになってしまった、というのが真相ではなかろうか。

　それにしても、聡明な頭脳の持ち主であるリカードであれば、上述したようなモデル設定の不自然さに気づいたのではないかとさえ思われるのであるが、にもかかわらずそうしなかったのはなぜか、である。もしもその点について何か理由があったとすると、思い当たることは、小麦とか、穀物を例にしたモデルだけは避けたいという意図が、穀物法論争を繰り広げているリカードの頭の中にあったのではないか、という点である。

　試みに、歴史的現実を反映させたモデルとして、先に掲げておいた〈引用文①〉においてリカードが述べている内容、すなわち、「穀物はアメリカとポーランドで栽培されるべきだ、そして金物類やその他の財貨はイギリスで製造されるべきだ、といったことを決定するのは、この原理なのである」という内容を考慮した形の比較生産費説モデルを考えてみると、表2-5に示したようなモデル設定も可能である。

　このモデルは、リカードが設定した生産力水準を表わす数値は変更せずに、ただポルトガルをイギリスに、イギリスをポーランドに変更し、また毛織物を小麦、ワインを鉄に変更した比較生産費説モデルである。このモデルでは、小麦についても、鉄についてもイギリスの生産力（労働生産性）が高く、ポーランドは劣っているというモデルになっている。

　現実に即したモデル設定をという点からすると、鉄の生産力（労働生産性）に関してイギリスがポーランドよりも優れている点は、産業革命を考えれば

第 2 章　農業貿易と農工間国際分業の論理　97

十分に納得できるはずである。小麦の生産においてはイギリスが絶対的に劣っているのではないかと思われるかも知れないが、しかし第 1 章でも少し触れたように、産業革命の時期にイギリスでは「第 2 次農業革命」と呼ばれる農業技術の革新が生じ、穀物の生産力水準が高まり、穀物の増産が実現したことはよく知られているのであって（飯沼 1967：37-48／クラフツ 2007：86）、小麦生産に関してもイギリスの生産力（労働生産性）がポーランドのそれよりも優れているとしたこのモデル設定は、決して現実離れしたモデル設定ではないと思われる。しかしながら、リカードはこのようなモデルを使わなかったのである。

なぜリカードはこのようなモデルを使用しなかったのか、その理由として考えられることは、たとえこのモデルを提示しながら、イギリスにとっては鉄の生産が絶対的にも相対的にも優位であって鉄に特化すべきこと、他方、小麦の生産に関しては絶対的には優位であるが相対的には劣位であるため、ポーランドから輸入すべきであると主張したとしても、多くの国民には比較生産費説の論理が容易には理解されず、また地主階級の側からは「ポーランドよりも少ない労働量で同じ量の小麦を生産できるイギリスが、なぜポーランドから小麦を輸入しなければならないのか」といった反論もまた予想されたからではなかろうか。

あくまでも推測にすぎないが、リカードの頭の中に、穀物以外の例を用いた比較生産費説モデルを使いながら国際分業の形成と利益を説き、さりげなく自由貿易主義の正当性と、イギリスにとっては農工間国際分業の形成が望ましいことを主張し、そのうえで穀物法の撤廃を求めるという、戦略的な意図が潜んでいたとも考えられるのである。それが、美濃口のいう「リカード一流の論法」ということになるのかも知れないが、もしもリカードの意図がそのようなものであったとすると、リカードは「いささか策を弄しすぎた」と言わざるを得ないように思われる。というのは、たとえ理解されることが容易ではないとしても、歴史的現実に沿ったモデル設定をもとにして比較生産費説の論理を展開するのであれば、やはり揺るぎのない事実認識を踏まえたモデル設定にしておくことが、経済学者としてのリカードの責務であった、

と考えられるからである。

Ⅲ．国際分業とリカードの描く普遍的社会

●リカードの国際分業論はいかなる世界の実現を目指しているのか

　第Ⅱ節で取り上げた、作為的なリカードの比較生産費説モデルについての検討は、本章の主題からするといささか脇道にそれた問題の検討であると思われるかも知れないが、しかしそれは、決して無意味な検討ではないと考える。と言うのは、リカードの主張の真意や意図を正確に理解し、その是非をより正しく判断するためには、作為的なリカードの比較生産費説モデルに気づいた美濃口武雄が、それは「人々を説得するためのリカード一流の論法」であると言っているように、リカードの言説にはリカード特有のレトリックが存在していることを知っておく必要があるし、またそのリカード特有のレトリックの奥に潜んでいる真意や意図を冷静に読み取るための、いわば「批判的精神」が必要であることを前節での検討は教えてくれた、とも言えるからである。

　そうした考えを念頭において、改めてリカードが『経済学および課税の原理』第7章「外国貿易について」において論じている比較生産費説や国際分業に関する記述に目を向けてみると、これまで余り触れられてこなかった問題点や、リカードの巧みな論法によってほとんど疑いの目を向けることなく読み過ごしてきた記述の中に、今日的視点から改めて検討しておくべきであると考えられる部分も浮かんで来るのである。中でも、前節の冒頭部分において、〈引用文①〉として引用しておいた一文で論じられていることに関して、いま一度、リカードの真意を探っておくことが必要であるように、筆者には思われる。

　前掲の〈引用文①〉の内容は、リカードが比較生産費説を展開するに先立って、彼が考える国際貿易ないし国際分業のもつ意義をきわめてコンパクトに纏めた一文である。それは、今日に至るまで絶えず、比較生産費説と自由貿

易制度とが一体のものとして理解され、論じられてきたリカード貿易論の、いわば核心をなす一文である。リカードの貿易理論が、スミスの自由貿易論をさらに理論的に精緻なものにしたという理解がなされてきているが、実は、リカードが『経済学および課税の原理』第7章「外国貿易について」において「自由貿易」という表現を使用しているのは、この一文においてのみである。きわめて短い記述でありながら、比較生産費説と自由貿易とのつながりを、そして〈自由貿易こそが望ましい〉という考えの正当性を印象づけている見事な一文であるが、その一文の「見事さ」とでも言えるものはどこから生まれているのかと考えると、その一文の中に、予定調和的とも言える近未来の社会像、世界像、すなわちリカードの言う「普遍的社会」（universal society）が描かれているからである。

　リカードは言う、「完全な自由貿易制度」のもとで比較生産費説に基づいた国際分業関係が形成されていくならば、やがて各国民経済の利益追求が、自ずと全世界の利益拡大につながり、いずれの国々も利益を得ることができるような「普遍的社会」が実現され得ると。しかもその構想が、農工間国際分業を軸とした国際分業関係によって実現されるという考えを、暗に表明するような一文であるとも受け取れるのである。

　国際貿易の研究領域でしばしば言われているように、比較生産費説を基礎にしたリカードの国際分業論は、ある時点で成立している国際分業関係を説明する理論、すなわち静態的国際分業論であって（前田 1987：46-51）、比較生産費説自体をもって国際分業関係がどのように変化し、また貿易当事国の経済や世界経済がどのよう変化していくかを論じたものではない。だが、リカードは、比較生産費説と自由貿易とが結びつけば、きわめて理想的な社会とも言える「普遍的社会」が誕生するという考えを表明しているのである。

　リカードが未来社会に対して一定の構想を抱くことは何ら問題ではないが、しかし、彼の構想するその未来社会の内実がいかなるものであるかは、やはり検討すべき問題であろう。と言うのも、リカードが比較生産費説と自由貿易制度とによって作り出されるという「普遍的社会」の有り様によっては、リカード貿易論の受け止め方も変わってくるからである。

そうした視点から、改めてリカードの描いた未来の社会像ないし世界像に、具体的な世界史の流れを重ねて見るとき、そこにはパックス・ブリタニカの時代の覇権国イギリスの意向を巧みに盛り込んだ世界像、言い換えれば強者、強国の論理を巧みに組み込んだ世界観が透けて見えてくるようにも思われる。すなわちいち早く産業革命を達成し、「最初の工業国家」となったイギリスを中心にして、後進国家で農業国であるアメリカやポーランド、そして農産品加工で成り立っているフランスやポルトガルという国が周辺に配置されているという世界の構図がそれである。

　リカードの言う"universal society"（普遍的社会）は、今日言われているような「共生社会」とか、年齢や性別、国籍などを超えて多様な人々が暮らしやすい社会という意味での「ユニバーサル社会」ではなく、まさに19世紀前半期のヨーロッパ社会を中心とする、しかも世界経済の覇権国イギリスを中心とした永続的な世界秩序を願う普遍的社会観が描かれているとも読み取れるのである。しかもそうした世界を実現するのが、「完全な自由貿易制度」なのである。

　さらに推論を進めていくならば、比較生産費説を展開し得たリカードの脳裡には、国民経済を構成する多様な産業の間に労働生産性を向上させていくスピードの違いが存在すること、そして農業よりも工業における労働生産性の向上スピードが数段すぐれていることも十分に理解されていたはずである。そしてその考えは、当然にイギリスという国民経済にとって工業と農業のいずれに重きを置くべきか、という問題へと移って行ったはずである。マルサスと穀物法をめぐって論戦を開始したリカードにも、イギリスが工業を重視した経済社会に変化していった場合の食料や農業に対する懸念はあったはずであるが、しかし、不足する食料や農産原料は広大な世界から貿易を通じて無限に獲得しうる、という確信もあったはずである。事実、そうした点を気づかせてくれるリカードの叙述も存在するのである。

　これは、前田芳人の指摘によって筆者が知り得たことであるが（前田 1987：52-53）、リカードが1820年に公表した小論「公債制度論」の中には、より明確にリカードが考えていた国際分業論の核心、とりわけ農工間国際分

業の形成が資本主義の発展に果たす役割や、リカードが展望する世界像を描いた次のような記述が存在する。

「文明的な大国では、必需品にせよ、贅沢品にせよ、その欲求は無限である、そして資本は、増大する人口に食物や必需品を供給するわれわれの能力にともなって使用されてゆくものであり、こうしてたえず増大する資本がこの増大する人口を雇用する。土地からの原生産物の供給を増加させるのが困難になるにつれ、穀物その他の労働者の必需品の価格が騰貴するであろう。そして賃銀が上昇するであろう。賃銀の実質的上昇は必然的に利潤の実質的低下を伴う、したがって、一国の土地が最高度の耕作状態になったとき、——すなわち、その土地にそれ以上の労働を投入しても、それら追加的労働者を維持するのに必要な量の食物を超えるだけのものを収穫できなくなるとき、この国は資本と人口の両方の増加の限界に達しているのである。

　ヨーロッパでもっとも富裕な国ですら、いまだこれほどの発達状態からははるかに遠い、しかしもしもいずれかの国が、こうした状態に到達したとしても、そうした国でも外国貿易の助けによって、富と人口とをなお無制限に増大してゆくことができるであろう、というのは、こうした増加の唯一の障害物は、食糧およびその他の原生産物の不足とその結果としてのそれらの価格上昇といった事態だけにすぎないからである。これら食糧および原生産物が、製造品と交換に海外から供給されるとしよう、その場合には富の蓄積を停止させたり、それらの利用によって利潤を獲得することを止めさせたりする限界点が、どこにあるかを示すことは難しくなるであろう。」（リカードウ 1970：218-219）

この一文に描かれた世界は、いまから200年も前の世界である。リカードが生きた時代は、資本主義という経済システムが本格的な発展を開始したばかりの時代であり、いまだ世界人口は10億人程度の、しかも交通機関としてはようやく蒸気機関車や蒸気船が実用化し始めた時代であって、リカードに

とっても、イギリス産業資本にとっても、世界は広大で無限の可能性を秘めた世界であると映ったはずである。そうした世界を脳裡に描きながらリカードは、この一文において資本蓄積の制約要因である農業問題が国際貿易を通じて解決されるという論理と、まさにその役割を担う農工間交際分業が形成される論理とを論じている。この記述を、先に取り上げたリカードの普遍的社会に関する記述と重ね合わせ読み進んでいくと、そこからは比較生産費説と自由貿易制度、農工間国際分業が形成される論理とが見事に結びついたリカードの貿易論（国際分業論）も浮かび上がってくるのである。

　だが、リカードが生きた時代から200年を経た今日の世界には、リカードが脳裡に浮かべたような広大で無限の可能性を秘めた世界は、存在しないのである。比較生産費説とそれに基づく農工間国際分業論は、貿易が行なわれていく論理を的確に捉えた貿易論ではあるが、しかし今日的な視点、とりわけ食料やそれを生み出す農業の観点から考えてみるならば、現代世界には、自由貿易制度と一体化したリカードの比較生産費説論や農工間国際分業論では解決しがたい状況や問題が生まれているのである。その問題の1つが食料問題であり、資本にとって非合理的な産業である農業問題の処理に関する問題である。改めて、農業貿易論にとってはいかなる貿易システムが望ましいのか、という問題を考えることが必要である。

●農業貿易は自由貿易を基本原理とすべきか

　周知のように、1995年にWTO（世界貿易機関）が誕生し、WTO体制という新しい国際経済秩序ないしは世界経済秩序ができ上がっている。そのWTO体制を構成する「農業に関する協定」（Agreement on Agriculture）が、今日の世界の農業貿易を支配しているルールである。そのルールは、GATTの時代の農業貿易に関するルールよりも一段と自由度の高い農業貿易ルールであって、その根底にはリカード貿易論の考えが存在する。その農業貿易ルールを含むWTO農業貿易システムには、自由貿易主義の理念を基本としながらも、およそ自由貿易のルールとは言いがたいルールや、一部の農業大国の利益を優先した農業貿易ルールが盛り込まれてもいる。なぜ自由貿易のルー

ルとは言いがたいルールがWTO農業貿易システムには存在するのか、比較生産費説が説くように自由貿易によって形成される国際分業が貿易当事国の双方に利益をもたらすのであれば、自ずと国々は自由貿易体制をとるはずであるが、なぜ自由貿易体制を作り出すためにWTOといった組織が必要なのか、という疑問が湧いてくるところに、農業貿易に関する難しい問題が存在する。

国際貿易は必要であり、農産物の貿易も必要である。持てる物と持たざる物とを貿易を通じて交換し合うことによって、各国の人々の暮らしが豊かになることが、貿易の本来の目的である。だがその目的はいつしか後景に追いやられ、貿易を通じて利益を得ることが目的と化し、その目的のために自由貿易が希求されている。利益追求を最優先の目的として人間の生存にとって欠くことのできない農産物という財の取引を行なってよいのかどうか、あるいは農業貿易の自由化が地球環境や食の安全性といった問題にどのような影響を与えるのか、そのような観点から、改めて〈農業貿易は自由貿易を基本原理とすべきか〉という問題が問われているのであり、そうした問題に答えることが農業貿易論の今日的な課題でもある。

そのような問題提起に即座に答え得る材料を持ち得ていないが、その解答に近づくための手掛かりは存在する。その手掛かりの1つは、すでに第1章で論じたことであるが、19世紀の世界経済をリードした工業国イギリスが、リカードの教えに従うように、19世紀半ば以降、自由貿易政策を採り続け、典型的な農工間国際分業を展開していった歴史から学びとることである。

飛び抜けた工業生産力を背景に農工間国際分業体制をとり、食料生産としての農業を海外に移譲し続けた結果、20世紀初頭には主穀である小麦の自給率を30％以下まで低下させ、加えて保護主義政策のもとに急速に工業化を遂げたアメリカ、ドイツの前に工業に関しても国際競争力を失っていったのがイギリスのたどった歴史である。だが、そのイギリスが20世紀末には穀物自給率100％を達成し、いまや「農業国イギリス」とさえ言えるような状態に至っている、というのもイギリスのたどった歴史である。

こうした歴史的事実をどのように受け止め、その歴史から何を学び取るか、

さらにイギリスが穀物自給率100％を達成した背景には、EEC（ヨーロッパ経済共同体）への加盟と、EECのもとでの「共通農業政策」という手厚い農業保護政策が存在したことをどう理解するかである。と言うのも、そのイギリスの歴史的な経験が、イギリスと同じように工業化を進め、農工間国際分業体制をとり続ける中で、穀物自給率や食料自給率を低下させていく道をたどった日本や韓国、そしていままさに「世界の工場」として工業化の道を邁進し続ける中国にとって、いま１つの歴史的教訓となり得るからである。

現時点ですでに80億人に達している世界人口は、21世紀半ばには100億人に達することが予想されている中で、約14億人を抱える中国が世界最大の食料輸入国に転じ、世界中から膨大な食料を買い集めている状況を考えるならば、農業を国民経済の枠外に移譲して、食料を輸入するという道を他の国々が追求することは、もはや不可能と言わなければならない。

すでに食料生産や人口増大が地球の持つ限界を迎えつつあり、地球温暖化に象徴されるように地球環境全体は危機的状態にまで追い詰められてきているのである。そのような状況の中で、農業貿易の自由化の進展は、必然的に農産物の輸送量を拡大し、環境への負荷を拡大させることになる。地球環境への負荷を拡大させることなく世界界各国の食料安全保障を確保するには、どのような農業貿易のあり方が必要であるのか、その点を探ることが農業貿易論の今日的課題であるが、そのためにはやはり政治経済学的な思考が不可欠である。

[注]
（１）　たとえば、農林水産省が明らかにしているコメの内外価格差についての資料によると、2021年時点のコメ１キログラム当たりの価格（精米ベース）は、日本＝216円、アメリカ＝163円であるのに対して、タイ＝62円である（農林水産省ホームページ）。
（２）　この２財のうちの"cloth"については、翻訳書によって異なった訳語が与えられている。1952年発行の小泉信三訳（岩波文庫）では「羅紗」という訳語が、1972年発行の「リカードゥ全集」第１巻の堀経夫訳では「服地」とい

う訳語が、そして最も新しい1987年発行の羽鳥卓也・吉澤芳樹訳（岩波文庫）では「毛織物」という訳語が当てられている。"cloth"の訳語としては、堀経夫訳の「服地」という訳が妥当であるように思われるが、しかし当時のイギリスとポルトガルとの間では、1703年に結ばれた「メシュエン条約」に従って、イギリスはポルトガルのワインを、ポルトガルはイギリスの毛織物をそれぞれ優先的に輸入するという貿易慣行が継続されていたため、そのことを考慮して「毛織物」ないしは「羅紗」という訳語が当てられているようにも思われる。したがって、ここでも多くの比較生産費説の解説で用いられている〈ワインと毛織物〉という表現にしたがって、"cloth"を「毛織物」としておきたい。

（3）　この点については、森田 1997：14-17、を参照されたい。
（4）　森田桐郎は、「穀物法論争の時代以来、この学説が国際的な工業——一次産業の分業を合理的なものとして裏づける機能を果たしてきたことは否定できない。歴史上イギリスに遅れて工業化をはかろうとした諸国から、常に比較生産費説に対する批判が提起されてきたことは、この理論のそうした性格——いわば時論的性格——を物語っているともいえよう」と論じている（森田 1997：17）。
（5）　イギリス経済史に詳しい新井正治は、17世紀末におけるイギリス毛織物の輸出は生産量の30%以上、1770年代においては生産量の半分近くが輸出されていたことを明らかにしている（新井 1968：19）。19世紀初頭に最大の輸出産業の地位を綿工業に奪われたとはいえ、依然として羊毛製品はイギリスの主要な輸出品であり、イギリスの羊毛工業がポルトガルの羊毛工業よりも生産力の面で劣る状態にあったと考えることは無理であろう。

［引用・参考文献］
　新井正治（1968）『近代イギリス社会経済史』未来社
　飯沼二郎（1967）「産業革命の前提としての農業の近代化」河野健二・飯沼二郎編『世界資本主義の形成』岩波書店
　行沢健三（1971）『国際経済学要論〔増補版〕』ミネルヴァ書房
　行沢健三（1974）「リカードゥ『比較生産費説』の原型理解と変型理解」中央大学商学研究会『商学論纂』第16巻第6号
　木下悦二（1963）『資本主義と外国貿易』有斐閣
　木下悦二編（1979）『貿易論入門〔新版〕』有斐閣

クラフツ、N. F. R.（2007）「産業革命——イギリスの経済成長 1700〜1860年——」ディグビー、A. ＝ファインスティーン、C. 編『社会史と経済史——英国史の軌跡と新方位——』松村高夫・長谷川淳一・高井哲彦・上田美枝子訳、北海道大学出版会
佐伯尚美（1990）『ガットと日本農業』東京大学出版会
スミス、A.（1976）『国富論』第Ⅱ巻、大河内一男訳、中央公論社
西口清勝（1994）「国際交換」吉信粛編『貿易論を学ぶ〔新版〕』有斐閣
前田芳人（1987）「国際分業論」柳田侃・野村昭夫編著『国際経済論——世界システムと国民経済——』ミネルヴァ書房
美濃口武雄（1989）「マルサス・リカードの穀物法論争——農業自由化の歴史的考察——」一橋大学社会科学古典資料センター『一橋大学社会科学古典資料センター *Study Series*』No.17
ミル、J. S.（1936）『経済学試論集』末永茂喜訳、岩波書店
森田桐郎（1997）『世界経済論の構図』室井義雄編集、有斐閣
リカアドオ、D.（1952）『経済学及び課税の原理』上巻、小泉信三訳、岩波書店
リカードウ、D.（1972）『経済学および課税の原理』リカードウ全集第 1 巻、堀経夫訳、雄松堂書店
リカードウ、D.（1987）『経済学および課税の原理』上巻、羽鳥卓也・吉澤芳樹訳、岩波文庫
リカードウ、D.（1970）「公債制度論」『後期論文集 1815‐1823年』リカードウ全集第 4 巻、玉野井芳郎監訳、雄松堂書店
Davis, R.（1979）*The Industrial Revolution and British Trade*, Leicester, Leicester University Press
Rostow, W. W.（1978）*The World Economy; History & Prospect*, London, Macmillan

第3章

WTO体制の成立と農業貿易システムの変容
―― GATT体制からWTO体制へ ――

はじめに

　1995年1月1日、新しい国際機関であるWTO（World Trade Organization：世界貿易機関）が誕生した。その誕生から四半世紀を経たいま、WTOへの加盟国・地域は164カ国・地域に達し（2023年11月現在）、世界貿易のほとんどはWTOのルールに従って行なわれるという、まさにWTO体制と呼びうる国際経済秩序ないし世界経済秩序ができあがっている。

　WTOの成立は、第2次世界大戦後、GATT（General Agreement on Tariffs and Trade：関税と貿易に関する一般協定）を軸として作り上げられていた自由貿易体制、すなわちGATT体制のもとでの国際貿易システムに大きな変容をもたらした。中でも農業貿易のシステム（ないしルール）の変容は著しく、その変容に伴って農業貿易の様相がまた大きく変化し、結果として、農業貿易の側面から国民経済や世界経済に対して多様な問題が投げかけられてきている。

　その多様な問題について逐次考察を加えていくことが農業貿易論における今日的課題であるが、そうした個別の問題についての考察に先立って、GATT体制下の農業貿易システムとWTO体制下の農業貿易システムにはど

のような違いが存在するのか、加えて、その農業貿易システムの変容が、農業貿易論をめぐる今日的課題に対し、どのような作用や影響を及ぼしつつあるのか、といった問題についても考察を加えておくことが必要であろう。本章での課題は、その点の検討である。

I．GATT体制下の農業貿易システム

（1）ITO（国際貿易機関）設立構想の挫折とGATT体制の成立
●自由貿易体制を軸とする世界経済の再建構想とGATT

　最初にGATT体制下の農業貿易システムがどのような貿易システムであるのか、という点について整理を行なっておきたいと考えるが、それに先立って、そもそもGATT体制がどのようにして成立したのか、その経緯についても少し触れておきたい。と言うのも、GATT体制と呼ばれる国際経済秩序ないし自由貿易体制が成立する過程で、農業問題が関わっていると思われる点が存在するからである。

　周知のように、両大戦間期に事実上、資本主義世界における覇権国となっていたアメリカは、第2次世界大戦勃発後まもなく、かつての覇権国イギリスとともに自由貿易体制を基本理念とする世界経済の再建を模索し始める。その理由は、第2次世界大戦を引き起こした一因が、1930年代に横行した保護主義的傾向やブロック経済化にあったという認識と、それに対する米英の反省である。すなわち、アメリカとイギリスは、強固な自由貿易体制を作り出すことによって世界各国の経済発展を図り、結果として各国間の経済的対立を防ぎ、世界平和を実現することができると考え、その考えに沿った形の世界経済の再建構想を模索し始めたのである（應和 1997：55）。

　その構想の実現に当たって、アメリカとイギリスは2つの問題に直面した。1つが、かつての金本位制度に代わって、自由貿易体制を支えることのできる新しい国際通貨制度の創出という問題であり、いま1つが、通商協力システムの構築、すなわち関税引下げや非関税障壁の削減・撤廃をどのようにし

て進め、どのような制度のもとに自由貿易体制を維持していくかという問題であった。

前者の問題は、1944年7月に開催された連合国通貨金融会議（いわゆる「ブレトンウッズ会議」）においてIMF（International Monetary Fund：国際通貨基金）制度の設立が決定されたことにより、いち早く決着した。しかし、後者の通商協力システムに関する問題は、紆余曲折をたどったのである。

通商協力システムを構築するための米英間の協議も大戦中に始まり、1943年9月に開催されたワシントン会議においては、〈通商政策に関する多角協定の必要と、それを補完するために国際貿易機構を設立し、この協定の運営に当たることが必要である〉との共通認識に到達している（ガードナー 1973：240-241）。しかし、ワシントン会議で示された〈通商政策に関する多角協定〉と〈それを補完するものとしての国際貿易機構〉という通商協力システムが具体化の方向に進み始めるのは、第2次世界大戦後のことである。その中でいち早く実現したのが前者の通商政策に関する多角協定で、1947年、協定作成に加わった23カ国によって締結されたGATTがそれである。

一方、後者の多角的通商協定を補完するための国際貿易機構に関しても、その名のとおりのITO（International Trade Organization：国際貿易機関）の設立が米英を中心に進められ、1948年、キューバのハバナで開催された国際貿易雇用会議において、「ITO憲章」（国際貿易機関憲章）が53カ国によって採択され、調印された。しかし、このITO憲章は調印されたものの、それを批准した国はオーストラリアとリベリアの2カ国のみで（鷲見 1996：190／福田ほか 2006：129）、とくに、アメリカのトルーマン大統領は、数年にわたってITO憲章の批准を議会に求めたが、議会による批准が得られず、1950年12月、〈再び議会にITO憲章を提出しない〉という旨の声明を発し、またイギリス政府も1951年に議会に対してITOに参加しない旨を表明したため、ITO成立の可能性は完全に閉ざされた（小倉 1972：18／鷲見 1996：190）。その結果、本来、ITOが成立した際にはそれに吸収される運命にあったGATTが、IMFとともに自由貿易体制を支えることとなったのである。

●アメリカはなぜITO憲章を批准しなかったのか

　53カ国がITO憲章に調印しながら、米英をはじめとしてほとんどの国がそれを受諾しなかった理由についてはいろいろと論じられているが、資本主義世界における指導的地位に立ったアメリカの行政府が率先して自由貿易体制を築き上げようとしたにもかかわらず、アメリカの議会はなぜITOの設立を容認しなかったのか、それが問題である。

　アメリカの議会がITO憲章を批准しなかった理由としては、「つね日頃から国際的規制に反発しがちな米国議会の激しい反対」（小倉 1972：18）とか、「米国の歴史にまつわりついて離れない『議会と行政府』の間の数々の『権限争い』の結果である」といった指摘も見られる（同：19）。しかしそうした理由と並んで、アメリカ議会をしてITOの批准をためらわせた理由の1つであると考えられているのが、当時のアメリカの農業政策とITO憲章の規定との間に存在した矛盾ないしは乖離である。

　たとえば、ハリエット・フリードマン（H. Friedmann）は、「1948年にハバナで署名された国際貿易機関（ITO）設立に関する合意が議会で承認されなかった主な理由は、国内農産物プログラムと矛盾することであった」（フリードマン 2006：186注9）と指摘しているし、リチャード・ガードナー（R. N. Gardner）も、国際貿易機構の設立を脅かした要因として、大戦終結直後のアメリカにおける保護主義の高まりを指摘しながら、「保護貿易主義の復活について、とくに波乱を呼んだ点 …… それは、米国の農業政策の傾向に関連したものであった。 …… 国務省は、多角主義原則を支持していたが、農務省は農産物に対する価格支持の立場をとっており、両省の間に意見の対立があった。農業調整法22条の規定では、国内の農業計画を妨げる恐れのある農産物の輸入については、数量制限の適用を認めていた」（ガードナー 1973：594）と論じているからである。

　周知のように、アメリカの農業政策の原点は、1929年に勃発した世界大恐慌からの脱出策としてルーズベルト政権が1930年代に展開した「ニュー・ディール政策」の中に求められる。具体的には、1933年に制定された「農業調整法」（Agricultural Adjustment Act：AAA）に基づいて展開された、〈生

産調整と価格支持および金融的援助〉を内容とする農業保護政策がそれである（西田 2002：74／ガードナー 1973：123）。農業者の所得増加を図る価格支持政策を基調としながら、それを補完する形で農業者への融資、農産物の買上げ活動を進めるために、1933年には「商品金融公社」（Commodity Credit Corporation；CCC）が設立され、そのCCCを中心とした価格支持のための仕組みが整備されている（西田 2002：78）。

　ニュー・ディール政策期に設けられたCCCを中心とする農業保護政策は、必ずしもうまく機能しなかったようであるが（西田 2002：82-84）、意外にも不況にあえぐアメリカ農業には別のところから転機が訪れる。ヨーロッパにおける第２次世界大戦の勃発である。1941年に制定された「武器貸与法」に従って、大量の農産物が連合諸国に輸出され始めることになったからである。しかし、第２次世界大戦という「外的要因」によって作り出された農業ブームは大戦の終結とともに急速に終息し、アメリカ農業は再び深刻な状況を迎えることとなる。

　こうした事態の中で、アメリカは1930年代のニュー・ディール政策期に始まった手厚い農業保護政策を、第２次世界大戦後においても不可欠な政策として継続していかざるを得なくなっていたのである。アメリカは、資本主義世界の指導国であるがゆえに戦後世界経済の枠組みとしての〈自由貿易体制〉の実現を目指さざるを得ない状況におかれていたにもかかわらず、その一方で、国内法の改正を迫り、農業保護の体系を大きく転換・後退させる恐れのあるGATTやITO憲章に対しては、素直に受諾することのできない国内事情にも直面していたのである。アメリカ議会の中に、国内法よりも国際協定や国際憲章を優先することに対するためらいが生まれてきたこと、それがITO憲章の批准を拒否した一因であったと言えるのである[1]。

　アメリカは、ITO憲章の批准を拒否したのみならず、ITOに代わって自由貿易体制を担うこととなったGATTに関しても、国際協定としての批准を行なわず、それを行政府が結んだ行政協定としての扱いにとどめている[2]。最強の工業国であると同時に有数の農業大国でもある覇権国アメリカがとった〈GATTよりも国内法を優先する〉という姿勢は、今日の農業貿易を考え

るうえでの1つの教訓を示しているし、また、アメリカがそのような姿勢をとらざるを得なかったことの中に、〈国際分業の利益〉を優先した自由貿易体制そのものについて改めて考えるべき問題が潜んでいる。その問題とは、あらゆる国、あらゆる産業、そしてあらゆる人々に望まれるような、包括的で、均一かつ統一的な自由貿易体制というものは果たして実現可能であるのか、さらには〈自由貿易体制は、農業問題を解決できるのか〉という問題である。

　大規模な土地所有を基盤とし、かつ機械化されたアメリカ農業は、一般的には資本主義的な農業経営が可能であり、十分な国際競争力を持っていると考えられそうであるが、第2章「農工間国際分業の論理と農業貿易」において明らかにしたように、第1次世界大戦以降、世界最大の工業国にのし上がることを可能にした製造業部門を中心とする工業生産力の圧倒的水準のゆえに、アメリカの農業部門は相対的に劣位産業部門とならざるを得ないのである。しかもその論理の根底には、第1章において取り上げた、資本の運動からみて非合理的な産業であるという〈農業の特殊性〉が潜んでいるのであって、アメリカがITOの設立に関してとった姿勢は、その非合理的な農業の処理の問題に関しても、考えるべき教訓を投げかけている。

　アメリカとしてはITOを設立させ、資本の運動の論理から言っても非合理的な農業を世界市場に投げ出し、自由競争のもとでその解決を図るという、19世紀のイギリスがたどった道と同じ道を歩むこともできたはずである。だが、アメリカはそのような道を歩まず、まさにぎりぎりのところで踏みとどまり、国内農業が抱える問題を政治経済学的な保護主義政策という手法で解決していく道を選んだのである。その選択は、アメリカの国民が、そしてそれを代表する議会が、「イギリスが示した教訓」から学び取った結果であると言うこともできる。とは言え、アメリカは完全にGATTを葬り去り、自由貿易体制を拒否したのではない。それは多分に、アメリカ製造業の側からの要請であったとも言えるであろうが、すでに論じたように、アメリカは行政協定として「GATTの暫定的適用に関する議定書」に調印しており、事実上、いわゆるGATT体制のもとでの自由貿易体制の維持・推進を図っているので

ある。

　GATTという国際協定の内容には、すでにその協定作成に参加したアメリカの主張は当然盛り込まれているはずである。GATTのもとで、当初、アメリカはどのような農業貿易システムを考えていたのかを明らかにするためにも、GATT体制下の農業貿易システムについて整理・検討しておくことが必要である。

（2）GATT体制下の農業貿易システム
●GATTに見られる数々の例外規定

　1988年に、アメリカの「国際食料研究所」（International Food Policy Research Institute：IFPRI）の報告書として、ショアキム・ツィーツ（J. Zietz）とアルベルト・バールディス（A. Valdés）によって纏められた *Agriculture in the GATT*（邦訳『ガットにおける農業──各種の改革提案の分析──』1989年）は、「多くの農産物貿易は、関税貿易一般協定（ガット）の条項または精神にほとんど沿わない状態の下で行われている」（ツィーツほか 1989：5）という一文でもって、その著述を開始している。

　GATTの成立後、約40年を経た時点での世界の農業貿易の状況を概観しながら断じた〈農産物貿易は、GATTの条項または精神にほとんど沿わない状態の下で行われている〉という彼らの見解については論者の間で意見の分かれるところであろうが、その点はひとまず置くとして、この記述は、ツィーツとバールディスが後段で「ガットのルールや規則は製造工業の場合とおおむね同様に農業にも適用されるが、いくつかの重要な例外がある。それは主として貿易数量制限および輸出補助金の取扱いに関するものである」（同：12）と論じているように、GATTに存在する「例外規定」と呼ばれるルールや規則に従って現実の農業貿易が行なわれている状況を述べたものである。

　GATTは、その前文に見られるように、締約国[3]の「生活水準を高め、完全雇用並びに高度のかつ着実に増加する実質所得及び有効需要を確保し、世界の資源の完全な利用を発展させ、並びに貨物の生産及び交換を拡大」するために、「関税その他の貿易障壁を実質的に軽減し、及び国際通商におけ

表3-1 農業貿易に関するGATTの例外規定

	GATT該当条項	規定内容
数量制限	第11条2項(a)	＊食料輸出国にとって不可欠な食料品の危機的な不足を防止、緩和するための一時的な輸出禁止措置
数量制限	第11条2項(c)	＊農業または漁業の産品に対する輸入制限措置。その措置を行なうことができる要件は、 (1) 国内で同種の商品の販売・生産制限が実施されている場合 (2) 同種の国内商品の一時的過剰を無償、または特別価格で処理している場合 (3) 国内生産が僅かで、生産の大部分を輸入産品に依存している畜産物についての生産制限を行なう場合
輸出補助金	第16条B項4	＊1958年1月1日まで、もしくはその後のできるだけ早い日に、一次産品以外の商品の輸出に対し、国内価格以下の価格で輸出することになるようないかなる形式の補助金も終止すること （輸出補助金の原則禁止規定から、一次産品を除外）
その他	第17条	＊国家貿易企業に関する規定
その他	第25条5項	＊ウェーヴァー条項

（出所） 筆者作成

る差別待遇を廃止するための相互的かつ互恵的な取極を締結すること」を目的としている（国際食糧農業協会 1995：1-2）。全文38条からなるGATTの諸規定は、その目的を達成するためのルールや規則を定めたものであるが、しかし、そのすべての条文が、一様に〈関税その他の貿易障壁の軽減〉や〈国際通商上の差別待遇の廃止〉を規定したものではない。そこにはいくつかの例外規定が存在する。その例外規定のうち、とくに農業に関わりのある条文は、第6条、第11条、第16条、そして第20条である、と言われている（ツィーツほか 1989：12）。

GATT第6条は「ダンピング防止税及び相殺関税」に関する規定であるが、これが農業と関わりがあるとされている点は、第16条の「補助金」の規定の中に見られる、一次産品の輸出補助金に関する例外規定に関わりがあるからである。一方、GATT第20条は「一般的例外」に関する規定であり、その(d)項に「この協定に反しない法令の遵守を確保するために必要な措置」を一般的例外とするとの定めがあり、この点に農業との関わりが存在するからである。

しかし、GATTの条項のうち、農業貿易に最も大きな関わりを持っているのは、表3-1に見られるように、第11条の「数量制限の一般的廃止」の規定と、第16条の「補助金」の規定である。加えて、農業貿易に限定された規定ではないが、GATT体制の背後にある〈自由かつ無差別の貿易体制〉という理念とは相矛盾している規定として、第17条の「国家貿易企業」に関する規定、さらには第25条5項の、いわゆる「ウェーヴァー条項」と呼ばれる規定が、農業貿易と深く関わっている。以下では、それらの条項に沿って、GATT農業貿易システムの特徴・特質を整理しておくこととしよう。

● 数量制限に関する例外規定

第11条1項は、「関税その他の課徴金以外のいかなる禁止又は制限も新設し、又は維持してはならない」として、「数量制限の一般的廃止」を定めているが、しかし、同条2項では、「前項の規定は、次のものには適用しない」として、適用除外の規定を設けており、その適用除外規定（例外規定）のうちのいくつかが、農業貿易と関わっている。

まず、同条2項（a）において、「輸出の禁止又は制限で、食糧その他輸出締約国にとって不可欠の産品の危機的な不足を防止し、又は緩和するために一時的に課するもの」に関しては、「数量制限の一般的廃止」の規定を適用しないとしている。これは、食料輸出国の側に、不測の事態によって食料品が不足し、国民に対する安定供給が阻害されるという場合には、当該食料品の輸出を禁止もしくは制限することができる、という「輸出数量制限」を認めた例外規定にほかならない。

それに続いて、第11条2項（c）には、輸入国政府が以下のような措置を行なうことを要件として、「農業又は漁業の産品」に対する「輸入数量制限」を認める、との例外規定が存在する。その輸入数量制限が認められる要件についての規定は、分かりにくい表現になっているが、佐伯尚美によると、「①国内で同種の商品の販売・生産制限が実施されている場合、②同種の国内産品の一時的過剰を無償または特別の低価格で処理している場合、③国内生産が僅少で、生産の大部分を輸入〔産品〕に依存する畜産物の生産制限を行う

場合」（佐伯 1990：75／〔産品〕は、應和が補足）とされている。

GATT第11条は、GATTの基本原則として指摘される「数量制限の一般的廃止」と、いわゆる「関税主義」（国境措置としては関税を原則とするという考え）とを定めたものであるが、見られるように食料の「輸出数量制限」と、農産物・水産物の「輸入数量制限」とが、一定の要件のもとに容認されているのである。

●輸出補助金に関する例外規定

GATTは、第16条において「補助金」、すなわち輸出補助金に関する規則を定めている。まず同条A項1には「補助金一般」についての規定が存在するが、そこでは補助金の交付を行なう締約国は、当該補助金が及ぼす効果、ならびに補助金の交付が必要となった場合の事情について、「締約国団に通報しなければならない」こと、またその補助金が締約国の利益に重大な損害を与えるようなことが判明した場合、「補助金を許与している締約国は、要請を受けたときは、その補助金を制限する可能性について他の関係締約国又は締約国団と討議しなければならない」と定めている。

この条項をみる限り、GATTでは輸出補助金の厳格な禁止は定められていない。しかし、同条B項の「輸出補助金に関する追加規定」の2において、締約国団は、輸出補助金の許与が、「この協定の目的の達成を阻害することがあることを認める」とし、さらに同条B項4において、「締約国は、1958年1月1日に、又はその後のできる限り早い日に、一次産品以外の産品の輸出に対し、国内市場の買手が負担する同種の産品の比較可能な価格より低い価格で当該産品を輸出のため販売することとなるようないかなる形式の補助金も、直接であると間接であるとを問わず、許与することを終止するものとする」と定めている点からして、GATTは輸出補助金について「原則禁止の立場をとっている」（佐伯 1990：77）のである。しかし、「一次産品以外の産品の輸出に対し」という限定が付されているように、一次産品、すなわち農産物等に関する輸出補助金は除外されている。これが、農産物の輸出補助金に関する例外規定である。

とは言え、GATTは、輸出補助金の原則禁止を規定した第17条B項4に先立つ、同条B項3において、「締約国は、一次産品の輸出補助金の許与を避けるように努めなければならない」と規定し、さらに一次産品に輸出補助金を許与する場合でも、「当該産品の世界輸出貿易における当該締約国の衡平な取分をこえて拡大するような方法で与えてはならない」という規定を予め設けている。GATTは手放しで一次産品、すなわち農産物の輸出補助金を認めているわけではないのであるが、にもかかわらず、農産物に関する輸出補助金を例外扱いにしていることは、輸出補助金を容易に廃止することのできない現実があることを示してもいる。

● その他の農業貿易に関連する例外規定

　GATTの背後にある〈自由かつ無差別の自由貿易体制〉という理念からすると逸脱していると思われる規定の１つが、GATT第17条の「国家貿易企業」に関する規定である。

　国家貿易企業とは、国家によって貿易を営むために設立された企業、もしくは国家によって与えられた排他的な特権のもとに貿易を行なう企業のことである。この国家貿易企業が行なう貿易、すなわち国家貿易は、「国家によって行なわれる独占的貿易」（佐伯 1990：80）であり、自ずと民間企業が行なう輸出入とは異なり、GATTの基本原則である「無差別待遇の一般原則」から多かれ少なかれ逸脱した状況を生み出すことが予想される。しかし、GATT第17条は、そうした国家貿易企業の廃止、国家貿易の禁止を規定するのではなく、本来、GATT精神に合致しないはずの国家貿易企業による国家貿易の存在を認め、そのうえで国家貿易が極力GATT精神に合致した形で行なわれるよう求めているのである。

　実は、このGATTの国家貿易企業ないし国家貿易に関する規定は、農産物の輸出入に限定されていたわけではない。たとえば、イギリスは、石炭、鉄鋼、航空機、そして船舶を国家貿易の対象品目とし、その旨をGATTに通報している（農業貿易問題研究会 1987：72）。しかし、多くの国々によって国家貿易の対象品目とされているもののほとんどが農産物であり、事実上、この

GATT第17条もまた農業貿易における例外的措置を容認する規定となっている。

国家貿易企業に関する規定と並んで、〈自由かつ無差別の貿易体制〉という理念とは相矛盾し、しかも農業貿易における例外的措置に関わっている規定が、GATT第25条5項の、いわゆる「ウェーヴァー（waiver）条項」と呼ばれる自由化義務免除の規定である。

第25条は、「締約国の共同行動」を定めたものであるが、その第5項において、「締約国団は、この協定に規定されていない例外的な場合には、この協定により締約国に課せられる義務を免除することができる」とGATTにおける自由化義務の免除を規定し、その決定は、総会における3分の2の賛成、および締約国の過半数の賛成によって可能であることを定めている。

このウェーヴァー条項によって自由化義務が免除されるのは、農産物に限ってではない。農業貿易問題研究会の調べによると、上記の規定に従ってウェーヴァーが与えられた事例は約70件存在し、そのうち農産物に関する事例はわずか6件にすぎないという（農業貿易問題研究会 1987：40）。しかし問題は、GATTが、世界有数の農業国であるアメリカに対し、国内法の農業調整法第22条に基づいて農産物輸入制限を行なうことを認めるウェーヴァーを与え、しかも長年にわたってその権利を容認し続けたという点である。

以下では、このウェーヴァー条項の問題をも含め、本来、〈自由かつ無差別な貿易体制〉という理念を背景として構築されたGATT体制であるにもかかわらず、いくつかの例外的措置が容認されてきたGATT農業貿易システムが持つ意味を整理しておこう。

● **農業貿易システムとしてのGATT体制**

上述したように、農業貿易における〈輸出数量制限〉および〈輸入数量制限〉の容認は、GATTの基本原則である「数量制限の一般的禁止」からの逸脱であり、また〈輸出補助金〉の容認は通商上の自由競争を歪めるものである。さらに〈国家貿易〉や特定国に与えられた〈ウェーヴァー〉もまた、GATTがその前文で謳った〈国際通商上の差別待遇の廃止〉に逆行するもの

である。少なくとも、農業貿易システムとしてのGATT体制を見る限り、それは語の厳密な意味での自由貿易体制ではないのである。

　GATTの背後にある理念は、〈貿易のあり方としては、自由貿易こそが望ましい〉とする考え、すなわち〈自由貿易主義〉である。そこでの自由貿易は、通常、「政府の介入や企業の市場支配力のない完全な競争のもとで行われる貿易」(『有斐閣経済辞典〔第5版〕』)と説明される。しかし、あくまでもそれは理念型としての自由貿易にほかならず、現実にはそのような自由貿易は存在しない。自由貿易の対概念である保護貿易に関しても、非常に厳しい保護貿易もあり、また比較的緩やかな保護貿易もあるのであって、自由貿易と保護貿易とは、現実世界においては相対的な関係として捉えるほかないのである。それゆえ、理念型の自由貿易を投影して描かれる自由貿易システム像と、現実に作り出される自由貿易システムとの間には、自ずとギャップが生まれてくることとなる。自由貿易体制と言われながら、現実のGATT体制が、語の厳密な意味での自由貿易体制ではない、というのはそのことである。

　しかし問題は、そうした理念型の自由貿易システムと、現実の自由貿易システムとの間のギャップを、われわれはどのように理解し、どのように受け止めていくべきなのかである。先に、『ガットにおける農業』を纏めたツィーツとバールディスが述べた、「多くの農産物貿易は、関税貿易一般協定(ガット)の条項または精神にほとんど沿わない状態の下で行なわれている」との見解に対して、それは「論者の間で意見の分かれるところ」と述べたのは、まさにその点に関わっている。

　すなわち、『ガットにおける農業』を纏めたツィーツ と バールディスは、明らかに理念型の自由貿易システムをもって〈ガットの精神〉と考える立場に立ち、GATT体制下の農業貿易に上述したような評価を与え、そのうえで、農業貿易ルールの改訂を主張していたのである。彼らは言う、「農業に関する経験によれば、一般協定の基本原則を崩壊させてゆくような漠然として、要求の厳しさの乏しいガット・ルールを作ることは、ガットをより規律あるものにするどころか、深刻な貿易紛争、否貿易戦争をさえ惹起させる可能性が高い、……それに代わる好ましい方法は、ガット運営上のルールや規則

の改善を通じて、ガットおよびその基本原則を強化することに努めることであろう」(ツィーツほか 1989：25)と。

このような考えや主張が次第に高まる中で、ウルグアイ・ラウンド農業交渉は開始され、最終的には農業貿易のより一層の自由化を内容とする〈ウルグアイ・ラウンド農業合意〉を成立させることになったのである。

●GATTにはなぜ多くの農業貿易に関する例外規定が存在するのか

ウルグアイ・ラウンド農業合意の成立とその内容については、節を改めて触れることとして、その前に、GATTにはなぜ農業貿易に関してその基本原則に反するような多くの例外規定が存在するのか、という点について検討しておこう。

1947年に23カ国間で結ばれたGATTの条項には、その後、部分的な改訂と追加がなされているが、大部分の条項は1947年当時のものである。当初の締約国である23カ国による協議のもとにGATTは作成されていったのであるが、すでに述べたようにGATTの条項の作成に対して最も深く関与したのはアメリカである。「GATTの規定は、その大部分が国際貿易機構の憲章草案に盛り込まれた原則の縮刷版であった」(ガードナー 1973：580)と言われており、その国際貿易機構憲章(ITO憲章)の草案を纏め上げたのもアメリカだからである(山本 1999：317)。したがってまた、GATTの条項に農業貿易に関する種々の例外規定を盛り込むことに最も大きな影響力を及ぼしたのもアメリカである。

GATTの条項の制定に最も深く関与したアメリカは、理念型の自由貿易システムを念頭に置きながらGATTの条項の草案を作り上げたのではなく、アメリカの産業構造の現状を踏まえ、アメリカの国益を優先させながら、現実的に可能な自由貿易システムを念頭に置いてその条項草案を作りあげようとしたはずである。上述したように、第2次世界大戦直後のアメリカ農業は深刻な問題を抱えていたのであり、アメリカはニュー・ディール政策期に確立された農業保護政策を継続しなければならない状況に置かれていた。そうした中でアメリカが、極力、国内農業政策と齟齬を来さないようにGATTの条

項に例外規定を設ける努力をしたことは、容易に推察しうることである。
　種々の例外規定を持つGATTであるにもかかわらず、なおアメリカがGATTを批准することなく行政協定としての扱いにとどめてきたことは、国内法である農業法を優先させ、自由に農業保護政策を展開するためにそうした措置が必要であった、と考えることができる。そのことは、アメリカが、農業法第22条に基づいて生産制限と輸入制限とを組み合わせた農産物価格支持政策を展開するために、1955年、予め設けられていたGATT第25条5項のウェーヴァー条項に従って、十数品目の農産品のウェーヴァーを取得したこと[4]に最も端的に現われている。
　農業貿易システムの視点からGATT体制を振り返ってみるならば、それは、第2次世界大戦後の覇権国アメリカの国益に沿った形で作り出された貿易システムであり、農業貿易に関して種々の例外的措置が施されているのもまたアメリカの産業構造の特質を反映してのことであった、と言わねばならない。
　すでに論じたように、第2次世界大戦直後のアメリカは、飛び抜けた工業生産力を誇る一大工業国であると同時に、また世界有数の農業大国であった。その世界有数の農業大国であるアメリカが、輸出補助金や輸入数量制限などの保護主義政策を採用することのできる例外規定をGATTの条項の中に設けたのは、当時のアメリカの産業構造からして、農業部門が比較劣位産業とならざるを得なかったからである。だが、GATT作成のときから約40年後の1980年代の後半期に至って、かつてとは産業構造の状況が大きく変化したアメリカは、新しい農業貿易システムを作り出したいとも考えたのである。

Ⅱ．ウルグアイ・ラウンド農業交渉について

●日本が開始を求めたウルグアイ・ラウンド貿易交渉
　第2次世界大戦後、約半世紀間にわたって世界の農業貿易を支配したGATT体制下の農業貿易システムを大きく変容させたのは、GATTの第8回

目の多角的貿易交渉であるウルグアイ・ラウンド農業交渉である。

1986年9月に開始されたウルグアイ・ラウンドは、従来のGATTの貿易交渉とは異なって、はじめて本格的な交渉分野となった農業貿易、さらには貿易関連知的所有権（TRIP）、貿易関連投資措置（TRIM）、サービス貿易、というまったく新しい交渉分野が加わるなどして、15分野での交渉[5]となったために難航し、最終合意に至るまで7年余の年月を要した。とくに難航したのが農業交渉であったが、その農業交渉も1993年12月に最終合意に達し、翌1994年4月、モロッコのマラケシュにおける「世界貿易機関を設立するマラケシュ協定」の作成をもってウルグアイ・ラウンドは終了した。農業に関する合意事項は、1995年1月1日のWTO成立とともに「農業に関する協定」（Agreement on Agriculture／以下、「WTO農業協定」と表記する）として纏められ、WTO体制を構成する重要な協定の1つとなったのである。

このWTO農業協定と呼ばれる農業貿易の新ルールは、GATTの時代の農業貿易ルールとは大きく異なり、農業貿易の自由化が一段と強化され、その結果、農業貿易の様相は大きく変化し、同時に、農業貿易の側面から国民経済や国際経済、さらには世界経済の局面に多様な問題を投げかけることとなった。その多様な問題についての検討が必要であるが、その点は次章以下の課題とすることにして、ここではウルグアイ・ラウンド農業交渉がどのように進められ、結果として、農業貿易システムにどのような変化・変容が生じたのか、さらには、その農業貿易システムの変容によってどのような問題が生じる可能性があるのか、等を整理・検討しておくこととしたい。

日本では、ウルグアイ・ラウンド貿易交渉の内容についてのマスコミの報道がもっぱら農業貿易交渉を中心にして行なわれてきたため、ウルグアイ・ラウンド貿易交渉は農業貿易に関する交渉のことであるとの理解が、広く国民の間でなされてきたように思われる。確かに農業貿易は、ウルグアイ・ラウンドにおける主要な交渉議題ではあったが、しかし、ウルグアイ・ラウンドにおける貿易交渉は15の分野について行なわれ、農業貿易交渉はそのうちの一分野にすぎなかったこと、加えて、とくにこのウルグアイ・ラウンドの開催を強く求めたのが日本であったことについても知っておく必要がある。

第3章　WTO体制の成立と農業貿易システムの変容　*123*

と言うのは、第5章で取り上げる日本の食料安全保障の問題に大きな関わりを持つWTO農業貿易システムを、日本が率先して作り出す結果となった、と言えるところがあるからである。

　ウルグアイ・ラウンド開始に関する最初の提案は、1983年5月に行なわれた「ウィリアムズバーグ・サミット」においてなされたとされているが、しかし、この提案は、「当時、殆んど人の耳目を集めなかった」と言われ、ウルグアイ・ラウンド開始に向けての実質的な動きは、1983年11月の日米首脳会談において、中曽根首相が多角的貿易交渉の重要性を訴え、これに対してレーガン大統領が賛同したことに始まった、とされている（農業貿易問題研究会 1987：136-137／溝口ほか 1994：32）。

　ウルグアイ・ラウンドの開始にとりわけ日本が積極的であったのは、1980年代に入ってからますます深刻化する日米・日欧間の貿易不均衡のもとで、とくに日本をターゲットとした保護主義政策が多用されはじめ、その状況を打開するためであったが、その提案の背後にあったものは、言うまでもなく高い国際競争力を持つ日本の工業製品の安定的な販路を国際市場において確保するための自由貿易体制の立て直しと強化とであった。

　日本政府が、農業貿易の問題をどの程度意識し、ウルグアイ・ラウンドの開始を提案したのかは定かでないが、当初、ウルグアイ・ラウンドの開始にさほど積極的でなかったアメリカが日本の提案を受け入れ、開始に向かって進み始めた理由の1つは、アメリカが国際競争において優位に立つことのできるサービス貿易の自由化や農業貿易の自由化、さらには貿易関連知的所有権の問題が、ウルグアイ・ラウンドにおいて取り上げられる目途が立ったためである（溝口ほか 1994：33）。それゆえ、ウルグアイ・ラウンドのもとで初めて本格的な交渉となった農業交渉は、その開始とともにアメリカによってリードされていくこととなる。

●ウルグアイ・ラウンド農業交渉をリードするアメリカ

　ウルグアイ・ラウンドにおける農業交渉は、ウルグアイ・ラウンドの開始を告げる「プンタ・デル・エステ閣僚宣言」が示すように、「農業貿易の一

層の自由化を達成する」ために、「(i) 輸入障壁の軽減を通じて、市場アクセスを改善すること。(ii) 農業貿易に直接又は間接に影響を与える全ての直接及び間接の補助金並びにその他の措置の使用に対する規律を拡充することにより競争環境を改善すること。……(iii) 関連の国際的諸合意を勘案しつつ、動植物検疫上の規則及び障害が農業貿易に与える悪影響を最小にすること」(溝口ほか 1994：237) を具体的な交渉テーマとして進められることとなった。農業交渉そのものは、ほぼ4つの立場の異なるプレイヤー（交渉国）、すなわちアメリカ、EC（ヨーロッパ共同体）、日本、そしてオーストラリアをはじめとする14カ国の農産物輸出国で構成されたケアンズ・グループ[6]の間で進められたが、その農業交渉を終始リードしたのは、上述したようにアメリカである。

　1987年7月、アメリカは、「10年間で、関税を含むすべての輸入障壁と貿易に直接または間接的に影響を与えるすべての農業補助金を撤廃する」(溝口ほか 1994：152) という〈農業貿易の完全自由化案〉を提出する。この提案の背景には、溝口道郎・松尾正洋が指摘するように、可変課徴金と輸出補助金を組み合わせた手厚い保護政策＝共通農業政策（common agricultural policy；CAP）によって維持されているEC農業の競争力を弱め、結果としてECとの間で展開されている補助金付き輸出競争に終止符を打ち、自らの財政負担を軽減するというアメリカの戦略的意図が存在するが（同：152）、それと同時に、日本の農産物市場を開放させ、それを通じて日米間の貿易不均衡を是正しようという意図が存在したことも確かと言ってよい。

　ウルグアイ・ラウンド以前のGATTの貿易交渉であるディロン・ラウンド（1960～61年）、さらにはケネディ・ラウンド（1964～67年）においても、農業貿易をめぐる攻防がアメリカとECの前身であるEEC（ヨーロッパ経済共同体）との間で繰り広げられていたことが知られているが、ウェーヴァー条項によって農業を守っているアメリカの立場からして、ウルグアイ・ラウンド以前の貿易交渉においてはEECの共通農業政策に対する攻撃は自ずと限定的にならざるを得なかった。しかし1980年代に入って、ECの中心的な農業国であるフランスが農産物輸出国へと転じ、さらにはイギリスまでもが穀物自

給を達成するなど、ECの共通農業政策による効果が着実に現われ、次第にアメリカ農産物の輸出市場が脅かされ始めるや、アメリカはECの共通農業政策をターゲットとした貿易交渉を開始せざるを得なくなったのである（石田 2010：3-5）。

　この〈10年間ですべての保護措置を撤廃する〉とするアメリカ提案は、農産物に高い国際競争力を持ち、ほとんど補助金を必要としない国々、すなわち、ケアンズ・グループにとっては歓迎すべき提案であり、当然のこと、ケアンズ・グループはアメリカ案を支持する側に回ったが、しかしEC側からは厳しい抵抗が示されることとなった。ECとしても、CAPによる財政負担が重くのしかかり、その軽減を図ることが必要ではあったが、このアメリカ案は、ECの農業政策の根幹をなすCAPを揺るがすことになるからである。ECが示した対案は、必要な農業保護を基本的に是認したうえで、協調的かつ漸次的に農業保護の削減を進めていこうとするものであった（溝口ほか 1994：152-15／佐伯 1990：178）。

　一方、ウルグアイ・ラウンドの開始を望んだ日本は、当然のことであるが農業交渉においては苦境に立たされることとなる。急激に生産力を向上させてきた工業に対して、容易に生産力を向上させ得ない農業が自ずと劣位産業化し、国際競争力を失っていくというのが国際分業の論理である。GATTのもとで認められた、コメに対する国家貿易品目としての輸入制限措置をはじめ、種々の非関税障壁によって農産物の輸入制限を講じているにもかかわらず、年々、食料自給率が低下し続けるという状況に置かれている日本にとって、アメリカ案に示されたような徹底した農業保護削減案は、到底受け入れられるようなものではなかったからである。自ずと日本は、アメリカ案に抵抗を示すECの側に立ちながらも、農産物輸入大国としての立場から食料安全保障を論拠として輸入数量制限の例外措置を認めるべきであるとの主張を展開する。

　ウルグアイ・ラウンド農業交渉は、このようなプレイヤーを中心にして展開されたが、中でも農業交渉全体を左右することとなったのは、アメリカとECとの交渉である。その交渉内容の詳細については省略するが[7]、当初、

アメリカ提案とEC提案との間の溝は大きく、農業交渉が次第に膠着状態に陥っていくの中で、1989年10月、アメリカがEC側に対して少し譲歩する形の新たな提案、すなわち〈輸入制限などの非関税障壁を関税化(tariffication)し、その結果設定された関税を10年間でゼロまたは低税率にしていくこと〉、および〈輸出補助金を5年間で撤廃すること〉を骨子とした新たな提案を行なったことをきっかけに、EC側も譲歩の姿勢を見せ始めるのである（溝口ほか 1994：159）。

その後も、アメリカとECとの間で厳しい交渉が続いていくが、1991年12月、当時のGATT事務局長アーサー・ダンケル（A. Dunkel）によって、いわゆる「ダンケル・テキスト」と呼ばれる最終合意文書案（「ダンケル案」とも言う）が提出され、その案をもとに交渉が進められた結果、1992年11月、ダンケル案に若干の修正を加える形でアメリカとECとの間の合意が成立し、事実上、ウルグアイ・ラウンド農業交渉は合意に至ったのである（溝口ほか 1994：162-165）。GATTのもとでは、一定の要件のもとに容認されてきた農産物の非関税障壁は、日本と韓国のコメ、イスラエルの羊肉・チーズに関しては「関税化の特例措置」が認められることになったが（石田 2010：7）、そうした例外を除き、〈すべての非関税国境措置は、関税相当量を用いて、原則としてすべて関税に置き換える〉ことで最終的決着をみた。

農業交渉が最終合意に至ったことで、ウルグアイ・ラウンド貿易交渉自体も終結することとなり、先に述べたように、1995年のWTO成立とともに、ウルグアイ・ラウンド農業合意の内容は、いわゆる「WTO農業協定」として取り纏められた。GATTのもとでの農業貿易システムには、〈自由かつ無差別の自由貿易体制〉というGATTの基本理念から逸脱した例外規定が多数存在したが、WTO農業協定ではそれらの例外規定の多くが取り除かれ、農業貿易の自由化がより一層強化され、しかもWTOという国際機関によって合意事項の履行が監視されていくという、新たな農業貿易システム、すなわちWTO農業貿易システムが誕生したのである。

III．WTO体制下の農業貿易システム

（1）ウルグアイ・ラウンド農業合意の概要

ウルグアイ・ラウンド貿易交渉における農業合意の内容は、基本的には表3-2に見られるように、大きく市場アクセス（国境措置）、輸出競争（輸出補助金）、国内農業支持、の3つに整理される。以下、その合意内容について概説しておこう。

●市場アクセス（market access）

市場アクセスとは国境措置のことであるが、これに関しては、GATTの基本原則である関税主義が徹底化され、すでに述べた日本、韓国、イスラエルの「特例措置」を除き、すべての農産物の非関税国境措置の関税化が決定された（ただし、日本のコメは1999年度から関税化に移行）。関税化に当たっては、1986～88年を基準期間とし、その期間平均の内外価格差を関税に置き換えるという方法がとられた。また、非関税国境措置を関税に置き換えた（関税化した）関税、および既存の関税については、先進国の場合、1995年以降、6年間で全品目の単純平均36％、1品目最低15％（開発途上国の場合、10年間で全品目の単純平均24％、1品目最低10％）の引下げが決められた。

さらに、関税化された品目に関しては、輸入量が国内消費量の3％に達していない品目については、実施1年目（1995年）に基準期間（1986～88年）における平均国内消費量の3％以上の「ミニマム・アクセス」（minimum access）と呼ばれる最低輸入義務量を設定し、最終年（2000年）には5％以上にそれを拡大し、履行することが決定された。

以上のような合意事項に加えて、基準期間における輸入量がミニマム・アクセス量を上回っている場合には、その輸入水準を維持するという、いわゆる「カレント・アクセス」（current access）の維持についても合意がなされている。

この市場アクセスに関する合意によって、アメリカが特別に取得していた「ウェーヴァー条項」による輸入制限、ECの可変輸入課徴金、およびECが「ロ

メ協定」⁽⁸⁾に基づいて設けた旧植民地からのバナナに対する特恵関税制度とその他の地域からの輸入に対する数量制限、についてはいずれも廃止され、該当品目はすべて関税化されることとなった（筑紫 1994：76, 78-79）。

●輸出競争（export competition）

　輸出競争に関する合意事項とは、輸出競争力を大きく変え、農業貿易を歪めることになる輸出補助金の削減に関する合意事項である。輸出補助金の削減に関しては、周知のようにアメリカとECとの間で厳しい対立が存在したが、最終的には、1986〜90年の補助金平均額を基準とし、先進国の場合、6年間（1995〜2000年）で予算ベースの輸出補助金については36％の削減、輸出補助金付き数量については21％の削減が決定された。

　一方、開発途上国に関しては、緩やかな変更にとどめるため、10年間（1995〜2004年）で予算ベースの輸出補助金については24％の削減、輸出補助金付き数量については14％の削減が決定された。加えて、削減対象となっていない品目に対する輸出補助金はすべて禁止とされた。

●国内農業支持（domestic support）

　国内支持とは、国内農業助成に用いられている補助金や価格支持などの政策のことであるが、これに関しては、まず貿易を歪めるものであるか否かを基準として、①「黄の政策」（amber box）、②「青の政策」（blue box）、③「緑の政策」（green box）の3つに色分けされ、ウルグアイ・ラウンドでは、①の「黄の政策」のみが削減対象とされた。

　①の「黄の政策」とは、価格支持政策や不足払い等の、生産を刺激し、結果として貿易を歪める政策であり、この政策に該当すると考えられる「助成合計量」（aggregate measurement of support：AMS）を計算し（基準期間である1986〜88年の平均）、先進諸国についてはその助成合計量を6年間で20％削減することが、また開発途上国については10年間で13.3％削減することが、決められた。ただし、①の「黄の政策」のうち、助成の額の小さいもの（品目非特定的な政策の場合は農業生産総額の5％以内、品目特定的な政策の場合は

表3-2 ウルグアイ・ラウンド農業合意の概要

合意項目	基本的合意内容
市場アクセス（国境措置）	＊すべての非関税国境措置について、その内外価格差を関税化する（関税化方式：従量税、従価税のいずれかを選択／基準期間：1986～88年平均） ＊非関税国境措置の関税化後の関税、および他の全農産物の既存の関税の引下げ（削減率：先進国＝6年間で全商品の単純平均36％、1品目最低15％の引下げ／開発途上国＝10年間で全品目の単純平均24％、1品目最低10％） ＊ミニマム・アクセス（最低輸入義務）の実施（初年度＝国内消費の3％⇒最終年度＝国内消費量の5％） ＊カレント・アクセス（現行輸入水準）の維持（基準期間の輸入量がミニマム・アクセス量を上回っていれば、その輸入水準を維持）
輸出競争（輸出補助金）	＊輸出補助金の削減（先進国：6年間で予算ベースの輸出補助金30％、数量ベースでの輸出補助金を21％削減／開発途上国：10年間で予算ベースの輸出補助金を24％、数量ベースでの輸出補助金を14％削減／基準期間：1986～90年平均） ＊削減約束の対象となっていない産品に対する輸出補助金の禁止
国内農業支持	＊生産を刺激する政策、および貿易を歪曲する政策について、「助成合計量」（AMS）の削減（先進国：6年間でAMS支持総額の20％を削減／開発途上国：10年間でAMS支持総額の13.3％を削減／基準期間：1986～88年平均） ＊「グリーン・ボックス」に含まれる政策については削減対象から除外する
その他	＊実施期間：1995～2000年 ＊実施期間の終了日の1年前に農業貿易を歪める保護の削減についての継続的交渉を開始する

(出所) 国際連合食糧農業機関 1998：370／今村ほか 1997：37

当該品目の生産総額の5％以内、の国内支持）に関しては、「デミニミス」（de minimis：最小限の政策）と呼ばれ、削減対象から外されている。

一方、③の「緑の政策」は「グリーン・ボックス」と呼ばれ、貿易や生産に影響がないか、あるいはほとんどないと考えられる助成策である。具体的には研究・普及・教育・検査等の一般サービス、農業・農村基盤・市場等の整備、さらには環境対策等に関わる助成であり、これに該当する国内農業助成は削減対象外とされた。

②の「青の政策」とは、「黄の政策」と「緑の政策」の中間に位置する政策で、具体的には、生産調整を前提とする「直接支払い」の形態の国内農業助成策である。生産との結びつきはあるが、ウルグアイ・ラウンドでは「緑

の政策」に準ずるものとして削減対象外とされた。

　以上のような内容の農業合意は、1995年のWTO成立とともに「WTO農業協定」となり、新しい農業貿易ルールに基づくWTO農業貿易システムが誕生することとなった。その新しい農業貿易ルールは、一見すると、開発途上国を優遇した農業貿易ルールであり、GATT時代の多くの例外規定を含んだ農業貿易ルールとは異なって、公正で、より望ましい農業貿易ルールであるかに見えるが、しかし逐一検討してみると、そこには以下のような多くの問題点が存在し、むしろGATT時代の農業貿易ルールよりも公平性を欠いたルールであると言わざるを得ない点も多々見られるのである。

(2) WTO農業貿易システムの問題点
●ワトキンズによるWTO農業貿易システム批判

　「自由貿易は世界の飢えを解決するための最善の道である、と見做されるようになってきている。貿易障壁の撤廃は、各国に『比較優位の利益を取得させ』、より安価な輸入品によって食料消費をより安上がりにさせることができる、と言われている。GATTのウルグアイ・ラウンドにおいて南の国々は、農業者に対する補助金の撤廃を義務づけられたけれども、北の生産者への補助金はそのまま残っている。農業貿易の自由化は、飢えをやわらげるどころか、南の生産者を北の手厚い補助金が与えられた資本集約的農業システムとの不平等な競争の中に投げ込んで、食料不安を増大させている。何百万人という農業者の生計が失われているようである。代替貿易案、すなわち、小生産者に焦点を当てながら南の食料自給をより大きく促進し、横たわる飢えの原因に取り組むために輸入制限の必要を認めるという代替貿易案が緊急に必要とされている。」(Watkins 1996：244)

　上記の一文は、ウルグアイ・ラウンド貿易交渉が終了し、WTOが成立して間もない1996年に、当時、イギリスのオックスファムUKアイルランド上席政策顧問であったケヴィン・ワトキンズ (K. Watkins) が、イギリスの環境雑誌『エコロジスト』 (*The Ecologist*) に寄稿した論文 "Free Trade and

Farm Fallacies: From the Uruguay Round to the World Summit"(「自由貿易と農業に関する誤った考え——ウルグアイ・ラウンドから世界食料サミットまで——」)の冒頭で述べたものである。

　本節において、ウルグアイ・ラウンド農業合意の総括をしようとするに当たって、なぜワトキンズのこの一文をまず取り上げたのかというと、この一文の中にウルグアイ・ラウンド農業合意によってもたらされた農業貿易システムの変容と、その変容がもたらすことになる世界の食料問題や多くの農業者に与える影響とが、端的に集約されていると考えられるからである。

　ウルグアイ・ラウンド農業合意の内容に対する評価・問題点についてはすでに別稿において論じておいたので(應和1999／應和2003)、詳細についてはそれを参照していただくこととしたいが、しかし行論上、ここでもごく簡単に評価・問題点について触れておくこととしたい。

　言うまでもなく、農業貿易システムが大きく変化したことをどのように評価するかは、評価する立場や視点によって大きく異なるはずであるが、何よりも重要なことはその変容が、世界の食料問題を悪化させるようなことがあってはならないし、また世界の多くの農業者の生活がそれによって苦しめられるようなものであってはならない。そのことを念頭に農業貿易の変容を評価しようとすると、自ずと多くの飢餓人口とも言える栄養不足の人々を抱える開発途上国の立場に立って考えることが不可欠である。ウルグアイ・ラウンド農業合意は、一般に、開発途上国の側の実情を考慮した内容になっていると言われているが、しかし、角度を変えながらその合意内容を検討してみるといくつかの問題点が浮かび上がってくるように思われる。以下、その点について触れておこう。

●**市場アクセスに関する問題点**

　第1の市場アクセスについては、①すべての非関税国境措置を関税に置き換える関税化、②関税化後の関税および既存の関税の引下げ、③ミニマム・アクセス(最低輸入義務)の実施、④カレント・アクセス(現行輸入水準)の維持、が決定されたが、何よりも②の関税化後の関税および既存の関税の引

下げ率が問題である。すでにみたように、先進国と開発途上国の間で、関税引下げ率および実行期間に違いが存在し、とくに関税引下げ率が先進国＝36％、開発途上国＝24％となっている点からみると、市場アクセスの開放度に関するウルグアイ・ラウンド農業合意は先進国に厳しく、開発途上国に緩やかな合意であったようにみえる。しかし、果たしてそう言い切れるかである。

と言うのは、クリストファー・スティーヴンス（C. Stevens）が、「ウルグアイ・ラウンドは熱帯農業と温帯農業の双方をカヴァーしたが、しかし、注目を集めたのは温帯農業であり、それは最も異論のあった部分である。関税は熱帯産品についても削減されたが、それはウルグアイ・ラウンド以前から低かった」（Stevens 1996：77）と指摘していることを考慮に入れるならば、ウルグアイ・ラウンド以前から熱帯産品に対して比較的低い関税率を設定している先進国、とくにアメリカやEC諸国のような農産物の輸出大国が関税を36％引き下げるのと、他方、自国の農業を保護し、食料自給を追求するために輸入農産物に対しては非関税障壁や比較的高率の関税を設けていた開発途上国が非関税障壁を取り除き、そのうえ関税を24％も引き下げるのとでは、ケアンズ・グループに属しているような一部の開発途上国を除き、多くの開発途上国に対して与える関税引下げの影響は大きく異なると言わざるを得ない。

それに加えて、この関税引下げの合意にはもう１つ大きな問題がある。それは、この引下げ約束が全品目一律の関税引下げではなく、１品目につき先進国が15％、開発途上国が10％という最低引下げ率を満たしたうえでの全品目の単純平均による引下げ約束となっている点である。この引下げ方式は、各国に多様な関税引下げ率の組合せを可能とするが、しかし、この点に関しても食料を外国に依存せざるをえない食料純輸入国と食料の輸出余力を持つ食料純輸出国とでは、関税引下げに当たって取り得る戦略的な幅、言い換えれば品目ごとの関税引下げ率の組合せは大きく異なるはずである。

さらに市場アクセスに関して、ミニマム・アクセスおよびカレント・アクセスが義務づけられたこともいま１つの問題である。ほぼ完全自給を達成している日本のコメのように、輸入する必要がほとんどない場合にも実施期間の初年度に国内消費量の３％のミニマム・アクセスが、しかも最終年度には

それを5％まで拡大することが義務づけられている。加えて、基準期間の輸入量がミニマム・アクセス量を上回っている場合には、その輸入水準の維持、すなわちカレント・アクセスが義務づけられている。

　市場アクセス（国境措置）の面に関しては、一見して比較的公平性を保ったルール改正のように思われるが、しかしミニマム・アクセスやカレント・アクセスは強引に門戸をこじ開け、輸出を拡大させようとする、いわばアメリカをはじめとする食料輸出大国側からの「押売り規定」であると言わざるを得ず、一国の基本的主権である食料安全保障の侵害につながる貿易ルールにほかならない。

　このような合意内容は、すでに食料の海外依存度が高まっている開発途上国の食料自給率向上への努力を無力化させ、さらに多くの開発途上国が食料の海外依存度を高める方向に進んでいく恐れがあるのである。

●輸出競争に関する問題点
　第2の輸出補助金に関する合意事項についても、市場アクセスに関する問題と同様、もしくはそれ以上に大きな問題が存在する。輸出補助金の削減率や実施期間をみる限り、先進国には厳しく、開発途上国には緩やかな決定がなされたように思われるが、しかし、ほとんどの開発途上国にとって輸出補助金は対象外と言ってもよい問題である。

　ウルグアイ・ラウンド農業合意に当たっては、輸出補助金の削減予定表を提出した国々とその削減額についての一覧表が公表されているが、それによると輸出補助金の削減予定表を提出した地域・国は、EUのほかに24カ国にすぎない。その24カ国からOECD（経済協力開発機構）の加盟国である先進国を除くと、わずか9カ国の開発途上国が残るだけである（詳細については、應和1999：401の表3、を参照されたい）。

　すなわち、農産物に対する輸出補助金は基本的に先進国においてとられてきた保護手段であって、それは多くの開発途上国や日本のような農産物純輸入国にとってはほとんど無縁のものであったと言ってよい。したがって、たとえ先進国が予算ベースや数量ベースで開発途上国の1.5倍の削減を行なっ

たとしても、ワトキンズが、「補助金付きの輸出量を21％まで縮小させるという公約は、79％の補助金付き輸出がGATTルールのもとで依然として認められるということである」(Watkins 1996：250)と指摘するように、先進国にはなお膨大な量の補助金付き輸出が可能となっているのである。

　すべての国々に関わりがあると考えられる市場アクセスに関しては、例外的な特例措置を除き、すべての数量制限を関税に置き換え、さらには関税化後の関税についても引下げを約束するなど、かなり厳しい自由化が決定されたのに対して、限られた農産物輸出国のみに関わりのある輸出補助金に関しては、かなり緩やかな合意内容である。この輸出補助金を使っての農産物輸出は、いわば「農産物のソーシャル・ダンピング」にほかならない。GATTの時代から禁止されているダンピングが、農業大国のアメリカやEC諸国をはじめ、限られた先進国や農産物輸出国に許されているという不条理を容認しているのが、WTO体制下の農業貿易システムである。

●国内農業支持に関する問題点

　第3の国内農業支持に関する合意事項についても、たとえば、研究・普及・教育・検査等の一般サービス、農業・農村基盤・市場等の整備、さらには環境対策等に関わる助成は、いわゆる「グリーン・ボックス」条項によって削減対象外とされた。この条項は、ワトキンズが「アメリカとEUの利益のために便宜が図られた最たる例である」(ワトキンズ 1998：42)と言うように、アメリカとEUの二国間で交渉され、決定されたものである。開発途上国がこの条項に該当するような農業者補助金をほとんど持ち得ないのに対して、アメリカとEUは膨大な直接支払いの形での農業者補助金を持ち続けることができるのである。

　グリーン・ボックス条項の対象となる国内農業支持は、〈農業生産を促進せず、それゆえ貿易を歪める手段ではないこと〉が条件とされているが、そうした農業支持が農業産出量の増大をもたらさないと言い切れるかどうか、はなはだ疑問である。と言うのは、すでにグリーン・ボックス条項に該当する農業支持のいくつかは生産と結びついており、現実には生産量を減少させ

ないであろうという主張（Stevens 1996：80）や、また、EUの直接支払いが穀物生産を増大させることになるという予測も、ウルグアイ・ラウンド農業合意以前からなされていたからである(9)。

● 小　括

　WTO体制の成立によってもたらされた農業貿易システムの主たる変容は、言うまでもなく〈農業貿易の自由化の一層の強化〉にほかならない。ウルグアイ・ラウンド農業合意によって成立したWTO農業協定は、農業貿易に関していくつもの例外規定を持っていたGATTのもとでの農業貿易ルールとは異なって、農業貿易のより一層の自由化を定めたルールであり、しかもWTOという国際機関によって守られている、いわば強制力を持った農業貿易ルールである。

　改めてウルグアイ・ラウンド農業合意の内容を振り返ってみると、すでに論じたように市場アクセス（国境措置）に関するミニマム・アクセスやカレント・アクセスの取決めは、強引に門戸をこじ開け、輸出を拡大させようとする、いわばアメリカをはじめとする農産物輸出大国側からの「押売り規定」にほかならないし、またEU諸国やアメリカなど限られた国のみが取り得る輸出補助金は、まさに貿易を歪める政策以外の何物でもない。それは、いわば「農産物のソーシャル・ダンピング」とも言える政策を可能とさせる取決めであって、決して自由貿易論者が言う、国際分業の利益が貿易当事国双方に平等にもたらされるようなシステムではないのである。

　最後の国内農業支持（国内助成）に関しても、削減対象とならなかった「青の政策」や「緑の政策」は、生産を刺激しない経済政策という位置づけであるとはいえ、農業者を支えるための補助金政策であり、先進国の場合と多くの開発途上国とでは、その補助金額に大きな差違が存在するはずである。

　以上のような整理・検討を通してみても、ウルグアイ・ラウンド農業合意に基づく農業貿易ルールが、決して世界各国に公平で自由な農業貿易ルールではなく、アメリカやEU諸国のような農産物輸出大国、とりわけウルグアイ・ラウンド農業交渉を終始リードしてきたアメリカにとって「都合のよい自由

貿易ルール」であるということが明らかであろう。その点を捉えて、ワトキンズが、それは北の農業者には手厚い補助金が残されたまま、南の農業者には補助金の除去が義務づけられるという「二重基準」の貿易ルールであると断定し（Watkins 1996：244)、むしろ「小生産者に焦点を当てながら南の食料自給をより大きく促進し、横たわる飢えの原因に取り組むために輸入制限の必要を認めるという代替貿易案が緊急に必要とされている」と主張するのは、当然すぎるほど当然のことである。

上述したような多くの問題点を持つWTO農業貿易システムを念頭に置きながら、多くの例外規定を持っていたGATT農業貿易システムを振り返ってみるとき、果たしてWTO農業貿易システムはGATT農業貿易システムよりもより公正で、公平な貿易システムであり、より望ましい貿易システムになったと言い得るのであろうか、という疑念さえ浮かんでくる。

すでに見てきたように、GATT農業貿易システム自体、第2次世界大戦直後の覇権国家であるアメリカにとって都合のよい不公平な農業貿易ルールであったが、しかしその農業貿易ルールは他国に農産物の輸入を強制するような農業貿易ルールではなく、世界各国が自国の判断で食料安全保障の道を選択しうる余地を残した農業貿易システムであったと言ってよい。それに対して、現行のWTO農業貿易システムは、農産物輸出大国にとって都合のよい農業貿易ルールであるばかりでなく、たとえばミニマム・アクセスやカレント・アクセスの取決めは、農産物輸出大国が、保護政策を用いながら食料自給を軸とした食料安全保障の道を歩もうとしている国々に対して制度的に農産物の輸入を強制する取決めと言わざるを得ず、各国の食料主権を侵害し、かつ食料安全保障を脅かす貿易ルールでもある。

そのような農業貿易システムないしは農業貿易ルールを作り上げてきたのは、農産物輸出大国であるアメリカやEU諸国、そしてケアンズ・グループに所属する国々であるが、それらの国々は、「公正で市場指向型の農業貿易体制の確立」という目標からすると〈いまだ道半ばである〉と考えて、更なる「改革過程の継続」を主張し、新たなWTO農業交渉の開始を推し進めてきているである。それが21世紀に入って開始されたWTO農業交渉であり、

またその交渉を含む、いわゆる「ドーハ開発アジェンダ」（以後、「ドーハ開発ラウンド」と表記する）である。

だが、周知のように、WTO農業交渉も、またドーハ開発ラウンドも開始から四半世紀を迎えようとしていながら、頓挫した状態に置かれている。WTO農業交渉はなぜ頓挫したのか、そしてその頓挫が何を意味しているのか、それを理解することが必要である。

Ⅳ．WTO農業貿易システムのゆくえ

●「改革過程の継続」としてのWTO農業交渉の開始とその頓挫

WTO農業交渉は1999年中に開始されるはずであったが、実際に開始されたのは、2000年3月である。なぜ、「1999年中に開始されるはずであった」と言うのかというと、1995年に成立したWTO農業協定の第20条「改革過程の継続」という条項の中に、ウルグアイ・ラウンド農業合意の実施期間（1995〜2000年）が終了する1年前、すなわち1999年に、「公正で市場指向型の農業貿易体制」の確立に向けての改革過程、すなわち、新しい農業交渉を開始するという約束事が規定されていたからである。

その約束規定に沿うように、1999年11月、農業交渉を含む新しいWTO貿易交渉の立ち上げを目指して、第3回WTO閣僚会議がアメリカのシアトルにおいて開催されたが、しかし、会議場周辺に集まった世界中の環境保護団体、農民団体、人権団体、そして様々なNGO（非政府組織）等によって新ラウンドの開催に対する激しい抗議活動が展開されたため、同閣僚会議は新ラウンドの開始を宣言することができず、その結果、WTO農業交渉も約束された1999年中に開始することができなくなったのである。

約束されていた開始スケジュールからは、若干、遅れたものの、WTO農業交渉は2000年3月に、個別に開始されたが、しかし、先のシアトルの出来事はWTO農業交渉の先行きを暗示させる兆候であった、と言うこともできる。

開始されたWTO農業交渉の主だったプレイヤー（交渉国）や、各プレイヤー

の主張や立場、そして対立の構図などを、石田信隆の整理や農林水産省のウエッブ情報をもとに示しておくならば、およそ以下のとおりである（石田2010：18-27／農林水産省ホームページ「WTO農業交渉について」[10]）。

　まず、最も中心的なプレイヤーは、ウルグアイ・ラウンドのときと同じく先進国でかつ農産物輸出大国であるアメリカとEUである。アメリカは、関税の大幅引下げや、EUに対しては輸出補助金の撤廃を強く求めたのに対して、EUは関税や国内農業支持（国内助成）の大幅削減には反対しながらも、アメリカに対して国内農業支持の削減を要求した。

　また、農産物輸出国のグループで、更なる関税の引下げや、国内農業支持の削減を強く主張する「ケアンズ・グループ」もまた主要な農業交渉のプレイヤーであった。

　一方、日本をはじめとする農産物純輸入国10カ国が集まって結成された「G10」と呼ばれるグループ（当初は、日本、スイス、ノルウェー、韓国、台湾、アイスランド、イスラエル、リヒテンシュタイン、モーリシャス、ブルガリアの10カ国であったが、2005年にブルガリアが離脱し、現在は9カ国）も主要なプレイヤーで、関税、国内助成の大幅削減には反対、輸出規制等の透明性の改善を重視する立場で、とくに日本は農産物輸入大国として農業が持つ多面的機能の維持を重視し、緩やかな保護削減を要求する立場をとった。

　そのほか、中国、インド、インドネシアとケアンズ・グループの一員でもあるブラジルやアルゼンチンなど21カ国からなるとされている「G20」と呼ばれる開発途上国グループが存在する。このグループは、開発途上国への例外措置を強く求め、先進国の貿易歪曲的な国内助成の廃止や市場開放を求める立場である。

　そのような主だったプレイヤーによって開始された農業交渉であったが、その開始から1年半ほど後の2001年11月末から12月初めにかけて、カタールのドーハで行なわれたWTO第4回閣僚会議においてようやく新しい貿易交渉、すなわち「ドーハ開発ラウンド」が立ち上げられ、WTO農業交渉はドーハ開発ラウンドにおける主要な交渉分野となった。

　ドーハ開発ラウンドの交渉期間が3年、交渉期限は2005年1月1日、と定

められたことに従って、WTO農業交渉も2005年1月1日が交渉期限となったが、上記のような主張と立場の異なる交渉国・グループの間の溝は容易に埋まらなかった。何よりも交渉内容の大枠である「モダリティー」[11]自体が定まらず、当初の貿易交渉期限である2005年はおろか、2007年に至ってファルコナー農業交渉議長から提示されたモダリティー案に対しても、EUとアメリカとの間の対立が縮まらず、さらにはアメリカとインド・中国等の間の対立も相まって、議長案の受入れ合意も実現しなかった（石田 2010：27-30）。

　2021年11月に発せられている、農林水産省ホームページの「WTO農業交渉について」と題したウエッブ情報においても、〈2008年にモダリティー合意の直前まで行ったが交渉は決裂〉との記載があるのみで、以後、今日に至るまで、モダリティー案の受け入れ合意にさえ達していない、というのがWTO農業交渉の実情である。

●何がWTO農業交渉を頓挫させたのか
　WTO農業交渉を頓挫させている直接的な理由は、上述したような主だったプレイヤーの間に存在する、容易に埋めることのできない対立関係にほかならない。しかも、そのプレイヤー間の対立関係自体が複雑に錯綜していて、もはや収拾がつかないといった状況にさえあるのであるが、中でも最も大きな対立関係と思われるのが、いまや160カ国を超えるWTO加盟国の中で圧倒的多数を占める開発途上国と少数の先進国との間の対立関係である。

　それは、単に農業交渉における対立関係ではなくして、ドーハ開発ラウンドの貿易交渉全体に関わる対立関係でもある。そうした対立関係の根底にあるものはWTO体制そのものに対する開発途上国の側からの不満や批判であって、その不満や批判を表出するきっかけとなったのが、石田信隆が指摘している、いわゆるドーハ開発ラウンドにおける「シンガポール・イシュー」の取扱いをめぐっての問題である（石田 2010：23-24）。

　「シンガポール・イシュー」と言うのは、1996年12月にシンガポールで開かれたWTO第1回閣僚会議において、新ラウンドの交渉議題として先進国が持ち出した、投資、競争、政府調達透明性、そして貿易円滑化に関する問

題である。このような幅広い分野の、「包括的で高水準の国際ルールを設定すること」（石田 2010：24）を求めた先進国に対して、開発途上国が一致して反対表明を行なったことが、事の発端である。

　新ラウンドの立ち上げを目指したシアトルでの第3回WTO閣僚会議において、新ラウンドの開始を宣言することができなかったことも、この「シンガポール・イシュー」が深く関わっていると思われるし、また、先進国と開発途上国との対立関係が決定的となったのが、ドーハ開発ラウンド開始後の最初のWTO閣僚会議であったカンクン閣僚会議（2003年9月）である。石田信隆は、「シンガポール・イシュー」をめぐって、先進国と開発途上国との間で紛糾するカンクン閣僚会議のすさまじい様子を、わが国の外務省の交渉担当官が、「先進国の交渉担当者の間には『さながら1970年代UNCTADの会議のようだ』とため息を漏らす姿も見られました」と外務省のメールマガジンで述べていることを紹介している（同：23-24）。韓国の農民運動家であるイ・ギョンヘが、WTO農業交渉に対して抗議の自殺を遂げたのも、世界中からメキシコのカンクンに集まった農民団体がカンクン閣僚会議に対して抗議のデモを展開している最中のことであった（同：24-25）。

　ウルグアイ・ラウンド貿易交渉に加わった国々は120カ国に及んでいるが、そのうちの約100カ国が開発途上国であり、またWTO成立後にWTOに加わった約40カ国もそのすべてが開発途上国である。それらの国々は、WTOの一員となることによって先進国との貿易が拡大し、経済開発や経済発展への道が開けるとの期待を込めて、WTOに加わったはずである。しかし、そうした期待は、アッという間に消え失せたのではなかろうか。

　WTO農業交渉が始まっても、ほとんどの開発途上国にとっては、何を議論し、何を交渉するのかさえ、十分に把握することができず、その一方で、農業以外の交渉においては、先進国の工業製品に対する門戸開放や、サービス貿易の自由化をはじめとして、外国資本の活動機会を提供することばかりが求められ、自由貿易体制としてのWTO体制そのものに疑いの目が向けられ始め、その不信感が「シンガポール・イシュー」の問題をめぐって一挙に吹き出した、と言うのが真相であるように思われるからである。

第3章　WTO体制の成立と農業貿易システムの変容　*141*

●WTO農業交渉の頓挫が教えてくれていること

　WTO農業交渉が、20年という歳月を費やしながらも、上述したような対立を取り除くことができず、頓挫しているという現実を考えるならば、近い将来、WTO農業交渉が再開され、最終合意に達するという可能性はきわめて低いと言わざるを得ないであろう。と言うのは、現在のWTO農業交渉は、ウルグアイ・ラウンドにおける農業交渉と同様に、アメリカが主導権を持ち、アメリカの国益を最優先する形で進められているが、しかし、いまやアメリカがリードしながら160カ国以上が加盟国となっているWTOを支配していけるような世界情勢ではなくなってきているからである。

　今後、圧倒的多数の開発途上国や、農産物輸入大国に転じている中国、さらには共通農業政策が経済統合の重要な柱となっているEUなどが、こぞってアメリカの提案に譲歩の姿勢をとり、それを受け入れるという可能性も見当たらない。しかもWTOのもとでの合意は、全加盟国の賛成を必要とする「コンセンサス方式」であって、そのことを考えると、可能性として残されている方法は、交渉をリードする農産物輸出大国のアメリカ自身が譲歩の姿勢を示す以外にないと考えられるが、しかし、いまなお世界の覇権国としての地位を固持し続けようとするアメリカがそのような柔軟な姿勢をとることもまたありそうにないからである。

　われわれは、WTO農業交渉が頓挫した状態になっているところに、現在進められている形のWTO農業交渉の限界が現われていることを、まず理解すべきである。また、すでに第2章において明らかにしたように、農工間国際分業関係は、貿易当事国に等しい利益をもたらすことが約束されたものではないのであって、それゆえ農工間国際分業の一翼を担う農業貿易は、自由貿易や市場原理に委ねてしまうべきではないということを、認識しておくべきである。

　GATTを受け継いで成立したWTOの根底にある理念は、言うまでもなく自由貿易主義である。だが、その理念とは大きくかけ離れた農業貿易システムが作り出されている、というのが現実である。WTO農業貿易システムは、すでに見てきたように、膨大な農業助成金や輸出補助金に支えられたアメリ

カやEU諸国のような農産物輸出大国にとって有利な農業貿易ルールであり、しかもミニマム・アクセス（最小輸入義務）やカレント・アクセス（現行輸入水準）などの取決めは、およそ貿易理論で言うところの「自由貿易」とは言い難いルールであって、農産物輸出国にとって都合のよい「似非自由貿易主義のルール」である。にもかかわらず、WTOによっていわば「公正な市場指向型の自由貿易体制」の貿易ルールである、とのお墨付きが与えられているのである。そうしたWTO農業貿易システムが、多くの開発途上国の食料自給を脅かし、アメリカやEU諸国のような農産物輸出大国への食料依存を深化させる要因となっているし、さらには農業貿易の自由化によって生じる、国境を越えての農産物の大量輸送によって、実は地球環境への負荷を拡大させてもいるのである。

　WTO体制のもとで先鋭化してきている世界経済の構造的な問題や、その構造的な動きに連動する形で農業貿易の自由化がもたらしている食料問題の状況をいち早く認識した人々によって、誰のためのグローバリゼーションか、誰のための自由貿易か、が問われ始め、そうした疑問が1つの大きなうねりとなってWTO体制へと向けられ、ドーハ開発ラウンドを、そしてWTO農業交渉を頓挫させていると言ってよい。

　1970年代に『なぜ世界の半分が飢えるのか』（*How the Other Half Dies: The Real Reasons for World Hunger,* 1977）を著わし、現代の食料問題や飢餓問題の核心を突いて世界に大きな反響を呼び起こしたスーザン・ジョージ（S. George）は、2001年に公表した新たな著作『WTO徹底批判！』の中で、成立後すでに5年を経ているWTOに対してはある程度の評価が成されるべきであるにもかかわらず、「この貿易体制が、社会的・環境的・文化的・経済的な領域において各国政府の法制や計画にいかなる影響をおよぼしてきたかということを総合的に検討しようとした者は、誰ひとりとして——とくに国家レベルにおいて——いない」（ジョージ 2002：84）と指摘し、その評価が完全に行なわれないかぎり新ラウンドは不要であり、それゆえ「WTOの交渉——農業、GATS、TRIPS——は一時停止しなければならない」（同：84）と述べている（引用文中のGATSは「サービス貿易」、TRIPSは「貿易関連知的所有権」

のこと ……應和)。

　奇しくもスーザン・ジョージが言うような「一時停止」の状態に、いまドーハ開発ラウンドは、そしてWTO農業交渉は置かれている。このドーハ開発ラウンド貿易交渉、WTO農業交渉の頓挫という「一時停止」状態は、WTOが世界経済や国民経済に及ぼしている影響の徹底的な検討や評価の必要を、さらにはWTOが唱える「公正な市場経済型の自由貿易体制の確立」に向かっての「改革の継続」ではなくして、自由貿易主義の〈根本的な見直し〉の必要をわれわれに教えてくれていると言ってよい。

●100億人が共に生き抜くための農業貿易システムを
　WTO農業交渉が頓挫した状態にあることからして、農業貿易論として追究していかなくてはならない課題は、明らかであろう。スーザン・ジョージが言うように、何よりもまず、WTO農業貿易システムが、1995年以降の四半世紀の間にどのような影響を世界経済や国民経済に及ぼしたのかという点についての解明とその評価を明らかにすることが必要である。そのことに加えて、農業貿易にとって自由貿易は望ましい原理か否かを検証することも必要である。
　この２つの課題を追究するに当たって重要な問題は、どのような視点から分析を加え、その評価を下していくか、である。と言うのも、その視点いかんによって、評価はいか様にも変わってくるからである。その点に関してわれわれが考えなければならないことは、30年後、50年後といった世界を思い描きながら、言い換えるならば人類全体が21世紀を生き抜き、22世紀へとつなげることのできるような世界を描きながら、その視点から現在のWTO農業貿易のルールを検討し、評価を下すことである。
　人類全体が22世紀に向かって生き抜いていくためには、いくつかの解決すべき重大な問題が存在するが、その中でわれわれが喫緊に克服していかなければならない問題は、〈食料問題〉と〈環境問題〉である、と筆者は考える。国連推計によると、世界人口は2057年あたりで100億人に達すると推計されている（宮崎ほか 2020：122）。現時点からわずか四半世紀ほど後に、世界人

口が100億人に達するという予測と、現在、世界人口80億人のうちの約10％の人々が飢えの苦しみに直面しているという現実、さらには急速に進んできている地球温暖化という問題を重ね合わせて考えるとき、果たして人類は21世紀を乗り切れるのであろうか、という想いに、誰しもが駆られるはずである。

　農業貿易の自由化が、増大する世界人口に対応して世界の国々の食料自給を向上させ、食料安全保障に大きく貢献し得るというという論理は成り立ちうるのか、さらには農業貿易の自由化がもたらす貿易量の増加が地球環境への負荷を増大させないという論理が成り立ちうるのか、と問い質すならば、その答は「否」であり、いまや〈農業貿易は自由貿易を原理とすべきではない〉と言わざるを得ない。

　WTO体制を支える自由貿易主義という考えがもたらしている現実に目を向け、そのうえでWTO農業協定の中に潜んでいる、「二重基準」のルールを考えるならば、食料不足の開発途上国のみならず世界全体にとっていま必要なことは、〈更なる農業貿易の自由化〉ではなく、WTO農業協定の改定ないしは廃棄であり、ワトキンズが言うように自由貿易に取って代わる代替貿易案の探究である。

　代替貿易案についての詳細な展開は、今後の課題とせざるを得ないが、しかし、農業貿易に関連して若干付け加えておくならば、農産物輸出大国にとって都合のよい農業貿易ルールではなく、何よりもまず世界各国の食料主権と食料安全保障を優先する農業貿易ルールへの変換こそが必要なことがらである。と言うのも、そうした変換がなければ、100億人の人が共に生き抜くための道を、そしてより環境にやさしい農業への道を開くことができないからである。農業貿易論の今後の課題は、WTO体制のもとでの農業貿易システムに対するより総合的な検証と、世界の食料安全保障の確保と地球環境保全に結びつく新しい農業貿易システムの探究である。

[注]
(1) もちろん、アメリカ議会がITO憲章の批准を拒否した理由は、農業面からの理由だけではなく、アメリカの実業界の側から強い反対意見があったこともよく知られている。たとえば、ガードナーは、ITO憲章が国際収支上の理由で広範囲にわたって認めている数量制限がアメリカ商品に対する差別制限をもたらす恐れがあることや、またITOのもとでの決議が一国一票の採決方式になることによって、アメリカが永久に少数国の立場に甘んじなければならなくなることを理由とする、企業集団からのITO設立に対する強い反対意見が存在したことを明らかにしている（ガードナー 1972：596-597）。また鷲見一夫は、「アメリカの実業界、特に多国籍企業が、ITO憲章の下では、海外投資と知的所有権の保護が十分ではないとして、議会側に強く働き掛けたのであって、そのような多国籍企業の主張を議会が受け入れたことが、承認拒否の真の理由であった」（鷲見 1996：190）とも述べている。
(2) GATTの発足に当たっては、GATT第2部（第3～23条）の規定に、国内関連法規と抵触の恐れのある諸規定が存在し、国内法の改正作業に手間取ることが予想され、当初の23カ国のうち8カ国（アメリカ、イギリス、オーストラリア、ベルギー、カナダ、フランス、ルクセンブルグ、オランダ）が、GATT第2部を最大限に適用するよう努めることに合意し、その了解事項を「暫定適用に関する議定書」としてまとめ、23カ国が受諾する、という形をとったため、議会の承認を得ることなく、行政府の権限内でGATTに参加することができることとなったと言われている（鷲見 1996：191）。
(3) GATTは、国際機関ではなく国際協定であるため、協定を結んだ国々を「加盟国」ではなく「締約国」（contracting party）と呼ぶ。
(4) アメリカが、1955年に農産物に関するウェーヴァーを取得した経緯については、農業貿易研究会 1987：42-46／枝広ほか 1962、を参照されたい。
(5) ウルグアイ・ラウンドにおける15の交渉分野とは、①関税、②非関税障壁、③天然資源産品、④繊維、⑤農業、⑥熱帯産品、⑦GATT条文、⑧東京ラウンド諸協定、⑨セーフガード、⑩補助金・相殺措置、⑪貿易関連知的所有権（TRIP）、⑫貿易関連投資措置（TRIM）、⑬紛争解決、⑭GATT機能、⑮サービス貿易、である。
(6) ケアンズ・グループとは、ウルグアイ・ラウンド農業交渉に先立って、オーストラリアのケアンズに集まった農産物輸出国をさす。当初の構成国は、カナダ、オーストラリア、ニュージーランド、フィジー、タイ、フィリピン、

インドネシア、マレーシア、アルゼンチン、コロンビア、ブラジル、ウルグアイ、チリ、ハンガリーの14カ国である。
（7）　ウルグアイ・ラウンド農業交渉の経過については、溝口ほか 1994：146-171／筑紫 1994：64-88、を参照されたい。
（8）　ロメ協定とは、1975年にEEC（ヨーロッパ経済共同体）9カ国と、「ACPグループ」と呼ばれるアフリカ、カリブ海、および太平洋地域の旧植民地との間で結ばれた、通商および経済支援のための協定。ロメ協定においてEECは、ACP諸国のEEC市場への輸出品に対して特恵（無関税）を与えており、そのため、GATT体制のもとでは、ACP諸国以外の地域からのEEC市場の輸出品との間に差別待遇が生じるという問題が存在した。ロメ協定については、クーテ 1996：228-240／筑紫 1994：79-81、を参照されたい。
（9）　ワトキンズは、権威あるヨーロッパの農業誌『ヨーロッパ農業』（*Agra-Europe*）が、「農業者への直接支払いはEU全体の穀物生産量を約3,000万トン増加させる」という予測を行なっていることを紹介している（Watkins 1996：248／ワトキンズ 1998：44）。
（10）　農林水産省「WTO農業交渉について」農林水産省ホームページ「輸出・国際＞WTO交渉」〈https://www.maff.go.jp/j/kokusai/kousyou/wto/pdf/WTO_agri.pdf〉（2021年12月19日取得）、および外務省「農業交渉について」外務省ホームページ「外交政策＞経済」〈https://www.mofa.go.jp/mofaj/gaiko/wto/agriculture.html〉（2021年12月19日取得）からの情報。
（11）　石田信隆によると、モダリティーとは「市場アクセス、国内支持、輸出規律などそれぞれの交渉分野について、どのような保護削減を行うのか、各国に共通する削減方式を定めるもの」と説明されている（石田2010：30 注１）。

［引用・参考文献］
石田信隆（2010）『解読・WTO農業交渉──日本人の食は守れるか──』農林統計協会
今村奈良臣・服部信司・矢口芳生・加賀爪優・菅沼圭輔（1997）『WTO体制下の食料農業戦略』農山漁村文化協会
枝広幹造解題・平林義雄訳（1962）「ガットに対するウェーヴァーの要求──アメリカの農産物──」『のびゆく農業』農政調査委員会、第130号
應和邦昭（1997）「WTOと貿易システム」岩田勝雄編『21世紀の国際経済──グロー

バル・リージョナル・ナショナル――』新評論
應和邦昭（1999）「WTO体制下の農業貿易と食料問題――食料問題からの自由貿易主義批判――」保志恂・堀口健治・應和邦昭・黒瀧秀久編著『現代資本主義と農業再編の課題』御茶の水書房
應和邦昭（2003）「食料・環境とWTOシステム」板垣文夫・岩田勝雄・瀬戸岡紘編『グローバル時代の貿易と投資』桜井書店
小倉和夫（1972）『ゆれる国際貿易体制――ガットはどこへ行く――』サイマル出版会
ガードナー、R. N.（1973）『国際通貨体制成立史――英米の抗争と協力――』上・下巻、村野孝・加瀬正一訳、東洋経済新報社
クーテ、B.（1996）『貿易の罠』三輪昌男訳、家の光協会
国際連合食糧農業機関編（1998）『FAO 世界の食料・農業データブック――世界食料サミットとその背景――』下巻、国際食糧農業協会訳、農山漁村文化協会
佐伯尚美（1990）『ガットと日本農業』東京大学出版会
ジョージ、S.（2002）『WTO徹底批判！』杉村昌昭訳、作品社
鷲見一夫（1996）『世界貿易機関を斬る――誰のための「自由貿易」か――』明窓書房
筑紫勝麿編著（1994）『ウルグアイ・ラウンド――GATTからWTOへ――』日本関税協会
ツィーツ、J.＝A. バールディス（1989）『ガットにおける農業――各種の改革提案の分析――』杉崎眞一訳、枝広幹造監修、食料・農業政策研究センター
西田勝喜（2002）『GATT／WTO体制研究序説――アメリカ資本主義の論理と対外展開――』文眞堂
農業貿易問題研究会（1987）『どうなる世界の農業貿易――ガット新ラウンドの現状と展望――』大成出版社
福田邦夫・小林尚朗編（2006）『グローバリゼーションと国際貿易』大月書店
フリードマン、H.（2006）『フード・レジーム――食料の政治経済学――』渡辺雅男・記田路子訳、こぶし書房
溝口道郎・松尾正洋（1994）『ウルグアイ・ラウンド』日本放送協会
宮崎勇・田谷禎三（2020）『世界経済図説〔第4版〕』岩波書店
山本和人（1999）『戦後世界貿易秩序の形成――英米の協調と角逐――』ミネルヴァ書房
ロバーツ、P.（2012）『食の終焉』神保哲生訳、ダイヤモンド社
ワトキンズ、K.（1998）『農業貿易と食料安全保障』古沢広祐翻訳・監修、市民フォーラム2001事務局

Stevens, C. (1996) "The Consequences of the Uruguay Round for Developing Countries," In Sander, H. & A. Inotai (eds.), *World Trade after the Uruguay Round: Prospects and Policy Options for the Twenty-first Century*, London, Routledge

Watkins, K. (1996) "Free Trade and Farm Fallacies: From the Uruguay Round to the World Food Summit," *The Ecologist*, Vol. 26, No. 6

第4章

開発途上国の食料安全保障とWTO農業貿易システム
——サブサハラ地域の後発開発途上国（LDCs）を対象として——

I．本章における目的と課題、および考察方法について

（1）目的と課題
●本章における検証課題について

　本章の目的は、標題に見られるようにWTO体制下の農業貿易システムが、多くの開発途上国の食料問題、とりわけ飢えに苦しむ多くの国民を抱える国々の食料問題に対していかなる影響をもたらしつつあるのかを検討・考察し、その実態把握を踏まえて開発途上国の食料安全保障にとっての農業貿易システムのあり方について一考を加えることにある。

　第3章において論じたように、難航をきわめたウルグアイ・ラウンド農業交渉は1994年に合意に達し、1995年以降、WTOの設立とともにその合意事項はWTO農業協定として纏められ、世界の国々の農業貿易を左右する新しい貿易ルールとなった。その農業貿易ルールは、GATTのもとでの農業貿易ルールと比べ、遙かに自由度の高い貿易ルールであるが、ウルグアイ・ラウンド農業交渉が大詰めを迎えようとした時期から農業合意が実現した直後にかけて、「先進国クラブ」と呼ばれるOECD（経済協力開発機構）や、各国国民の栄養水準と生活水準の向上、各国の農業生産の向上や食料分配の改善な

どを目指すFAO（国際連合食料農業機関）などの国際機関によって、盛んに農業貿易の一層の自由化が、〈開発途上国の食料自給を促すことにつながる〉とか、〈開発途上国の食料安全保障を助長する〉といった主旨の主張や見解が表明され、農業貿易のより一層の自由化を支持ないしは歓迎する国際世論の形成が図られてきた。

　これに対して、筆者はいくつかの視点から考えてみて、農業貿易のより一層の自由化はむしろ、飢えに苦しむ人々（栄養不足人口）を抱えている多くの開発途上国の食料問題を一層厳しい状況へと追い込んでいく可能性を持っているという疑念を抱き、それを小論として発表してきた（應和1995／應和1999）。しかし、それらの小論はいずれもWTOが成立した直後に発表したものであり、あくまでも食料問題を抱える多くの開発途上国が置かれている状況と種々の経験則から判断したうえでの推論であったため、一定期間を経た後に、WTO農業貿易ルールが開発途上国の食料問題に対してどのような影響を及ぼすことになったのかを明らかにし、筆者の抱いた疑念が妥当であったのか否かを検証する必要があるとも考えてきた。

　その新しい農業貿易ルールが施行されてからすでに四半世紀が過ぎ去っている。その四半世紀という年月は、農業貿易ルールの変容が貿易当事国の食料問題に対してどのような影響を及ぼしてきているのかを判断するに足る期間に達していると考えられるのであって、この四半世紀の間、WTO体制下で展開されたより自由な農業貿易によって、多くの開発途上国の食料問題が改善される方向に向かっているのか否かを探り、筆者がかつて抱いた疑念の検証を試みておきたい、というのも本章における目的の1つである。

　本章の目的は以上のとおりであるが、その目的に答えるために果たすべき〈検証〉という課題についていま少し明確にしておきたい。

　WTO体制下でのより自由な貿易関係が開発途上国に与える影響を的確に掴むこと、それが〈検証〉という上記の課題にとって最も重要なことであるが、その的確に掴むこと自体がきわめて難しい問題である。開発途上国への影響と言っても、一般に開発途上国と呼ばれる国々自体が多様である。たとえば、世界第2位のGDP（国内総生産）を誇る中国とか、東アジア地域のブ

ルネイとか中東アラブ地域の産油国など1人当たりGDPが先進国並みの国々もあれば、1人当たりのGNI（国民総所得）が1,018ドル以下（3カ年平均／2021年基準）の「後発開発途上国」(least developed countries：LDCs) と言われる開発途上国まで存在するのであって、その影響も同一に論ずることができないからである。

とは言え、農業貿易論として考察すべき問題は、農業貿易の自由化が貿易当事国の農業や食料問題に大きく関わっているという点であり、その点からすると、やはり多くの「飢え」（食料不足）に苦しむ人々を構造的に抱えているような国々にまず焦点を当て、その影響の実態を的確に掴む努力をすべきであると考える。その点を考慮して、本章における考察対象としての重点は、「後発開発途上国」、とくに大部分の国々がそのカテゴリーに含まれるサブサハラ・アフリカ（Sub-Saharan Africa）地域の国々に置くこととし、それらの国々を中心とする考察を進め、そこから見えてきたことがらを踏まえ、広く開発途上国の食料安全保障にとっての農業貿易システムのあり方に一考を加えることとする。

農業貿易のより一層の自由化が上記のような開発途上国に与える影響をどのようにして掴んでいくか、その考察方法についても項を改めて少し触れておきたいと考えるが、その前に検討課題や検証の目的をより明確にするために、かつて筆者が疑念を抱いたOECDやFAOの見解の内容を少し整理し、疑念の要点を紹介しておくこととしたい。

（2）農業貿易と開発途上国の食料安全保障に関する OECDおよびFAOの見解と、それに対する疑念

●OECDおよびFAOの見解についての概要

最初にOECDの見解を取り上げることとするが、OECDは1993年に *World Cereal Trade: What Role for Developing Countries?*（『世界の穀物貿易——開発途上国に対するその役割とは何か——』）と題する報告書を公表し、その報告書の中で〈農業貿易の自由化が開発途上国の食料自給を促す〉という考えを明らかにしている。

この報告書の大半は、世界レベルでの穀物需給の現状分析とその後の見通しに当てられているが、しかしその冒頭に掲げた「要約と結論」の中で、農業貿易の自由化が開発途上国にもたらすと思われる影響について、次のような予測を明らかにしている。
　「もしも国際社会が、遅れているGATTウルグアイ・ラウンド交渉を満足のゆく結論へと導くことに成功し、そして開発途上国自身が農業貿易の自由化プロセスに着手すれば、…… 短期的にも中期的にも国際穀物価格が上昇するために、穀物輸出国にとって大きな利益となることが期待できる。穀物の純輸入国である開発途上国にとってのGATT合意の利益は、全般的な自由化プロセスと結びついた経済全体の改善から引き出されるであろうし、そしてGATT合意からもたらされる、最近の価格よりも高く、より安定した国際穀物価格は、長期的には開発途上国が穀物自給を達成することを助けるはずである」(OECD 1993：11) と。
　また、同報告書の本論部分でも、「あらゆる研究が、ほとんどの低所得食料輸入国の交易条件が悪化することを示唆している …… しかしながら、長期的には、より安定した国際価格への移行と現行の関税障壁の削減を伴った開発途上諸国の農業部門の自由化は、農業者に食料増産の動機づけを与え、ひいてはこれらの国々に食料自給の達成をもたらす可能性がある」(OECD 1993：56) と述べ、その考察を締めくくっている。
　これが、OECDの報告書において示された〈農業貿易の自由化が開発途上国の食料自給を促す〉という見解である。このOECDの見解の背後にある論理は、〈農業貿易の自由化 ⇒ 国際穀物価格の上昇 ⇒ 農業者に対し食料増産を動機づける ⇒ 食料自給を促進する〉という、きわめて単純な論理である。
　一方、FAOの見解であるが、FAOは、WTOが成立した直後の1996年11月、世界各国に呼びかけて食料安全保障に関する国際会議、すなわち「世界食料サミット」と呼ばれる国際会議をローマにおいて開催しているが、その世界食料サミットにおいて提出された、*Technical Background Documents*（邦訳『FAO 世界の食料・農業データブック——世界食糧サミットとその背景——』1998年、に収録。以下、『背景資料』と略記する）と題する討議資料の中で、〈農

業貿易を含む貿易の自由化が世界の食料安全保障の達成に大きな貢献をなしうる〉との見解を展開している。そのFAO見解の全体像は、その『背景資料』第12章「食料と国際貿易」の冒頭に示された「要約」の中の以下のような記述から読みとることができる（国際連合食糧農業機関 1998 b：337-339）。

* 「貿易は、世界の食料安全保障にとって必要不可欠なものである。もしも貿易がなければ、各国は専ら国内生産だけに頼らざるをえないであろうし、総所得は今よりもはるかに減少し、物品の選択もはるかに狭まり飢餓は増大することであろう。」
* 「一般的に輸入に頼ることによって、食料消費の需要は、国内生産だけに頼る場合に比べて一層安価に賄うことが可能となる。」
* 「貿易ルールの改善によって得られる計り知れない効果と、またウルグアイ・ラウンド協定のサービスに及ぼす効果を加えるとすれば、ウルグアイ・ラウンドの全体的効果は、所得水準の改善を図るための資力、従って食料安全保障の向上をもたらすにちがいない。」
* 「貿易の自由化は、全体として、所得の増加を促進することにより、国内で利用可能な食料の範囲と種類を拡大することにより、国内の生産の変動から生ずる危険を削減することにより、また世界の食料安全保障をより効率的に招来することによって、入手機会・供給・安定性の三つの次元のそれぞれで、食料安全保障の改善に貢献する。」

「要約」に示されたこのFAOの考え方は、上記のOECDの考え方よりは少し複雑である。それは、国際貿易が持つ利益に関する新古典学派的理解をもとにした食料安全保障論であり、〈貿易の自由化 ⇒ 貿易当事国の経済発展を促進 ⇒ 所得増大と各国民の食料獲得の選択肢が拡大 ⇒ 安価な食料の獲得が可能〉というのがその骨子である。

食料安全保障、すなわち、食料の安定的な確保と供給は国民国家の責務であるが、その点についてもFAOの『背景資料』は言及し、国家レベルでの食料安全保障の達成には２つの幅広い選択肢、すなわち、「食料自給の追求」

(pursuit of food self-sufficiency）と「食料の自力依存追求」(pursuit of food self-reliance）とが存在すると言う（カッコ内の英文は、應和が補足)。前者の「食料自給の追求」は、これまで各国が食料安全保障のためにとってきた基本的な政策目標である。これに対して、後者の「食料の自力依存」という概念は、FAOによると「国際貿易の可能性を考慮に入れるもの」であり、またそれには「国内の一定の生産水準に加えて、他の産品を輸出することによって国民の食料需要を充足するための輸入を行う能力を維持するという意味合いが含まれている」とされている（国際連合食糧農業機関 1998b：347)。つまり、FAOの食料安全保障論は、比較優位にある生産物を輸出し、その対価をもって食料を輸入、確保していくという、まさに典型的な国際分業論に基づく、「食料の自力依存追求」の道を優先させた食料安全保障論にほかならない。

● OECDおよびFAOの見解に対する疑念

　以上のようなOECDとFAOの報告書で示された見解に対して筆者が抱いた疑念の要点は、以下のとおりである。

　まず、上記のOECD報告書における見解についてであるが、それは、農業貿易の自由化、言い換えると国際市場における自由な競争関係によって穀物価格の高騰が引き起こされ、それが開発途上国における食料増産の動機づけとなり、やがて開発途上国の食料自給を促進することになる、というきわめて単純で楽観的な推論である。しかも、その論理の傍らには、穀物輸出大国であるOECD諸国の利益を窺わせる指摘も垣間見える見解であって、たとえ農業貿易のより一層の自由化が穀物価格の高騰をもたらすようになったとしても、そのことが食料自給の動機づけになるどころか、アジア、アフリカの大部分の開発途上国が、第2次世界大戦後、OECD諸国の余剰穀物のはけ口として位置づけられ、固定化されている貿易構造から考えて、圧倒的多数の開発途上国は、それらの先進諸国の余剰穀物のはけ口へとますます追い詰められていくことになるはずだ、というのが筆者の疑念であった。

　そのことに加えて、OECDの見解に対してより強い疑念を抱かせるきっかけとなったのは、上記のOECD報告書が公表された年と同じ1993年に刊行さ

れた、イギリスの経済学者マイケル・バラット・ブラウン（M. B. Brown）が、*Fair Trade: Reform and Realities in the International Trading System*（邦訳『フェア・トレード——公正なる貿易を求めて——』）と題する著作の中で示した、世界の食料貿易と世界各国の食料自給との状況についての一覧表である。表4-1に示した一覧表がそれで、見られるように約90カ国の食料需給の状況と食料輸出入の状況を整理し、それらの国々を大きく4つのカテゴリーに分類・整理した一覧表である。ブラウンは、いかなる時点での各国の状況を整理し、一覧表に纏めたのかを明記していないのであるが、それは、本文中の記述からしてほぼ1980年代に入った頃の約90カ国の食料貿易および食料事情を整理し、作成したものと推測される一覧表である。

ほぼ1980年代の状況を示したものと推測されるこの一覧表からは、工業化を達成することができていない多くのアジア、アフリカの開発途上国が農産物を輸出し、工業製品を輸入するという農工間国際分業関係を通じてグローバル経済に組み込まれていき、いつしか表中のC群の「純食料輸入国であるが食料不足の国」やD群の「純食料輸出国であるが食料不足の国」に区分されるような状態に陥ってしまった現実を読み取ることができる。

筆者は、GATTのウルグアイ・ラウンド農業交渉が合意に達し、WTO農業協定が成立した時点でこの一覧表を思い出し、WTO体制のもとでの農業貿易の一層の自由化が一覧表に示されたC群、D群に区分されているような国々の食料自給を促し、その食料問題を解消させていくどころか、より厳しい状況に追い込まれる可能性が強いと考え、そのことを踏まえて先に紹介したOECDの見解に対する疑念を表明したのである（應和 1995）。

一方、世界食料サミットを主導したFAOの見解に対する疑念であるが、FAOの見解は、食料自給ないし食料安全保障の達成に関して、「食料自給の追求」と「食料の自力依存追求」という2つの選択肢があり得ると指摘しながらも、多分に後者の「食料の自力依存追求」に期待する食料安全保障論を展開したものである。その「食料の自力依存追求」に期待する食料安全保障論は、すでに説明を加えておいたように、比較優位にある生産物を輸出し、その対価をもって食料を輸入、確保していくという、まさに典型的な国際分

表 4-1 世界の食料貿易と世界各国の食料自給の状況(ブラウンの整理による1980年代の状況)

A群 純食料輸出国であり十分な食料を持つ国		B群 純食料輸入国であるが十分な食料を持つ国		C群 純食料輸入国であるが食料不足の国		D群 純食料輸出国であるが食料不足の国	
第一・第二世界	第三世界	第一・第二世界	第三世界	第一・第二世界	第三世界	第一・第二世界	第三世界
オーストラリア	アルゼンチン	オーストリア	チリ	該当国なし	アルジェリア	該当国なし	アフガニスタン	ケニア
ブルガリア	コスタリカ	チェコスロバキア	エジプト		バングラデシュ		アンゴラ	リベリア
カナダ	マダガスカル	フランス	イスラエル		中国		ボツワナ	モザンビーク
デンマーク	マレーシア	ドイツ	ジャマイカ		ハイチ		ビルマ	ナミビア
アイルランド	モンゴル	イタリア	韓国		イラク		カメルーン	パプアニューギニア
ギリシャ	ニカラグア	日本	リビア		イラン		チャド	フィリピン
ハンガリー	パナマ	ノルウェー	モロッコ		カンボジア		ドミニカ	セネガル
オランダ	パラグアイ	ポーランド	サウジアラビア		ラオス		エルサルバドル	シェラレオネ
ニュージーランド	タイ	ポルトガル	シリア		モーリタニア		エチオピア	ソマリア
南アフリカ	ウルグアイ	ルーマニア	ベトナム		ニジェール		ガーナ	スリランカ
トルコ	ジンバブエ	スペイン			パキスタン		ギニア	スーダン
アメリカ		スウェーデン			ベネズエラ		グァテマラ	タンザニア
		スイス			ザンビア		ホンジュラス	ウガンダ
		イギリス					インド	ザイール
		ソ連					インドネシア	
		ユーゴスラビア					コートジュボアール	

(注) A群、B群、C群、D群の区分表記は筆者が付け加えた。なお、南アフリカが「第一・第二世界」に区分されているが、それはブラウンの誤りであると思われる
(出所) Brown 1993:30

業論に立脚した食料安全保障論である。その食料安全保障論は、日本や中国のような外貨事情の良好な国々とか、石油をはじめとする鉱物資源が豊富でその輸出によって膨大な貿易黒字を計上しうるような国々にとっては可能であっても、コーヒーとか、ココア、綿花、パーム油、バナナといった限られた農産物に特化した、いわゆるモノカルチュア型産業構造が色濃く残るようなアフリカやアジアの開発途上国にとっては容易なことではない。

　と言うのは、モノカルチュア型の産業構造を持つ多くの開発途上国の貿易収支は、交易条件の悪化によって1960年代の頃から赤字傾向にあり、すでに論じたようにアジアやアフリカの開発途上国の多くは、基礎的食料である穀物をアメリカやEU等の先進国に依存せざるを得ない状況に置かれているからである。第３章で明らかにしたように、WTO農業協定によって制度化された〈農業貿易の一層の自由化〉は、先進国であるアメリカやEU等の農業大国の輸出補助金に関しては依然として多くの補助金が残されたままの、いわば農産物の輸出大国である先進国には有利で、いまやその先進国からの食料輸入に依存している食料輸入国にとってはきわめて不利な〈農業貿易の一層の自由化〉である。そのようなWTO農業貿易システムがそれらの開発途上国にもたらす結果は、おそらくFAOが描くような食料安全保障の達成ではなく、より一層の国際収支上の困難と食料不安の増大であろう、というのがFAOの見解に対する筆者の疑念であった。

（３）課題の検証方法等について
●課題の検証方法

　上記のような、筆者がかつて抱いた疑念の検証が本章の課題であるが、しかしその検証は決して容易なことではない。農業貿易の一層の自由化が貿易当事国の食料問題や食料安全保障に及ぼす影響を掴むための確たる方法が存在するわけではないからである。とは言え、GATTのもとでの農業貿易ルールとは大きく異なっているWTO体制下の農業貿易ルールの施行は、必然的に世界の農業貿易の状況に大きな変化をもたらすはずであり、その変化は農業貿易に関連する様々な経済指標にも現われてくるはずである。したがって、

それらの経済諸指標の動向・変化を的確に掴むことを通じて、本章での課題を検証することは可能であると考える。

その検証作業の重点は、1995年のWTO成立を画期として、それ以前の時期とそれ以後の時期とでは農業貿易に関連する経済諸指標の動向にどのような変化が現われているのかを把握することにあるが、問題はどのような経済指標の動向・変化の把握が必要かという点である。本章での課題を検証するためには、多面的な指標による把握が必要であろうが、少なくとも、①農産物貿易および穀物貿易の動向・変化、②農業生産、とりわけ穀物生産の動向・変化、③人口増加と食料不足人口の動向・変化、そして、④商品貿易の動向・変化、の把握が必要であると考える。

そうした限られた側面からの経済指標に基づく分析・考察ではあるが、それらの経済指標の動向・変化を踏まえて、WTO農業貿易システムが、開発途上国の、とりわけサブサハラ・アフリカ地域の後発開発途上国の食料自給を促進させることにつながっているのか否か、また食料安全保障を助長することにつながっているのか否か、を検討していくこととする。なお、WTOの成立以前と成立後との経済諸指標の比較に当たって、比較検討の起点となるWTO成立前の時期を、1990年ないしは1990年代前半期としておきたい。

● **公的統計データの利用について**

本章の課題を解明していくためには、考察対象国の農産物貿易や穀物貿易、農業生産、穀物生産、さらには栄養不足人口などの統計データを入手することが必要である。農業貿易や農業生産に関する統計データ、さらには各国における栄養不足人口の状況に関するデータは、FAO（国連農業食糧機関）のデータベースである「FAOSTAT」から比較的容易に得ることができる。また、人口統計に関しては「国連人口統計データベース」を、さらに日本の各種経済統計データベース等を利用することも可能である。必要に応じてそれらのデータベースを利用することとするが、それらのデータベースから情報やデータを取得した期日については、特別な場合を除き逐一記載せず、いずれも2021年以降に取得したものであることを予めお断わりしておく。

第4章 開発途上国の食料安全保障とWTO農業貿易システム

●先進国、開発途上国、および後発開発途上国の区分について

　周知のように、世界経済や国際経済の問題を論じていく際に、世界の国々を先進国と開発途上国に、また開発途上国の中でもより経済開発の遅れた国を後発開発途上国というカテゴリーを用いて区分し、論じていくという方法がとられるのであるが、しかし、それらのカテゴリーに関して、明確かつ国際的に定まった統一的な区分基準が存在しているわけではない。しかし、その区分を不明にしたまま議論や考察を進めてしまうならば、かえって考察自体に混乱が生じる恐れがあるため、本章では、先進国と開発途上国との区分、後発開発途上国に含まれる国、さらにはサブサハラ地域の後発開発途上国でWTO加盟国である国々などを、予め明確にしておきたい。

　日本の外務省によると、現在、世界の国の数は196カ国とされている。それらの国々が大きく先進国と開発途上国とに分けられるのであるが、その先進国と呼ばれる国々の条件としてはしばしばOECD（経済協力開発機構）加盟国という基準が用いられている。その基準に従うと、現時点（2022年4月現在）でのOECD加盟国である38カ国が先進国ということになる。しかし表4-2に見られるように、OECD加盟国38カ国のうち、14カ国は1994年以降に加盟した国々である。本章での考察は、1995年のWTO成立を画期として、それ以前と以降との変化を把握することに置かれているのであって、もしも現在のOECD加盟国38カ国を先進国と定義すると、先行研究において論じられている1990年代以前の先進国の統計データとの整合性や連続性に大きなズレが生じることとなる。したがって、本章においては特別の事情がない限り、表4-2に示しておいたように、「1990年以前にOECDに加盟していた24カ国をもって先進国」としておき、議論の内容によって異なった「先進国」区分が必要な場合には、その都度注記することとする。

　そのOECD加盟の24カ国を除く国々を一括りにして「開発途上国」と呼ぶことには問題があるとは思われるが、本章ではひとまずそれらの国々を開発途上国としておきたい。その開発途上国の中で、とりわけ開発の遅れた国々が「後発開発途上国」と呼ばれる国々である。後発開発途上国は、国連開発計画（United Nations Development Programme：UNDP）が定める一定の基準

表4-2　先進国・後発開発途上諸国の一覧

先進国 OECD加盟国 (38カ国) [2022年4月現在]	1990年以前のOECD加盟国（24カ国）
	ドイツ、フランス、イタリア、オランダ、ベルギー、ルクセンブルグ、フィンランド、スウェーデン、ノルウェー、オーストリア、デンマーク、スペイン、ポルトガル、ギリシャ、アイルランド、アイスランド、トルコ、スイス、カナダ、オーストラリア、ニュージーランド、イギリス、アメリカ、日本
	1990年代以降のOECD加盟国（14カ国）
	メキシコ (1994)、チェコ (1995)、ハンガリー (1996)、ポーランド (1996)、韓国 (1996)、スロバキア (2000)、チリ (2010)、スロベニア (2010)、イスラエル (2010)、エストニア (2010)、ラトビア (2016)、リトアニア (2018)、コロンビア (2020)、コスタリカ (2021) ［カッコ内の数字は加盟した年］
後発開発途上国 (46カ国) うち、WTO加盟国は35カ国 （太字表記） WTOオブザーバー国8カ国 （下線表記） [2022年4月現在]	アフリカ地域（33カ国）
	アンゴラ、**ベナン**、**ブルキナファソ**、**ブルンジ**、**中央アフリカ**、**チャド**、<u>コモロ</u>、**コンゴ民主共和国**、**ジブチ**、**エリトリア**、<u>**エチオピア**</u>、**ガンビア**、**ギニア**、**ギニアビサウ**、**レソト**、**リベリア**、**マダガスカル**、**マラウイ**、**マリ**、**モーリタニア**、**モザンビーク**、**ニジェール**、**ルワンダ**、<u>サントメ・プリンシペ</u>、**セネガル**、**シエラレオネ**、<u>ソマリア</u>、<u>南スーダン</u>、<u>スーダン</u>、**トーゴ**、**ウガンダ**、**タンザニア**、**ザンビア**
	アジア地域（9カ国）
	アフガニスタン、**バングラデシュ**、<u>ブータン</u>、**カンボジア**、**ラオス**、**ミャンマー**、**ネパール**、**イエメン**、<u>東ティモール</u>
	大洋州・中南米（4カ国）
	キリバス、<u>ソロモン諸島</u>、**ツバル**、**ハイチ**

（出所）　外務省ホームページ／WTOホームページのデータをもとに、筆者作成

（2021年時点での主たる基準は、1人当たり国民所得〔GNI〕が1,018ドル以下、という基準である）に従って認定された国で、日本の外務省の情報によると、2022年4月現在、46カ国が後発開発途上国として認定され、そのうちの33カ国がサブサハラ・アフリカ地域の国々となっている。

　時代とともにその認定基準は改定され、また経済発展とともに後発開発途上国の状態から卒業する国々も存在する。現時点では表4-2に示したように46カ国であるが、本章で問題としているWTOの成立以前と今日では後発開発途上国の数も少し異なっているため、注意が必要な場合はその旨を注記することとしたい。

第4章　開発途上国の食料安全保障とWTO農業貿易システム　*161*

　なお、本章での考察に関して言えば、開発途上国の中でもWTOに加盟している国々が考察対象である。現時点（2022年4月現在）でのWTO加盟国は163カ国で、それにEU（ヨーロッパ連合）が加わっている。世界の80％以上の国々がすでに加盟し、現在WTO加盟申請中の25カ国がオブザーバー国となっていて、それらの国々が加盟すると加盟国は190カ国近くに達し、世界のほぼすべての国がWTO加盟国となる。現在、WTO加盟申請中でオブザーバー国となっている国々はいずれも開発途上国であり、後発開発途上国46カ国のうちWTO加盟国は35カ国、加盟申請中のオブザーバー国が8カ国、アフリカ地域の後発開発途上国33カ国のうちWTO加盟国は26カ国で、加盟申請中のオブザーバー国は6カ国となっている。

　後発開発途上国46カ国のうちWTO加盟国と加盟申請中のオブザーバー国を含めると43カ国となり、現時点で加盟申請がなされていない国はわずか3カ国である。その3カ国とは、1990年代にエチオピアから分離独立した小国のエリトリアと、大洋州の小国であるキリバス、ツバルである。

　FAOSTATから入手可能な「Least Developed Countries」（後発開発途上国）として区分された貿易統計データは、厳密にはWTO加盟国のみのデータとは言えないが、この点についても特別の事情がない限り、後発開発途上国のすべてがWTOの貿易ルールに準じて貿易を行なっていると見做して議論を進めていることを、予めお断わりしておきたい。

II．開発途上国の農産物貿易の動向［検証その1］

（1）WTO体制成立以前の開発途上国の農産物貿易
●開発途上国の農産物貿易に関する先行研究

　本章での課題の解明には、多面的な検証作業が必要であるが、最初に農産物貿易の動向に焦点を当て、WTOが成立した1995年を画期として、それ以前とそれ以後との間の変化を探ることとする。

　WTO体制が成立する以前の農産物貿易、とりわけ開発途上国ないしは後

発開発途上国の農産物貿易の動向に関しては、1961年から2000年に至るまでの40年間の動向を整理したジェール・ブルインズマ（J. Bruinsma）の先行研究が存在するので、その先行研究を参照しながら、その動向を確認しておきたい。図4-1と図4-2は、ブルインズマによって編集され、2003年に公表されたFAOの報告書、*World Agriculture: Towards 2015/2030 An FAO Perspective*（『世界農業——2015-2030年に向けてのFAOの展望——』／以下、ブルインズマ編『世界農業』と表記する）から借用したグラフで、図4-1は1961年から2000年に至るまでの間の開発途上国および後発開発途上国の農産物貿易収支の動向を示したグラフ、図4-2は、同じく1961年から2000年までの後発開発途上国全体の農産物輸出額と農産物輸入額の動向を示したグラフである。

ブルインズマ編『世界農業』では〈先進国〉と〈開発途上国〉に関して特段の定義づけはなされていないが、〈developing countries〉という表現に対して〈OECD countries〉という表現がしばしば使われていることからして、OECD加盟国をもって先進国と見做し、OECD加盟国以外の国々を総称して「開発途上国」と呼んでいると考えられる。しかも、そこでの〈OECD countries〉は現在のOECD加盟国である38カ国を指しているのではなく、1961年からの統計データを整理していることから考えて、少なくとも1990年以前にOECDに加盟していた24カ国をもって先進国としていると考えられる。

先に、本章では「1990年以前にOECDに加盟していた24カ国をもって先進国とする」と述べておいたのは、このブルインズマ編『世界農業』における先進国、開発途上国の区分との整合性を考えたためである。先進国を24カ国とすると、200カ国近い世界の国々の中で、残りの170カ国ほどの国々が「開発途上国」という表現で括られることになる。その中には、いまや世界第2位のGDP（国内総生産）を誇る中国のような経済大国とか、1人当たりGDPが先進国並みの水準にある中東地域の産油国も存在するのであるが、いまはその点を問わないこととして、まずは図4-1のグラフが示している内容を読み取ることとしよう。

まず、開発途上諸国の農産物貿易収支の動向であるが、1970年代末から1980年代初めにかけて一時的に赤字を計上しているとはいえ、その期間を除

第4章 開発途上国の食料安全保障とWTO農業貿易システム 163

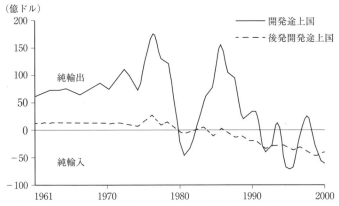

図4-1 開発途上国の農産物貿易収支の推移（1961〜2000年）
（出所） Bruinzma 2003：234 Figure 9.1

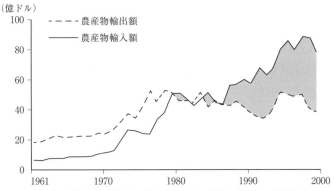

図4-2 後発開発途上諸国の農産物貿易の推移（1961〜2000年）
（出所） Bruinzma 2003：235 Figure 9.2

いて1961年から1990年代初めまでは黒字基調で推移し、その後、赤字と黒字を交互に繰り返し、2000年にはかなりの赤字を計上するという形で終わっている。1970年代末から1980年代初めにかけての一時的な赤字は、1978年に始まった第2次オイル・ショックによる世界的な景気後退によって、開発途上国の農産物に対する需要が落ち込んだことが主因であると考えられるが、問題は1990年代の初頭以降、赤字基調へと転じ、その赤字幅が拡大しつつある点である。

開発途上国の農産物貿易という場合、貿易相手国としては開発途上国の場合もあれば、先進国の場合もある。しかし、開発途上国全体の農産物貿易収支という場合、開発途上国同士の貿易赤字、貿易黒字は相互に相殺されるため、この開発途上国全体の農産物貿易収支の赤字、黒字は、基本的には先進国との間の農産物貿易収支の赤字、黒字を表わしていることとなる。開発途上国全体の農産物貿易収支が1990年代初頭から赤字基調に転じ、その赤字幅が拡大していることは、開発途上国の多くが工業国である先進国から工業製品のみならず農産物もまた大量に輸入せざるを得ない状況になりつつあることを示している。その点をまず読み取っておきたい。

　農産物貿易収支の赤字という点で、開発途上国の中でもより深刻な状況に直面していると考えられるのが、後発開発途上国の場合である。

　図4-1に示された後発開発途上国の農産物貿易収支のグラフは、ブルインズマによってFAO報告書が纏められた当時、後発開発途上国（LDCs）と認定されていた49カ国の農産物貿易のデータに基づいて作成されたグラフであるが、見られるように1961年から1980年に至るまでは一貫して黒字基調で推移し、1980年代は黒字の年と赤字の年とが拮抗しながら進み、1990年代に入って以降は一貫して赤字が続き、その赤字幅も拡大していくという様相を示している。

　図4-2は、その後発開発途上国の農産物貿易収支の中身である農産物輸出額と農産物輸入額の推移を示したものである。後発開発途上国の農産物輸出額は、1970年代には着実に増加しているが、1980年代に入ってからは低迷しはじめ、さらに1990年代には減少傾向さえ見られる状態で推移している。それに対して、農産物輸入額は1970年代以降増加し始め、1980年代には低迷しているものの、1990年代以降は急速に増加するという傾向を示している。

　この後発開発途上国の農産物貿易収支の場合は、後発開発途上国以外の開発途上国との間の農産物貿易収支と、先進国との間の農産物貿易収支との合計であるが、後発開発途上国とされる国々の大部分がサブサハラ地域の国々であって、飢えに苦しむ多くの人々を抱える国でありながら、食料となる農産物の多くを先進国に依存しなければならない状況が容易に想像される。

ブルインズマ編『世界農業』は、以上のような2000年までの統計データをもとにしながら、2030年までの開発途上国の農産物貿易赤字の見通しとして、それは310億ドルに達するであろうと予測し、さらに食料の純輸入額については500億ドルにまで増大するであろうと論じ、その考察を締め括っている（Bruinsma 2003：235）。そのような膨大な農産物貿易赤字、食料貿易赤字が年々計上されるような状態を迎えることになるとすれば、他方でその赤字幅を穴埋めすることができるだけの農産物以外の貿易収支上の黒字がなければ、かつて「世界食料サミット」の『背景資料』において展開された国際分業関係を通じての「食料の自力依存追求」という食料安全保障論は、「絵に描いた餅」という結果にならざるを得ないはずである。

　ブルインズマ編『世界農業』の考察は、WTO成立直後の2000年までのデータ分析で終了していて、WTO体制の成立と農産物貿易との関係については何ら触れていない。したがって本章での考察は、このブルインズマ編『世界農業』における2030年の予測が現実のものになりつつあるのか否かを検討することでもある。

（2）WTO体制下での開発途上国の農産物貿易
●赤字拡大傾向が続く開発途上国の農産物貿易

　ブルインズマ編『世界農業』の分析結果を引き継ぐ形で、以下、改めて1990年から2020年に至るまでの30年間の開発途上国および後発開発途上国の農産物貿易の動向を追ってみることとしよう。

　表4-3および表4-4は、FAOのデータベースであるFAOSTATを用いて、1990年から2020年に至るまでの間の、先進国、開発途上国に区分した世界の農産物貿易の動向、および開発途上国の農産物貿易収支の推移を整理したものである。紙幅の制約も考慮して、5年おきの数値を取り上げることとしたが、30年間の大まかな動きは把握できるものと考える。なおそれらの諸表の作成に当たっては、以下のような統計処理手続きをとったことを付け加えておきたい。

　FAOのデータベースであるFAOSTATから200カ国近い世界各国の農業生

表4-3　先進国・開発途上国別農産物輸出額（f.o.b.）の推移（1990～2020年）

（単位：1億ドル）

年	1990	1995	2000	2005	2010	2015	2020
先進国（24カ国）	2,262	2,954	2,760	4,161	6,156	6,799	7,865
開発途上国	994	1,476	1,351	2,377	4,700	5,949	7,057
世界全体	3,256	4,430	4,112	6,538	10,856	12,749	14,922

（注）　先進国は、1990年以前にOECDに加盟していた24カ国に限定した。開発途上国の農産物輸出額は、農産物の世界輸出総額と先進国（24カ国）の農産物輸出額との差額で、筆者の計算による
（出所）　FAOSTATのデータをもとに、筆者作成

表4-4　先進国・開発途上国別農産物輸入額（c.i.f.）の推移（1990～2020年）

（単位：1億ドル）

年	1990	1995	2000	2005	2010	2015	2020
先進国（24カ国）	2,390	2,964	2,771	4,304	6,009	6,612	7,687
開発途上国	1,123	1,645	1,560	2,495	5,070	6,559	7,679
世界全体	3,513	4,610	4,331	6,800	11,079	13,172	15,366

（注）　先進国は、1990年以前にOECDに加盟していた24カ国。開発途上国の農産物輸入額は、農産物の世界輸入総額と先進国（24カ国）の農産物輸入額との差額
（出所）　FAOSTATのデータをもとに、筆者が作成

産、農業貿易、食料需給等に関する各国別の統計的データや世界全体の統計データを得ることは容易であるが、しかし、農産物貿易に関する〈開発途上国〉とか、〈先進国〉というグループ別に集計された統計データが存在しないため、開発途上国全体の貿易額を掴むために、比較的数の少ない先進諸国の貿易額をまず集計し、世界全体の貿易額と先進国全体の貿易額との差額を算出して、開発途上国全体の貿易額を掴むという方法をとった。〈先進国〉に関しては、ブルインズマ編『世界農業』における分析との整合性をも考えて、先に述べたように〈1990年以前にOECDに加盟している24カ国〉をもって先進国とし、それ以外の国々を開発途上国と見做すこととした。

　本来、貿易を世界全体でみると、輸出は同時に輸入であって、理論的には世界全体の輸出額と輸入額とは一致するはずであるが、実際には表4-3および表4-4に示されているように、世界全体の農産物輸出額と農産物輸入額との間にかなりの差額が存在する。それは統計上、輸出額はf.o.b.価額（本船渡し価額）で、輸入はc.i.f.価額（保険料・運賃込み価額）で把握され、集計

表4-5　先進国・開発途上国別農産物収支の推移（1990〜2020年）

(単位：1億ドル)

年	1990	1995	2000	2005	2010	2015	2020
先進国（24カ国）	△128	△10	△11	△143	147	187	178
開発途上国	△129	△169	△209	△118	△370	△610	△622

(注)　△印は赤字を表わす
(出所)　表4-3、表4-4をもとに、筆者作成

されているからである。2015年および2020年では400億ドル以上の差額が存在するが、その差額は保険料および運賃によるものであって、その額の大半が先進国に流れていることも知っておく必要がある。

　図4-1に示されていたように、開発途上諸国の農産物貿易収支は、1961年から1990年代初めまでほぼ一貫して黒字基調で推移し、その後、赤字と黒字を交互に繰り返し、2000年にはかなりの赤字を計上するという形で終わっていたが、筆者が整理した表4-5によると、その赤字基調が2000年代以降は常態となり、しかも2010年以降、その赤字幅は急拡大し、2010年には370億ドル、2015年、2020年はともに600億ドルを超える赤字を示すに至っている。ブルインズマが予測した、〈2030年までに開発途上国の農産物貿易の赤字は310億ドルに達するであろう〉という見通しは、早くも2010年代に達成されていて、2015〜20年にかけてその額は2倍にまで達しているのである。

　そのような開発途上国の赤字拡大をもたらした最大の要因は、中国における農産物貿易における赤字拡大である。中国の農産物貿易収支の赤字額は、1990年代の前半期には年平均30億ドル程度の水準であったが、1990年代後半期から急激に拡大し始め、2000年代に入ってからは100億ドル台まで、さらに2010年以降では500億ドル台まで拡大し、2020年には何と1,260億ドルという膨大な赤字を計上するに至っている。しかし、そのような中国の膨大な農産物貿易収支の赤字がありながら、2020年の開発途上国全体の赤字額が中国の赤字額の約半分の額にとどまっていることは、開発途上国の中にWTO体制下での農業貿易の一層の自由化によって、大幅な農産物貿易黒字をもたらすことのできた国が存在することを示してもいる。

　一方、24カ国からなる先進国の農産物貿易収支は、日本のように飛び抜け

て農産物貿易収支の赤字額が大きい国（2020年の日本の農産物貿易の赤字額は510億ドル）が含まれているのにもかかわらず、表4-5に示されているように、WTO成立以降、農産物貿易収支の赤字額は急速に小さくなり、2010年以降は黒字基調となっているのであって、WTO体制下での農業貿易の一層の自由化は先進国側に有利に働いていることが窺える。

　表4-3および表4-4の統計的な整理は、190カ国以上に及ぶ世界の国々のうち1990年以前にOECDに加盟していた24カ国を先進国、その他の国々を開発途上国と便宜的に区分したうえで、その開発途上国全体の農産物貿易の動向を整理しているにすぎない。そのように区分された開発途上国の中にはすでにOECDに加盟した15カ国や、また中国のようにGDP世界第2位の国も含まれているのであって、そうした国々を含む170カ国ほどの国々を一括りとした開発途上国の動向を探ってみても、それはほとんど意味をなさないと言ってよい。問題は、それらの開発途上国の中で農業貿易の一層の自由化によってより多くの経済的利益を得ることができるようになった国々と、逆に経済的利益を失い、食料安全保障が脅かされ、国民の生活がますます苦境に追いやられてきている国々の状況を的確に掴み、農業貿易システムのあり方を考えていくことである。

●農産物貿易黒字を拡大させるケアンズ・グループ内の開発途上国

　多くの開発途上国の中には、農業貿易の一層の自由化の恩恵を被って農産物輸出の拡大を図ることができ、膨大な貿易黒字を計上している国々も存在する。周知のようにGATTのウルグアイ・ラウンド貿易交渉において、農業貿易の自由化を強く望んだ国々として知られる「ケアンズ・グループ」と呼ばれる国々のうちの開発途上国がそれである。

　ウエッブ上のケアンズ・グループのホームページによると、現時点（2022年1月現在）でのケアンズ・グループの公式メンバーは、アルゼンチン、オーストラリア、ブラジル、カナダ、チリ、コロンビア、コスタリカ、グアテマラ、インドネシア、マレーシア、ニュージーランド、パキスタン、パラグアイ、ペルー、フィリピン、南アフリカ、タイ、ウルグアイ、ベトナムの19カ

表4-6 ケアンズ・グループに属する開発途上国の16カ国農産物
貿易収支（1990～2020年）　　　　　　　　　　　（単位：1億ドル）

年	1990	1995	2000	2005	2010	2015	2020
農産物輸出総額	401	638	600	1,123	2,363	2,642	2,967
農産物輸入総額	137	323	288	390	856	1,081	1,370
農産物貿易収支	264	315	312	732	1,507	1,561	1,597

(注)　1億ドル未満は四捨五入。表中の数値は、ケアンズ・グループ19カ国のうち、先進国であるオーストラリア、カナダ、ニュージーランドを除いた16カ国の数値
(出所)　FAOSTATからのデータをもとに、筆者作成

表4-7 ケアンズ・グループ主要開発途上国の農産物貿易黒字の
動向（1990～2020年）　　　　　　　　　　　（単位：1億ドル）

年	1990	1995	2000	2005	2010	2015	2020
アルゼンチン	68	89	94	170	311	311	296
ブラジル	65	72	85	274	548	644	750
インドネシア	12	6	9	57	181	173	181
タイ	38	63	47	83	192	182	195
計	183	230	235	584	1,232	1,310	1,422

(注)　1億ドル未満は四捨五入
(出所)　FAOSTATからのデータをもとに、筆者作成

国である。その中から1990年以前にOECDに加盟しているオーストラリア、ニュージーランド、カナダの3カ国を除いた16カ国を開発途上国と見做し、その16カ国の農産物貿易の動向を示したのが表4-6である[3]。

先に示した表4-5における開発途上国全体の農産物貿易収支と比べると、ケアンズ・グループに属する開発途上国の農産物貿易収支の違いは明白である。ケアンズ・グループに所属する開発途上国の農産物貿易収支は、WTO成立前の1990年に264億ドルの黒字を計上しているが、その黒字幅は、2005年以降、急速に拡大し始め、2010年代に入ると年当たり1,500億ドルを超える黒字幅を記録し続けている。明らかにこれは、WTO成立以降の農業貿易の一層の自由化によって農産物の輸出量（額）が拡大し、それに伴って農産物貿易収支の黒字拡大がもたらされたものと判断することができる。

しかしケアンズ・グループ全体としては農産物貿易収支の黒字拡大が見られるとはいえ、ケアンズ・グループに所属する開発途上国の16カ国すべてが

年々大幅な貿易黒字を計上しているのではない。2010年代に入ってからの黒字の大部分は、表4-7に見られるようにアルゼンチン、ブラジル、インドネシア、そしてタイの4カ国によってもたらされたものである（2020年のこの4カ国の農産物貿易黒字額1,422億ドルは、ケアンズ・グループ内の開発途上国16カ国の農産物貿易黒字総額1,597億ドルの約90％に当たる）。その反面、パキスタン、フィリピン、そしてペルーの農産物貿易収支は、1990年から2020年に至るまで、ほぼ一貫して赤字基調が続いている。ケアンズ・グループに所属する開発途上国の中でもWTO体制下での農業貿易の一層の自由化がもたらしている結果に関しては、国ごとに明暗が分かれているのである。

●**農産物貿易赤字と商品貿易赤字を拡大させる後発開発途上国**

　先進国の中の農業大国やケアンズ・グループに所属する開発途上国の農業大国が、WTO体制のもとでの農業貿易の自由化によって大きな恩恵を受けているのとは裏腹に、厳しい貧困と食料不足に追いやられているのが後発開発途上国の国々である。前掲の図4-1、図4-2に示された、後発開発途上国全体の農産物貿易収支は、1980年代末に赤字になって以降、2000年に至るまで継続した赤字が続き、しかも年を追うごとに赤字幅が拡大しているのであるが、その傾向がWTO成立後から2020年に至るまでどのようになっているのかをまず確認しておきたい。

　表4-8は、FAOSTATにおいて「Least Developed Countries」というカテゴリーで示された後発開発途上国の農産物貿易の動向を整理したものであり（他の指標と比較するために、1990年の数値も付記した）、また図4-3はその後発開発途上国の農産物輸出額と農産物輸入額の推移をグラフで示したものである。FAOSTATにおける後発開発途上国の統計数値は47カ国の数値であって、現時点での後発開発途上国数46カ国よりも1カ国多くなっているが、それは2020年までバヌアツが含まれていたためである。

　表4-8に見られるように、後発開発途上国の農産物輸出額は、WTOが成立した1995年の約50億ドルから2020年の約228億ドルへと25年間に4.5倍となっているが、農産物輸入額が1995年の約81億ドルから約546億ドルへと6.7

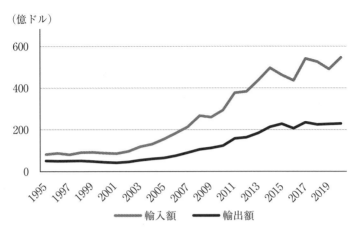

図4-3　後発開発途上国の農産物輸出入額の推移　(1995～2020年)
(出所)　FAOSTATのデータをもとに筆者作成

倍になっているため、結果として農産物貿易収支の赤字額は1995年の約31億ドルから2020年には約317億ドルへと、25年間で10倍に膨れ上がっている。かつて筆者が抱いた疑念、すなわち1996年の「世界食料サミット」の『背景資料』において示されていた農業貿易の自由化によって「食料の自力依存追求」という形の開発途上国の食料安全保障への道が開けるとする考えに対して抱いた疑念が、後発開発途上国の農産物貿易の動向からみると現実のものになりつつある、と言わざるを得ない。

　もちろん農産物貿易収支の動向だけでそのような判断を下すことは早計である。非農業部門での対外貿易が良好な状態であれば、農産物貿易の赤字を相殺し、国外からの安定的な食料輸入が可能であり、「食料の自力依存追求」という道も開けてくるからである。だが、後発開発途上国の国々にはそのような道はほとんど残されていない。表4-8に農産物貿易と一緒に示した商品貿易の収支を見れば分かるように、2000年から2020年の間で2006～08年と2010～11年には農産物貿易の赤字額が商品貿易の黒字額で若干埋め合わされているような兆候が見られるが、農産物をも含めた全商品の貿易収支は一貫して赤字であり、2012年以降は農産物貿易の赤字額にさらに非農産物貿易に

表4-8　後発開発途上国の農産物貿易・商品貿易の推移（1990～2020年）

(単位：1億ドル)

年	農産物貿易			商品貿易		
	輸出額	輸入額	差額	輸出額	輸入額	差額
1990	42.4	59.9	△17.5	16.9	25.6	△87.8
1995	50.3	80.8	△30.5	217.6	318.1	△100.5
1996	49.0	86.5	△37.5	235.9	345.8	△109.9
1997	49.9	79.8	△29.9	242.6	366.5	△123.9
1998	50.4	89.9	△39.4	234.6	379.2	△144.6
1999	47.5	91.3	△43.8	269.6	391.4	△121.8
2000	43.7	87.1	△43.4	326.1	407.5	△81.4
2001	41.0	84.8	△43.8	331.7	453.8	△122.1
2002	44.7	96.0	△51.3	362.0	490.9	△128.9
2003	53.5	117.8	△64.3	410.3	560.6	△150.3
2004	59.3	130.4	△71.1	541.9	659.2	△117.3
2005	63.9	154.9	△91.0	725.5	822.3	△96.9
2006	75.2	183.0	△107.8	916.6	961.4	△44.8
2007	89.5	213.0	△123.5	1,184.9	1,174.3	△10.7
2008	104.9	266.9	△162.0	1,527.0	1,581.2	△54.2
2009	111.6	260.0	△148.4	1,185.8	1,486.5	△300.8
2010	122.5	294.0	△171.5	1,525.0	1,642.3	△117.4
2011	157.2	376.6	△219.4	1,894.1	2,011.8	△117.7
2012	162.1	382.6	△220.5	1,874.9	2,196.4	△321.5
2013	183.3	437.7	△254.4	1,996.1	2,397.5	△401.4
2014	212.5	495.6	△283.1	1,943.4	2,744.2	△800.7
2015	227.2	462.1	△234.9	1,510.2	2,548.4	△1,038.2
2016	205.2	435.6	△230.5	1,494.6	2,439.2	△944.6
2017	234.2	540.1	△305.9	1,803.3	2,717.9	△914.6
2018	223.6	525.6	△302.0	2,066.1	2,969.9	△903.8
2019	226.3	490.1	△263.8	1,984.2	3,000.4	△1,016.3
2020	228.6	545.9	△317.3	1,810.5	2,675.1	△864.6

(注)　1,000万ドル未満は四捨五入。△印は赤字
(出所)　FAOSTATのデータをもとに、筆者作成

よる赤字額が上乗せされるという、きわめて厳しい状況が続いているからである。

　また、農産物貿易における赤字のかなりの部分は、最も基礎的な食料であ

表4-9　後発開発途上国の穀物輸出入額の推移（1990～2020年）

(単位：1億ドル)

年	1990	1995	2000	2005	2010	2015	2020
輸出総額	1.2	1.8	1.0	1.9	7.6	20.0	23.4
輸入総額	19.6	27.5	25.9	43.4	79.0	107.8	132.6
貿易収支	△18.4	△25.6	△24.9	△41.5	△71.5	△87.8	△109.1

(注)　1,000万ドル未満は四捨五入。△印は赤字
(出所)　FAOSTAT

る穀物貿易による赤字で占められていると考えられる。表4-9は1990年から2020年までの間の後発開発途上国の穀物貿易の動向を示したものであるが、表4-8に示した農産物貿易の赤字額と比較してみると、1990年時点では穀物貿易の赤字額よりも農産物貿易の赤字額が下回っており、わずかではあるが穀物貿易の赤字を他の農産物貿易の黒字で穴埋めすることができている状況であったことが読み取れる。しかし、1995年のWTO成立以降は、穀物貿易の赤字を他の農産物貿易の黒字で穴埋めすることのできるような状況は見られない。

　1995年時点での穀物貿易の赤字額は、農産物貿易の赤字額の約84％に相当するが、2020年時点での穀物貿易の赤字額は農産物貿易赤字の約34％となっている。この状況をどう読むかが問題である。一見して、農産物貿易の赤字に占める穀物貿易の赤字の割合の減少は、後発開発途上国における穀物輸入量の減少であるかに思われるが、しかし、穀物貿易の赤字額が拡大の一途をたどっている中でのその割合の減少ということを考えるならば、穀物貿易の赤字額の拡大幅以上に他の農産物貿易の赤字額の拡大幅が大きくなり、もはや穀物貿易の赤字を他の農産物輸出で穴埋めするようなことは困難となってしまっていると考えるほかない。しかもすでに見たように農産物貿易の赤字額を農産物以外の商品輸出で縮小できるどころか、さらに商品貿易全体の赤字額が拡大し続けている、というのが現時点の後発開発途上国が置かれている現実である。

　WTO成立以降の後発開発途上国の農産物貿易の動向、商品貿易の動向、さらには穀物貿易の動向を見てきたが、後発開発途上国に関する限り、それ

らの経済指標の動向や状況からして、国外からの安定的な食料輸入を通じて食料安全保障を実現するという、「食料の自力依存追求」の道の展望は開けていないし、将来的にもきわめて困難な道であると考えざるを得ない。

その一方で、かつてOECDの報告書で示されていたような見解、WTO体制のもとで後発開発途上国の食料自給が促進されていくという傾向が見られるのか否かの検討もまた必要である。節を変えて、その点を検討してみることとしたい。

Ⅲ．後発開発途上国の食料需給の動向と現状 [検証その２]

（１）世界の穀物生産と世界人口の動向についての概観
●世界の穀物生産とその大陸別分布の状況

WTO体制の成立によってもたらされた農業貿易の一層の自由化が、開発途上国の食料自給の促進や食料安全保障の助長につながっているのか否かを検証するという本章での課題に関して、前項では農産物貿易における動向を探り、その動向における変化から一定の判断材料を得ることはできたと考えるが、しかし食料自給とか食料安全保障という問題に関しては、なお多面的な検証作業が必要である。農業貿易の一層の自由化は、先進国、開発途上国を問わず、世界各国の〈食料需給〉に大きな影響をもたらすはずだからである。

ところで、〈食料需給〉という場合の食料としては、多種多様な食べ物、食材が含まれることになるが、しかし本章においてそれら多種多様な食べ物を取り上げることは不可能であって、以下では人間にとって最も基礎的な食材であり、最も重要な食料である穀物に焦点を当てて検討を加えていくこととしたい。穀物が人間にとって最も重要な食料であると言うのは、人間は穀物の直接消費を通じてカロリーを摂取するだけではなく、飼料用穀物によって育てられた畜産物の消費を通じても間接的に穀物からカロリーを得ており、それらを合わせると生きていくために必要なカロリーの60％以上を穀物から得ていることになるとされているからである（荏開津 1994：46-47）。

表4-10 世界の作目別穀物生産の推移（1990～2020年）

(単位：100万トン)

年	1990	1995	2000	2005	2010	2015	2020
小麦	591（100）	539	583	625	640	742	761（129）
コメ	519（100）	547	598	634	694	732	757（146）
トウモロコシ	484（100）	511	589	707	853	1,053	1,162（240）
三大穀物計	1,594（100）	1,598	1,771	1,966	2,188	2,527	2,680（168）
その他穀物	358（100）	287	279	285	360	307	316（88）
穀物総計	1,952（100）	1,885	2,050	2,251	2,548	2,834	2,996（205）

(注) 100万トン未満は四捨五入。カッコ内の数値は、1990年の数値を100とした指数
(出所) FAOSTATのデータをもとに、筆者作成

　一国の穀物需給の動向を探るためには、穀物の国内生産量、輸出量、輸入量の変化や穀物自給率、さらには人口の変化に合わせての1人当たりの供給可能量や消費量といったことも重要な指標となるであろう。以下では、後発開発途上国の中でもより深刻な食料問題を抱えるサブサハラ地域の国々に焦点を当てながら、WTOの成立を画期として穀物需給にどのような変化が生じているのかを探っていきたいと考えるが、それに先だって世界の穀物生産の動向について概観しておくこととしたい。

　周知のように、狭義の穀物はイネ科の植物の種子をさすが、中でも食料として重要な穀物は「世界三大穀物」と呼ばれる小麦、コメ、そしてトウモロコシである。その世界三大穀物の生産量、およびその他の穀物を含むすべての穀物生産量についての過去30年間のおおまかな推移（1990～2020年）を見ておくとすると、表4-10のとおりである。

　FAOSTATから得られる1961年以降の統計データによると、世界三大穀物と言われる小麦、コメ、そしてトウモロコシの世界全体での生産量は、1960年代から2000年に至るまではほぼ同じような生産量と増加量で推移していたが、2000年代に入ってからはトウモロコシの生産量が急激に増加し、現時点ではその生産量は小麦やコメの約1.5倍となっている。このトウモロコシの急激な生産拡大をもたらした一因は、周知のように2000年代に入った頃から地球温暖化対策と称して化石燃料の代替燃料としてバイオエタノールへの関心が高まり、トウモロコシがその原料として使用されるようになったこ

表4-11 世界穀物生産の大陸別分布とその推移（1990～2020年）

（単位：100万トン）

年	1990	1995	2000	2005	2010	2015	2020
北アメリカ	369（100）	327	394	417	447	485	500（136）
南アメリカ	98（100）	126	138	157	187	238	290（296）
ヨーロッパ	494（100）	364	379	418	406	504	526（106）
アフリカ	93（100）	95	108	136	165	186	208（224）
アジア	873（100）	944	996	1,087	1,219	1,383	1,444（165）
オセアニア	24（100）	28	35	35	35	38	28（117）
世界総計	1,952（100）	1,885	2,050	2,251	2,458	2,834	2,996（153）

（注）　100万トン未満は四捨五入。南アメリカは、メキシコ以南のラテン・アメリカ諸国およびカリブ諸国。カッコ内の数値は、1990年の数値を100とした指数
（出所）　FAOSTATのデータをもとに、筆者作成

とにある（その詳細については、坂内ほか 2008、を参照されたい）。

　表4-10に見られるように、1990～2020年の30年間で世界三大穀物の生産量は1.68倍まで、またその他の穀物を合わせたすべての穀物生産量も1.53倍まで増加している。しかしそれはあくまでも世界全体のことであって、その生産量の伸びにはかなりの地域差が存在する。と同時に、食料需給という観点からすると、穀物生産の伸びとともに重要なのが世界人口の伸びである。

　表4-11は、その30年間の穀物生産の大陸別分布を示したものであるが、世界平均以上の生産増を示しているのは、南アメリカ、アフリカおよびアジアの地域である。とくに、南アメリカの生産量の伸びは2.96倍と最大の伸びを示しているが、その大幅な増大をもたらしたのはブラジルとアルゼンチンにおける生産増で、しかも主としてトウモロコシの生産増によるものである（ちなみに、FAOSTATからのデータに基づいて筆者が計算したところによると、この30年間でブラジルの穀物生産量は3.8倍、トウモロコシの生産量は4.8倍まで増加し、またアルゼンチンの穀物生産量は4.5倍、トウモロコシの生産量は10.8倍まで増加している）。

　南アメリカ地域ほどではないが、アジアとアフリカの両地域が世界平均以上の伸びを示していることは注目すべきである。この両地域に後発開発途上国の国々のほとんどがまたがっており、かつまた世界の栄養不足人口の大部

分が集中しているからである。アジア地域の場合の1990〜2020年の穀物生産の伸びは、世界平均よりもわずかに高い1.65倍であるが、それに対してアフリカ地域の場合は2.24倍と世界平均よりもかなり高く、南アメリカ地域に次いで高い伸びを示している。その点だけを捉えてみれば、アフリカ地域の栄養不足人口の大幅な減少や食料自給の大幅な向上がこの30年間でなされつつあるかのように思われるが、しかし問題はこの30年間における両地域での人口増加である。以下、その点について見ていくこととしよう。

●世界人口の大陸別分布と大陸別１人当たり穀物生産量の状況

　表4-12は、1990〜2020年の世界人口の大陸別分布とその推移を示したものである。その30年間のアジア地域とアフリカ地域の人口増加を比べてみると、アジア地域が1.44倍の増加であるのに対してアフリカ地域は2.13倍も増加しているのである。その人口増の変化をもとに、人口１人当たりの穀物生産の変化量を計算してみると、表4-13に示したように、増加量はアジア地域が約15％であるのに対して、アフリカ地域の場合はわずか５％ほどという計算になる。しかも問題は、比較のための基点である1990年のアフリカの１人当たりの穀物生産量の低さである。

　よく知られているように、現在、世界全体で生産されている穀物量は、世界の人々が生きていくために必要な量を充たしている。表4-13に示した1990年の世界全体の１人当たり生産量である366キログラム、そして2020年の１人当たり生産量である376キログラムは、世界全体で生産された穀物を均等に分配すれば世界中の人々すべてが１年間に消費可能な穀物量を表わしているのであって、計算上では1990年段階においても、また2020年段階においても世界中の人々は１日当たり１キログラム以上の穀物を消費することが可能、ということになる。

　１キログラムの穀物を食事に用いるならば2,500キロカロリー以上の食用エネルギーを得ることが知られており、さらにイモ類や野菜、果物などから得られるエネルギーを加えると、3,000キロカロリーを超える量となって、大人１人が摂取できるカロリー量としては十分な量であるとされている（金

表4-12　世界人口の大陸別分布とその推移（1990～2020年）

（単位：100万人）

年	1990	1995	2000	2005	2010	2015	2020
北アメリカ	279（100）	294	312	327	343	357	368（132）
南アメリカ	442（100）	483	521	557	591	623	653（148）
ヨーロッパ	720（100）	726	725	729	736	743	747（104）
アフリカ	630（100）	717	810	916	1,039	1,182	1,340（213）
アジア	3,226（100）	3,493	3,741	3,977	4,209	4,433	4,641（144）
オセアニア	27（100）	29	31	33	36	39	42（145）
世界合計	5,327（100）	5,744	6,143	6,541	6,956	7,379	7,974（150）

（注1）　100万人未満は切り捨てたため、大陸別合計と世界合計の数値には若干ズレが生じている
（注2）　南アメリカは、メキシコ以南のラテン・アメリカ諸国とカリブ諸国
（出所）　国連人口統計データベースからのデータをもとに、筆者作成

表4-13　大陸別1人当たり穀物生産量の変化（1990～2020年）

（単位：1キログラム）

年	1990 (a)	2020 (b)	増加率 (b)÷(a)
北アメリカ	1,323	1,359	1.03
南アメリカ	222	442	1.99
ヨーロッパ	686	704	1.03
アフリカ	148	155	1.05
アジア	271	311	1.15
オセアニア	889	667	0.75
世界全体	366	376	1.03

（出所）　表4-11および表4-12をもとに、筆者作成

田 2005：79-80）。また、近年の日本人1人／1日当たりの平均摂取カロリーは1,900キロカロリー弱であるという指摘（清水 2016：51）、さらに2010年のFAOのデータに基づいて主要国の1人当たりの年間穀物使用量（食用穀物＋飼料穀物）を算出したところ、日本の場合は333キログラムであるという試算結果も見られる（清水 2016：165 表8・4）。それらのことを考えるならば、計算上では世界中の人々が飢えることなく暮らすことができるだけの穀物生産がなされている計算となる。

　だが現実は、それとは大きく異なっている。表4-13に見られるように、

表4-14 世界穀物貿易の大陸別推移（1980〜2020年）

(単位：100万トン)

年	1980	1990	1995	2000	2005	2010	2015	2020
北アメリカ	133.2	112.7	119.8	103.2	93.4	101.7	98.2	111.6
南アメリカ	△15.4	△9.9	△14.4	△18.0	△9.9	△5.0	9.5	25.7
ヨーロッパ	△53.6	△8.3	18.3	18.9	33.7	46.8	99.4	118.7
アフリカ	△17.2	△24.6	△31.5	△43.0	△51.0	△62.3	△78.7	△86.2
アジア	△63.3	△77.0	△97.1	△80	△77.8	△98.4	△137.3	△160.8
オセアニア	19.2	14.3	95.0	21.8	17.4	19.3	22.5	12.7

（注1） 北アメリカはアメリカ合衆国とカナダ、南アメリカはメキシコ以南のラテン・アメリカで、カリブ海地域の国々を含む
（注2） △印はマイナスで純輸入量、正の値は純輸出量を表わす
（出所） FAOSTATのデータをもとに、筆者作成

　アジア地域やアフリカ地域の1人当たり穀物生産量では、均等に分配したとしても1日1キログラムの消費は不可能である。とくにアフリカの場合は、1990年から2020年までの30年間に穀物生産量は2.24倍となったにもかかわらず、人口増加もまた2.13倍となったため、わずか年間1人当たり7キログラムの増加にとどまっているのである。その結果としての2020年での1人当たり生産量（供給量）が155キログラムという数値は、1日当たりに換算すると約425グラムの穀物量であって、その穀物から得られる食事カロリー量のみでは生存不可能、ということになる。

　アジア地域の場合は、年間1人当たり311キログラムの生産量であり、その数値は2010年時点での日本人の年間消費穀物量であると試算されている333キログラムに近づいているとはいえ、それはあくまでもアジア地域全体の平均値であり、現実には日本のように国内生産のみでは大幅な不足状態にある国も存在するのである。

　言うまでもなく、この地域（大陸）間での穀物の過不足は、地域間での穀物の輸出入で調整されていくことになる。表4-14は、1980年以降の大陸別穀物貿易のおおまかな動向を示したものである。見られるように、1980年時点ではまだアジア、アフリカと並んで穀物の純輸入地域であったヨーロッパと南アメリカが、2000年以降、相次いで穀物の純輸出地域へと転換し、しかもヨーロッパは2020年時点では最大の穀物の純輸出地域となっている。その

一方でアジア地域、アフリカ地域の穀物輸入量は年を追うごとに拡大しているというのが、世界の穀物貿易の実情である。

　以上のような世界全体での穀物生産および人口増加の動向を踏まえたうえで、以下では後発開発途上国、とくに深刻な食料問題を抱えているサブサハラ・アフリカ（Sub-Saharan Africa）と呼ばれる地域の国々に焦点を当て、その食料需給の動向を探っていくこととしよう。

（2）サブサハラ地域における後発開発途上国の食料需給の動向
● サブサハラ地域におけるWTO加盟後発開発途上国の食料需給の状況

　周知のように、後発開発途上国が集中し、いずれも深刻な食料問題を抱えているのが、サブサハラ地域の国々である。すでに明らかにしておいたように、後発開発途上国46カ国のうち33カ国がサブサハラ地域に属する国々であるが、その33カ国のうちの多くがWTO加盟国でもある。WTO体制の成立によってもたらされた農業貿易の一層の自由化が、開発途上国の食料自給の促進や食料安全保障の助長につながっているか否か、を検証するという本章での考察課題から考えると、サブサハラ地域は、格好の考察対象と言える地域である。

　サブサハラ地域の後発開発途上国である33カ国のうち、現時点（2022年現在）でのWTO加盟国は26カ国である。その26カ国のうち、25カ国はWTOの成立直後（1995～97年）に加盟した国々であるが、唯一、リベリアのみが2016年の加盟である。WTOの成立によってもたらされた〈農業貿易の一層の自由化〉が貿易当事国にどのような影響を与えているかを掴む、という本章での課題から考えて、WTO加盟後の歴史が浅いリベリアは除外し、以下ではサブサハラ地域の後発開発途上国であり、かつまたWTO加盟国として四半世紀の歴史を持つ25カ国を対象として、それらの国々の食料需給の状況を追っていくこととしたい。

　表4-15は、サブサハラ地域におけるWTO加盟後発開発途上国25カ国（以下では、この25カ国を「WTO加盟LDC25カ国」と表記する）の穀物生産の推移を示したものである。1990年以降、2020年に至るまでの30年間に25カ国の穀

表4-15 サブサハラ地域におけるWTO加盟LDC25カ国の穀物生産の推移（1990～2020年）

(単位：1,000トン)

年	1990 (a)	1995	2000	2005	2010	2015	2020 (b)	(b)/(a)
アンゴラ	249	296	520	915	1,182	2,020	2,428	10.1
ベナン	546	734	993	1,152	1,333	1,643	2,203	4.0
ブルキナファソ	1,518	2,308	2,279	3,650	4,561	4,190	5,123	3.4
ブルンジ	293	269	255	297	323	260	466	1.6
中央アフリカ	89	113	166	231	249	132	136	1.5
チャド	601	907	930	1,824	3,248	2,453	2,882	4.8
コンゴ民主共和国	1,491	1,479	1,572	1,523	2,591	3,121	3,551	2.4
ジブチ	0	0	0	0	0	0	0	0.0
ガンビア	90	99	176	206	364	207	174	1.9
ギニア	1,062	1,351	1,801	2,290	2,861	3,533	4,667	4.4
ギニアビサウ	167	201	178	213	256	208	253	1.5
レソト	242	81	150	112	173	83	99	0.4
マダガスカル	2,581	2,642	2,660	3,795	5,160	4,058	4,459	1.7
マラウイ	1,413	1,773	2,631	1,302	3,610	3,002	4,028	2.9
マリ	1,771	2,189	2,310	3,399	5,339	8,055	10,352	5.8
モウリタニア	103	222	180	171	278	316	486	4.7
モザンビーク	738	1,126	1,588	1,142	2,803	1,504	1,949	2.6
ニジェール	2,135	2,246	2,126	3,667	5,264	5,465	5,878	2.8
ルワンダ	265	142	240	413	674	614	754	2.8
セネガル	977	1,187	1,026	1,433	1,768	2,152	3,641	3.7
シェラレオネ	563	408	222	825	1,145	987	1,170	2
トーゴ	484	591	741	833	1,046	1,250	1,357	2.8
ウガンダ	1,580	2,030	2,112	2,526	3,270	3,720	3,436	2.2
タンザニア	3,960	4,654	3,623	5,394	8,643	9,012	12,493	3.1
ザンビア	1,209	870	1,208	1,067	3,096	2,900	3,685	3.0
25カ国合計	24,127	27,918	29,687	38,380	59,237	60,885	75,670	3.1

（出所）FAOSTATからのデータをもとに、筆者作成

物生産量は3.1倍となっている。この穀物生産量の伸びを示す数値は、アフリカ全体の伸びを示す2.24倍よりも大きな数値である（前掲、表4-11を参照）。

　この点だけをみると、サブサハラ地域のWTO加盟LDC25カ国においては、大幅な食料自給の向上や栄養不足人口の減少がもたらされたかのようにも思われるが、先に見たアフリカ全体の状況と同じように、この間に25カ国の人

口は1990年の2億1,100万人から2020年の5億600万人へと約2.4倍まで増大しており、その人口増をもとに25カ国の1人当たり年穀物生産量を計算してみると、1990年の114キログラムから2020年に149キログラへと35キログラム増加したこととなる。だが、この2020年の149キログラムという水準は、30年前の1990年におけるアフリカ全体の平均である148キログラムにようやくたどり着いた水準であって（前掲、表4-13を参照）、栄養不足人口の大幅な解消をもたらしたと言えるような穀物生産の伸びではないのである。

　しかし、以上の動向は、あくまでもサブサハラ地域におけるWTO加盟LDC25カ国全体の平均的な動向であって、より重要なことは国別の状況とその変化である。表4-15に示した穀物生産の国別変化を見てみると、アンゴラのように30年間で約10倍にまで生産量を増加させた国もあれば、レソトのように1990年時点では24万トンの穀物生産量があったにもかかわらず、現在では半分以下の10万トンほどに減少している国も存在する。また、ジブチのように、厳しい自然環境のもとにあるため農業そのものがほとんど成り立たないような例外的な国もある。

　アンゴラのように生産量を10倍近く伸ばした国では、食料問題は大きく改善されているのか否か、レソトやジブチのような国の食料問題はどのようになっているのかが問題である。さらに考えれば、25カ国の人口規模も大きく異なっている。コンゴ民主共和国のように約9,000万人の国からジブチのように100万人に満たない国も存在するのであって、いま少し多面的に各国の食料需給の状況を把握することが必要である。

●後発開発途上国の食料事情を判断する指標とはなり得ない穀物自給率

　一国の食料事情や食料需給を論ずるときにしばしば取り上げられる経済指標の1つが、「穀物自給率」と呼ばれる指標である。穀物自給率は、穀物の国内消費量に占める国内生産量の割合であって、その比率を求める計算式は、〈国内生産量÷国内仕向け量×100〉である。「国内仕向け量」とは、国内消費に向けられた数量、すなわち〈国内生産量＋輸入量－輸出量〉である。

　通常、「日本の穀物自給率は27％」という場合の穀物自給率は、日本国民

が必要とする穀物のうち、わずか27％しか国産の穀物で賄うことができていない、あるいは国民が必要とする穀物のうち73％は外国産の穀物に依存している、ということを表わした指標であって、日本の食料事情の一端を判断する材料となりうる指標である。だが、サブサハラ地域の後発開発途上諸国に関しては、穀物自給率という指標は各国の食料事情や食料需給を判断するための有効な判断材料とはならないのである。と言うのは、穀物自給率を算出するための分母となる国内仕向け量そのものの内実が、日本のような先進国の場合とはまったく異なっているからである。

　先進国である日本の場合、穀物自給率の算出に使われる穀物の国内仕向け量は、基本的に日本国民が飢えることなく1年間に消費した穀物量であり、日本国民が必要とする穀物量を充たした供給量でもある。だが、後発開発途上国の国々、とりわけサブサハラ地域におけるWTO加盟LDC25カ国のいずれもが多くの栄養不足人口を抱えた状況に置かれているのであって、それらの国々の穀物の国内仕向け量は、すべての国民が必要とする穀物を充たすことができた量ではなく、単にその年々に輸入を通じて確保し得た穀物量と国内生産量を加えた数量にすぎないのである。

　そのような国内仕向け量をもって穀物自給率を計算したとすると、どのような穀物自給率になるのか、タンザニアを一例として示してみよう。タンザニアの2020年の国内穀物生産量は1,249万トンである。それに対して、タンザニアが国内消費に向けることのできた穀物量、すなわち国内仕向け量は1,277万トンであって、それをもとに穀物自給率を計算すると、タンザニアの2020年の穀物自給率は98％となる。この計算数値だけをみると、タンザニアは穀物の自給をほぼ達成できているということになるが、しかし、FAOが明らかにしているタンザニアの栄養不足人口比率は、2018〜20年の3カ年平均で25％という高水準にとどまっているのである。国民の4人に1人が飢えに苦しんでいるという状況を解消するためには、もっと多くの穀物輸入が必要であるにもかかわらず、それだけの穀物を輸入できないがために、計算上ではきわめて高い穀物自給率になるのであって、そのような穀物自給率を計算してみたとしても、それはタンザニアの食料事情や食料自給を判断する

ための有効な指標とはなり得ないのである。

　周知のように、サブサハラ地域のほとんどの後発開発途上国において深刻な食料不足が続いている。そのような国々の食料事情を考えるためには、すべての国民が飢えに怯えることなく生きていくに必要な穀物量を国内仕向け量が充たしているか否か、不足しているとすればどの程度不足しているのかといった問題の検討が不可欠であり、そのことを把握するためにはいま1つ別の指標が必要である。

●1人当たり穀物生産量と1人当たり穀物供給量の状況

　穀物自給率が後発開発途上国の食料需給や食料事情を判断する有効な指標ではないとするならば、いかなる指標が必要であろうか。

　サブサハラ地域における後発開発途上国の穀物自給率についての問題が、その算出に当たって基準となる穀物の国内仕向け量にあるとするならば、その国内仕向け量が一人ひとりの国民にとってどれだけの穀物量を提供できているのか、また国産の穀物量ではどれだけの穀物量を提供することができているのかを明らかにし、その指標をもってそれぞれの国の食料需給や食料事情を判断していくことが必要であろう。

　表4-16は、各国の生産量および国内仕向け量（生産量＋純輸入量）を各国人口数で除して算出した、1人当たり穀物生産量および1人当たり穀物供給量（1人当たり穀物の国内仕向け量）を示したものである。まず、1990年から2020年までの30年間におけるWTO加盟LDC25カ国全体の1人当たり穀物生産量と1人当たり穀物供給量の変化を確認しておくと、1人当たり穀物生産量は114キログラムから149キログラムへと35キログラム増加し、また1人当たり穀物供給量は130キログラムから177キログラムへと47キログラム増加している。サブサハラ地域のWTO加盟LDC25カ国の人々が現時点で確保できている穀物を均等に分けあうとすると、180キログラム弱の穀物を消費できるというのが実情である。

　国民1人が飢えに苦しむことなく暮らすことができるためには、どれだけの穀物が必要であるのかという点に関して定説はないが、すでに述べたよう

に1日当たり1キログラムあれば必要な食事カロリーが確保されるということから考えて、ひとまず年間1人当たり365キログラムがその基準であると考えると、その基準を超えている国はマリ、ジブチ、ギニアのわずか3カ国ということになる。圧倒的多数の国々はその基準以下で、サブサハラ地域のWTO加盟LDC25カ国の平均は、2020年に至ってもその基準の2分の1以下にとどまっているのが実状である。

　もちろん、1日当たり1キログラム以下であっても、穀物以外の食物から必要なカロリーが得られれば、人間は健全な状態で暮らすことが可能である。しかし、その水準が半分以下、すなわち年間180キログラム以下のような水準になってしまうと、おそらく健康な状態で国民が暮らしていくことは不可能となるであろう。しかもそれは、あくまでも均等に配分した場合の数値であって、現実には国民の間で穀物分配に差違が生じるということを考えれば、そうした国々には多くの栄養不足人口が必然的に発生することとなる。

　表4-16に見られるように、1人当たり穀物生産量が180キログラム水準に達しない国は25カ国のうち17カ国も存在し、また国外からの輸入穀物を加えた1人当たり穀物供給量（国内仕向け量）が180キログラム水準に達しない国は依然として9カ国も存在する。しかし、問題は1990年段階よりも2020年段階の1人当たり穀物生産量が減少している国が25カ国のうち9カ国に達しているという点である。本章での課題であるWTOの成立によってもたらされた農業貿易の一層の自由化が開発途上国、とりわけ後発開発途上国の食料自給の向上や食料安全保障の促進につながっているのか否かという問題に関して言えば、1日当たり1キログラムの水準を超えているマリ、ジブチ、ギニアの3カ国については、筆者が抱いていた疑念は妥当しなかったと言わざるを得ないように思われるが、しかし1990年段階よりも2020年段階での1人当たり穀物生産量が減少している9カ国に対しては、明らかに農業貿易のより一層の自由化が食料自給の向上や食料安全保障の促進にはつながっていないと言わざるを得ないであろう。

表4-16 サブサハラ地域におけるWTO加盟LDC25カ国の1人当たり穀物生産量および1人当たり穀物供給量の推移（1990〜2020年）

（単位：1キログラム）

年	1990		2000		2010		2020	
	生産量	供給量	生産量	供給量	生産量	供給量	生産量	供給量
アンゴラ	21	42	32	45	51	61	74	108
ベナン	110	150	145	153	145	148	182	257
ブルキナファソ	172	184	196	211	292	309	245	262
ブルンジ	54	54	40	43	373	43	39	51
中央アフリカ	32	34	46	46	57	57	28	31
チャド	101	102	111	111	272	280	176	180
コンゴ民主共和国	43	52	33	37	40	46	40	47
ジブチ	0	42	0	44	0	165	0	452
ガンビア	95	175	134	203	203	281	72	183
ギニア	167	196	219	248	281	307	355	433
ギニアビサウ	172	218	148	211	168	206	129	209
レソト	142	202	74	141	87	205	46	110
マダガスカル	223	232	169	184	244	251	161	181
マラウイ	150	164	236	238	248	260	211	218
マリ	210	214	211	217	355	366	511	531
モーリタニア	51	105	68	112	80	206	105	265
モザンビーク	57	92	90	108	119	158	62	130
ニジェール	266	278	188	204	320	332	243	273
ルワンダ	36	39	30	35	67	90	58	83
セネガル	130	223	105	184	140	234	218	342
シエラレオネ	130	161	48	75	179	197	147	202
トーゴ	128	153	151	169	163	181	164	212
ウガンダ	91	90	89	95	101	109	75	89
タンザニア	157	156	108	122	195	218	209	214
ザンビア	151	167	116	121	228	224	200	202
25カ国計	114	130	107	121	158	177	149	177

（注）1人当たり供給量＝国内仕向け量÷総人口。国内仕向け量＝国内生産量＋輸入量－輸出量
（出所）FAOSTATおよび国連人口統計データベースからのデータをもとに、筆者作成

●サブサハラ地域における後発開発途上国の国際貿易と栄養不足人口の動向

　食料として最も重要な財である穀物に焦点を当てて、サブサハラ地域のWTO加盟LDC25カ国の食料需給の状況を見てきたが、WTOの成立によっ

て生じた農業貿易の一層の自由化が開発途上国、とりわけサブサハラ地域の後発開発途上国の国々の食料自給の向上や食料安全保障の促進につながってきているか否かを総合的に判断するためには、さらにWTO加盟LDC25カ国の農産物貿易および商品貿易の動向、そして栄養不足人口の動向にも目を向けていく必要があるであろう。

　と言うのは、国際間で取引される農産物の中には工業原料として使用されるものも含まれているが、その圧倒的部分は食料としての農産物であり、一国の農産物貿易の動向にはその国の食料事情や食料需給の状態が反映されていると考えられるからである。一般的には、農産物貿易の赤字は食料の海外依存の状態を表わしており、その背景には食料不足の状態があると考えられるし、逆に農産物貿易の黒字基調は食料の輸出余力の存在を表わしていると考えられる。しかし、たとえ農産物の赤字基調が続くとしても、その赤字を相殺するだけの商品貿易等による黒字があれば、必ずしも食料不足の状態であるとは言えないはずである。周知のように、サブサハラ地域の後発開発途上諸国においては、慢性的とも言えるような栄養不足人口の存在が見られるのであるが、その栄養不足人口の減少をもたらすような動きが農産物貿易や商品貿易の動向の中に現われているのか否か、その点もまた本章の課題である検証作業としては必要なことがらである。

　表4-17はその点を考慮し、サブサハラ地域のWTO加盟LDC25カ国の農産物貿易収支、商品貿易収支、そして栄養不足人口比率という3つの指標について、WTO成立直前の時期の状況と近年の状況とを比較・検討するために整理した統計表である。農産物貿易収支、商品貿易収支、そして2018～20年の栄養不足人口の状況についての統計データは、いずれもFAOSTATから得ることができるが、1990～92年の栄養不足人口のデータについてはFAOSTATからは得ることができなかった。しかし、幸いにも2000年に公表されたFAOの報告書、*The State of Food Insecurity in the World 2000*から1990～92年の栄養不足人口のデータを得ることができたため、そのデータを用い、FAOSTATからの2018～20年のデータと比較することとした。

　ごく大まかな動向であるが、WTO成立後の四半世紀間を含む約30年とい

表4-17 サブサハラ地域におけるWTO加盟LDC25カ国の農産物貿易・商品貿易・栄養不足人口の状況

(単位：100万ドル／％)

国　名	1990～92年／3カ年平均			2018～20年／3カ年平均		
	農産物貿易収支	商品貿易収支	栄養不足人口比率	農産物貿易収支	商品貿易収支	栄養不足人口比率
アンゴラ	△209	2,084	51	△2,239	18,984	17.3
ベナン	△55	11	21	△383	△1,106	7.6
ブルキナファソ	△8	△399	32	201	△927	14.4
ブルンジ	51	△158	44	△49	△689	n.a.
中央アフリカ	2	△29	37	△70	△464	48.2
チャド	73	△155	58	△95	109	36.7
コンゴ民主共和国	△112	67	37	△1,000	8,030	41.7
ジブチ	△71	△197	n.a.	△831	△308	16.2
ガンビア	△68	△163	18	△474	△523	13.6
ギニア	△57	1	37	△882	1,056	(19.7)
ギニアビサウ	△18	△760	n.a.	△23	△53	〈26.0〉
レソト	△134	△760	31	△282	△1,006	23.5
マダガスカル	182	△185	33	279	△1,167	43.1
マラウイ	294	△240	47	479	△1,946	17.3
マリ	142	△316	24	112	△1,162	10.4
モーリタニア	△78	△196	15	△670	△351	9.1
モザンビーク	△113	△734	67	△648	△2,525	31.2
ニジェール	△57	△80	42	△445	△1,143	《11.3》
ルワンダ	33	△204	37	△120	△1,355	35.2
セネガル	△223	△496	21	△989	△4,100	7.5
シエラレオネ	△286	0	45	△333	△843	26.2
トーゴ	△286	△208	29	△48	△1,175	20.4
ウガンダ	333	△349	23	673	△3,929	〈41.4〉
タンザニア	195	△1,082	31	639	△3,704	25.1
ザンビア	△50	303	40	221	633	《45.9》

(注) △印は赤字を表わす。〈 〉内の数値は、2015～17年平均の数値、《 》の数値は、2014～16年平均の数値。n.a.は不明
(出所) FAOSTAT／FAO 2021：131-133, Table A1.1／FAO 2000：27-28, Table 1

う期間を隔てて、各国の農産物貿易収支の状況がどのように変化したのか、さらには農産物貿易を含むすべての財の貿易収支である商品貿易収支の変化とともに栄養不足人口比率がどのように変化しているのかを読み取ることが

できる。

　表4-17から読み取れる比較的顕著な変化をまず指摘しておくと、1990～92年段階で農産物の純輸出国であったマダガスカル、マラウイ、ウガンダ、タンザニアの4カ国が、農産物貿易の黒字幅をさらに拡大させているものの、商品貿易収支がその農産物貿易の黒字を飲み込んで、いずれの国も膨大な赤字を計上し、しかも栄養不足人口比率は依然として高い水準で、マダガスカルに至っては33％から43％へと栄養不足人口比率がむしろ上昇し、国民の40％以上が飢えに苦しんでいるという状況が生じている。

　25カ国の中にはザンビアのように農産物の純輸入国から純輸出国に転じた国も存在するが、全体的にみると、純農産物輸入国が1990～92年段階の16カ国から2018～20年段階では18カ国へと増加していること、しかもそれらの純輸入国の多くが農産物貿易の赤字額を大幅に拡大させていることが読み取れる。

　また、サブサハラ地域のWTO加盟LDC25カ国の中には、石油、銅、コバルト、ボーキサイト、そしてダイヤモンドなどの豊富な天然資源の輸出によって、2018～20年段階では農産物貿易の赤字額を解消し、商品貿易収支における大幅な黒字を計上する国も存在する。中でもアンゴラの商品貿易収支の黒字額は飛び抜けて大きいが、しかし、2018～20年の栄養不足人口比率は依然として17％と高く、さらに商品貿易の黒字額の大きいコンゴ民主共和国における栄養不足人口比率に至っては41％と1990～92年段階よりも悪化しており、いずれの国においても商品貿易における黒字が食料不足の解消につながっていないというのが現状である。

Ⅳ．総括と展望

（1）総　括
●検証作業結果についての総括

　WTOの成立によってもたらされた〈農業貿易の一層の自由化〉が、開発途上国、とりわけ厳しい食料問題を抱える後発開発途上国の食料自給の向上

ないしは食料安全保障の促進につながっているのか否かを検証するという本章での課題に対して、多面的な角度からその検証作業を試みてきた。本章での課題に答えるためには、なお詳細な検証作業が必要であるとは思われるが、紙幅の関係もあり、これまでの検証作業によって得られた様々な事実に基づきながら、現時点での総括を試みておきたい。

① 本章での課題を検討するに当たって、「先進国」「開発途上国」および「後発開発途上国」と呼ばれる国々を確定する必要があったが、その点については、まず「先進国クラブ」と呼ばれるOECDへの加盟国をもって先進国とすることとした。ただし、現時点でのOECD加盟国である38カ国を先進国とするのではなく、本章での主たる考察が、1995年のWTO成立を画期として、それ以前の状況とそれ以降の状況との比較考量に置かれていること、とくに統計的データの連続性や整合性を保つことが必要であることから考えて、WTO成立以前、とりわけ1990年以前にOECD加盟国であった24カ国をもって先進国とすることが望ましいと判断した。したがって、その24カ国を除く、約170カ国を一括して開発途上国として取り扱うこととした。なお、後発開発途上国については、国連開発計画（UNDP）が定める基準に従って認定されている国々である。

② WTO体制のもとでの〈農業貿易の一層の自由化〉が、開発途上国や後発開発途上国の食料自給の向上や食料安全保障の促進につながっているか否かを検証するという本章での課題を解明するためには、多面的な検討が不可欠であるが、最初に農産物貿易の動向を整理し、その点からWTO成立以前と成立以後との変化を探ることとした。

③ 1961年から2000年までの先進国および開発途上国の農産物貿易の動向については、ブルインズマの整理が存在し、それによると開発途上国の農産物貿易収支は1980年代までは基本的に黒字基調で推移していたものの、1990年代初頭以降、次第に赤字基調へと転じていることが明らかで

あった。そうした兆候が現われた直後にWTO体制が成立し、以後、農業貿易の自由化が進むこととなったのであるが、筆者が1990年から2020年に至るまでの30年間にわたる先進国と開発途上国との農業貿易収支を整理したところ、1990年以降、開発途上国の農産物貿易収支は一貫して赤字傾向が続き、しかもその赤字幅は拡大の一途をたどって、2020年の赤字額は622億ドルまで達し、その一方で、先進国の農産物貿易収支は178億ドルの黒字となったことが明らかとなった。WTO体制下の〈農業貿易の一層の自由化〉は、全体としての開発途上国には不利な貿易関係をもたらす結果となっていると言わざるを得ない。

④　約170カ国にも及ぶ開発途上国の中には、WTO体制のもとでの農業貿易の一層の自由化を歓迎し、開発途上国全体の動向とは異なって、農産物貿易の大幅な黒字を実現した国々も存在する。GATTのウルグアイ・ラウンド貿易交渉の時代から農業貿易の一層の自由化を強く望んだ、「ケアンズ・グループ」と呼ばれるグループに属する開発途上国16カ国がそれである。いずれも農業部門に比較優位性を持つと考えられる国々で、中でもブラジル、アルゼンチン、タイ、インドネシアなどは、農産物の輸出機会を拡大させ、農産物貿易の黒字を大幅に拡大させているが、しかし、それらの国々は170カ国の開発途上国のうちのわずかであり、例外的とも言える国々である。また、ケアンズ・グループの一員であるパキスタン、フィリピン、そしてペルーでは、1990年から2020年に至るまでほぼ一貫して農産物貿易の赤字が続いており、ケアンズ・グループと言えども、WTO体制下での農業貿易の一層の自由化がもたらしている結果に関しては、国ごとに明暗が分かれていることが明らかになった。

⑤　ケアンズ・グループに属する開発途上国が農産物貿易の大幅黒字を計上しているのにもかかわらず、開発途上国全体の農産物貿易の赤字幅が2010年以降、急激に拡大してきているということは、近年、開発途上国の中に大幅な農産物貿易赤字を計上し続けている国が存在していること

を示している。中でもその筆頭は、中国である。中国はいまや世界最大の農産物輸入国で、農産物貿易収支は、2020年で1,262億ドルに上る赤字を計上しているが、しかしその一方で、工業化による急激な経済発展を成し遂げ、工業製品を輸出する一方で、大量の食料としての農産物を輸入するという典型的な農工間国際分業の道を歩み始め、現時点では工業製品の輸出でもって農産物貿易の赤字を埋めながら、なお5,000億ドルを超える商品貿易黒字を計上するという状態にある。しかも、1990～92年段階では栄養不足人口比率が17％という高い水準であったにもかかわらず、2009～11年段階では2.5％未満という先進国並みの水準となって、食料問題は解消された状態になっている（FAO 2000：29 Table 1／FAOSTAT）。この中国のケースは、FAOが主張する「食料の自力依存追求」という、国際分業論に基づいて自国の食料安全保障を達成している典型例であると同時に、開発途上国というカテゴリーに含まれている例外的な国のケースである。

⑥　開発途上国の中には、農産物貿易によって膨大な黒字を計上するようなケアンズ・グループに属する国々や、逆に膨大な額の農産物貿易上の赤字を記録しながらも、食料問題を解消した中国のような、いわば例外的な国も存在するが、開発途上国の中できわめて深刻な食料問題を抱え、かつまた農産物貿易の大幅な赤字を計上し続けている多数の国々が存在する。それがいわゆる後発開発途上国である。後発開発途上国の農産物貿易収支は、1980年代末に至るまで一貫して黒字基調で推移していたが、1980年代末に赤字に転換した後は、一貫して赤字を継続している。とくにWTO成立以降の四半世紀間で、後発開発途上国の農産物貿易赤字は約10倍に拡大し、しかもその赤字部分を含む商品貿易収支の赤字額も8倍から10倍程度へと拡大している。この経済指標だけをもってしても、WTO体制下の農業貿易の一層の自由化が、後発開発途上国の貿易関係に不利な作用をもたらしていることが明らかであるが、その点をより多面的に検証しておきたいと考えて、後発開発途上国のうちの圧倒的割合

を占めているサブサハラ地域の国々に焦点を当て、各国別の諸経済指標の動向を探ることとした。

⑦　サブサハラ地域の後発開発途上国は33カ国であるが、そのうち、WTO成立の直後からWTOに加盟している国々は25カ国であるため、その25カ国を対象として、それらの国々の食料需給の動向、とりわけ食料として重要な財である穀物に着目し、その検討を試みた。25カ国全体の穀物生産の状況を整理したところ、1990～2020年までの30年間で穀物の生産量は全体で3.1倍になっていることが確認され、その生産量の伸びは、予備的に整理、確認しておいた世界全体の同期間における穀物生産の伸びである1.53倍を、またアフリカ全体の同期間における伸びである2.24倍を凌ぐものであった。

⑧　比較的高い穀物生産の伸びが、各国の穀物自給率を向上させ、サブサハラ地域の国々の食料事情の改善につながっているのではないかと考え、試みに1990年から10年おきの各国の穀物自給率を算出しようとしたが、サブサハラ地域の国々にとって穀物自給率という指標は、日本の場合のような食料需給の状態を表わす指標ではなく、各国の食料需給の状況を判断するための指標とはなり得ないことが判明した。と言うのは、サブサハラ地域におけるWTO加盟の後発開発途上国は、いずれも多くの栄養不足人口を抱えているのであって、穀物自給率を産出するための分母である国内仕向け量（国内生産量＋純輸入量）の持つ内実が、日本のような先進国の場合とはまったく異なっているからである。穀物自給率の計算式に合わせて、国民が必要とする穀物量を充たし得ていない国内仕向け量を分母とし、国内生産量を除してみても、それはまったく意味のない計算数値でしかないのである。

⑨　穀物自給率がサブサハラ地域の後発開発途上国の食料需給や食料事情を判断する材料とはなり得ないことが判明した中で、筆者が試みたこと

は、各国ごとの１人当たり穀物生産量と１人当たり穀物供給量を算出し、その動向を探ることであった。多くの栄養不足人口を抱え、かつまた急激な人口増にも直面しているサブサハラの国々にとって、その食料需給や食料問題の改善の目安となるのは１人当たりの穀物供給量であると考えられるからである。１日／１人当たり１キログラムの穀物、すなわち年間１人当たり365キログラムの穀物があれば少なくとも生存に必要な食用カロリーが得られるということが知られており、その基準を参考にすれば、各国の食料事情を判断することが可能である。各国別の穀物供給量を算出したところ、2020年段階で365キログラムの水準を超えることのできた国は、マリ、ジブチ、ギニアの３カ国のみで、そのうち国内生産量のみでその水準を超えている国はマリのみであった。その一方で１人当たり穀物生産量が365キログラムの半分である180キログラム水準に達しない国は25カ国のうち17カ国、また国外からの輸入穀物を加えた１人当たり穀物供給量が180キログラム水準に達しない国は依然として９カ国も存在し、中でも1990年に比べて2020年の生産量が約10倍となったアンゴラでさえも、2020年の水準は、１人当たり生産量が74キログラム、１人当たり穀物供給量は108キログラムという状態であった。

⑩　穀物の国内生産量が少なく、国民が健全に暮らしていくための穀物が不足する場合には、国外からの輸入によってその不足分を補填する以外に方法はない。そのためには、穀物輸入のための資金（外貨）が必要であり、その資金は対外貿易によって獲得するしか方法がないが、そのためには穀物以外の農産物の輸出であるとか、農産物以外の商品輸出を拡大させ、それらの貿易収支を黒字基調に転換することが必要である。そのような動きが見られるのかどうかを確認するため、25カ国の農産物貿易収支、商品貿易収支、そして栄養不足人口比率という３つの指標について、1990〜92年の３カ年平均と、2018〜20年の３カ年平均のデータを整理した一覧表を作成し、WTO成立直前の状況と、WTO成立後四半世紀を経た時期の状況との比較考量を試みた。その結果、農産物貿易収支

に関しては、ザンビアのように赤字国から黒字国へと転じた国も見られるが、それは例外であり、25カ国全体に関して言うと、農産物収支の赤字国が1990～92年段階の16カ国から2018～20年段階では18カ国へと増加し、またそれらの赤字国の多くが赤字額を大幅に拡大させていることが確認された。

⑪　1990～92年段階で農産物貿易における黒字国であったマダガスカル、マラウイ、ウガンダ、タンザニアの4カ国は、農産物貿易の黒字幅をさらに拡大させているものの、農産物の貿易をも含む商品貿易収支をみるといずれの国も膨大な赤字を計上する状態にあり、しかも栄養不足人口比率は依然として高い水準で、とくにマダガスカルに至っては33％から43％へとむしろ上昇し、国民の40％以上が飢えに苦しむ状態になっていることが確認された。

　　また、25カ国の中には、石油、銅、コバルト、ボーキサイト、そしてダイヤモンドなどの豊富な天然資源の輸出によって、2018～20年段階では農産物貿易の赤字額を解消し、商品貿易収支における大幅な黒字を計上する国も存在する。中でもアンゴラの商品貿易収支の黒字額は飛び抜けて大きいが、しかし栄養不足人口比率は依然として17％と高く、さらに商品貿易の黒字額の大きいコンゴ民主共和国における栄養不足人口比率に至っては41％と1990～92年段階よりも悪化しており、いずれの国においても商品貿易における利益が食料不足の解消につながっていないというのが現状であった。

　以上が、第Ⅱ節および第Ⅲ節で行なった検証作業の概要である。その概要を踏まえて、筆者がかつて抱いた疑念、すなわち〈WTOの成立によってもたらされた農業貿易の一層の自由化が、多くの食料問題に苦しむ開発途上国の食料自給を向上させ、食料安全保障を助長させることにつながっていくのではなく、一層厳しい状況へと追いやっていくことになるのではないか〉という疑念について言うならば、少なくともサブサハラ地域の後発開発途上国

においては、それは〈単なる疑念ではなく、現実である〉という判断を下さざるを得ないのである。

● **補遺——WTO体制のもとで大きく変化した世界の食料自給構造——**

　本章の課題である検証作業を終えるに当たって、筆者にとって懸案事項であったいま1つの問題について付け加えておきたい。それは、本章第Ⅰ節の表4-1で紹介したマイケル・バラット・ブラウンの一覧表に示された、約90カ国の食料貿易と食料自給の状況がWTO体制下の農業貿易の一層の自由化によってどのように変化したのか、あるいは変化しなかったのか、を検証するという課題である。

　筆者なりの方法でその点の検討を試みた結果が、表4-18に示した一覧表で、それは2018〜20年の約90カ国の状況を踏まえて作成したものである。表4-18の一覧表を作成するに当たっては、ブラウンの一覧表に示されたA群「純食料輸出国であり十分な食料を持つ国」、B群「純食料輸入国であるが十分な食料を持つ国」、C群「純食料輸入国であるが食料不足の国」、D群「純食料輸出国であるが食料不足の国」という4つのカテゴリーの区分基準についてもブラウンが何ら説明を行なっていないため、それらの区分基準を確定することがまず必要であった。

　上記の課題の解明に関しては、FAOSTATのデータを利用する以外に方法が見当たらないが、そのFAOSTATからはAgricultural Products（農産物）とFood Excluding Fish（魚を除いた食料）という2つのカテゴリーでの貿易統計データを取得することが可能である。ブラウンの表現からすると後者のFood Excluding Fishを利用すべきであるようにも思われたが、しかしそのカテゴリーには加工食品等を含めた多様な食料品が含まれているため、ブラウンが意図した「食料」という概念よりも広範な概念であると考えられ、結局、前者のAgricultural Productsという区分による貿易データをもって、農産物貿易収支の黒字国を純食料輸出国、赤字国を純食料輸入国と見做すことにした。

　また「食料不足の国」の基準に関しても、ブラウンは、単に「およそ40の

第4章 開発途上国の食料安全保障とWTO農業貿易システム

表4-18 世界の食料貿易と世界各国の食料自給の状況（2018～20年）

A群 純食料輸出国であり十分な食料を持つ国		B群 純食料輸入国であるが十分な食料を持つ国		C群 純食料輸入国であるが食料不足の国		D群 純食料輸出国であるが食料不足の国	
開発途上国	先進国	先進国	開発途上国	先進国	開発途上国	先進国	開発途上国
ウルグアイ	アメリカ カナダ デンマーク アイルランド フランス オランダ イタリア スペイン ポーランド ハンガリー トルコ オーストラリア ニュージーランド	オーストリア ドイツ イギリス ノルウェー ポルトガル ルーマニア スウェーデン スイス ギリシャ 日本 韓国 イスラエル	アルジェリア 中国 ロシア*	チェコ*	カンボジア ラオス ベトナム スリランカ フィリピン バングラデシュ アフガニスタン パキスタン モンゴル サウジアラビア エジプト イラク イラン エチオピア リベリア チャド ボツワナ モーリタニア アンゴラ モロッコ ナミビア シエラレオネ モザンビーク セネガル ギニア ソマリア スーダン ザイール ニジェール ハイチ ベネズエラ パナマ ジャマイカ ドミニカ エルサルバドル	チリ	マレーシア タイ パプアニューギニア インドネシア インド ミャンマー カメルーン ケニア ガーナ ウガンダ** ケニア 南アフリカ コスタリカ ニカラグア パラグアイ アルゼンチン ホンジュラス ブルガリア マダガスカル コートジボアール

（注）＊ソ連、チェコスロバキアは解体したため比較できないが、参考までにロシア、チェコの状況を付け加えた。
＊＊ウガンダの栄養不足人口比率は、2014～16年時点のもの
（出所）FAOSTATのデータをもとに、筆者作成

国が、国民に必要なタンパクはいうまでもなく、必要なカロリーもまかなえないでいる」(Brown 1993：29〔邦訳：58〕)と説明しているのみで、何を基準として「食料不足の国」としているのかが不明であるが、しかしこの点については、近年、FAOが1年ごとに公表している世界各国の食料安全保障と栄養状態に関する報告書、*The State of Food Security and Nutrition in the World*（『世界の食料安全保障と栄養の現状』）において、〈人口比2.5％以上の栄養不足人口を抱える国〉が「栄養不足人口を抱える国」の基準とされているため、同報告書のその基準に従って人口比2.5％以上の人々が栄養不足状態にある国を「食料不足の国」とすることとした。

なお、ブラウンの一覧表では、世界の国々の区分に関して「第一世界」「第二世界」「第三世界」という区分がなされているが、現在ではそうした区分が当てはまらなくなっているため、「先進国」と「開発途上国」という区分を用いることとした。その際の「先進国」もOECD加盟国とすることとしたが、この場合の先進国は1990年までにOECDに加盟していた25カ国ではなく、2018～2020年の状況を踏まえて一覧表を作成したため、2020年までにOECDに加盟している37カ国を先進国とした（なお、現時点でのOECD加盟国は38カ国であるが、コスタリカは2021年の加盟であるため開発途上国のままとした）。

以上のような基準に従って、ブラウンが取り上げた約90カ国についての近年の農産物貿易の状況（2018～20年の3カ年平均）、および栄養不足人口（人口比2.5％基準／2018～20年時点）をもとに整理したのが表4-18の一覧表である。筆者が上記のような基準のもとに整理した一覧表と、ブラウンの一覧表とでは、区分の基準が異なり、単純に比較して云々することに問題があるが、しかし、1980年代の頃の約90カ国の食料自給の状況と今日の状況の変化を一定程度知ることは可能であると考える。単純比較することができないことを承知のうえで筆者の作成した一覧表と、表4-1に示したブラウンの一覧表とを見比べてみると、4つのカテゴリーに区分された国の位置にかなりの違いがあるように思われる。2つの一覧表の間に見られる顕著な違いを少し指摘しておくと、以下のとおりである。

まず、A群「純食料輸出国であり十分な食料を持つ国」に分類された「第

三世界」の国々の数、すなわち開発途上国の数はブラウンの一覧表では11カ国であったが、表4-18においてはわずか1カ国で、ウルグアイのみである。またブラウンの一覧表のB群「純食料輸入国であるが十分な食料を持つ国」に含まれていた「第三世界」の国々10カ国も、筆者の作成した一覧表のB群の「開発途上国」の欄ではわずか2カ国となっている。

　1980年代の頃には、一覧表のA群「純食料輸出国であり十分な食料を持つ国」に、またB群「純食料輸入国であるが十分な食料を持つ国」に区分されていた多くの第三世界の国々（開発途上諸国）がほとんど消え、C群「純食料輸入国であるが食料不足の国」やD群「純食料輸出国であるが食料不足の国」へと転じているのである。

　表4-18では、2010年にOECDに加盟したチリを先進国として扱っているため、唯一、D群の「純食料輸出国であるが食料不足の国」という状態にある先進国ということになる（ちなみに、FAOの報告書によるとチリの栄養不足人口比率は、2018～20年の3カ年平均で3.4％である）。そのチリを除いて、その他のOECD加盟国である先進国は「十分な食料を持つ国」である。

　加えて、ブラウンの一覧表と筆者が作成した一覧表との間で顕著な変化と思われる点は、ブラウンの一覧表ではD群の「純食料輸出国であるが食料不足の国」に属していた開発途上国の多くが、筆者作成の一覧表ではC群の「純食料輸入国であるが食料不足の国」に移動している点である。D群の場合は、その区分の意味を〈食料が不足している国であるにもかかわらず、国外に食料をより多く輸出している国〉と解すれば、「飢餓輸出」とも言える状況にある国であるが、しかしC群の状態もきわめて深刻な事態である。それは生きていくために不可欠な食料が国内的にも、また対外的にも十分に確保できない状態を示しているからである。このC群に属する国々の状態は、上段の議論の中で取り上げた食料安全保障の方法として、国際分業を通じて海外から食料を調達するという「食料自給の自立依存追求」という道がほとんど不可能な状態を示しているとも考えられる。

　ブラウンの一覧表と筆者が作成した一覧表とでは、4つのカテゴリーの基準が異なっている恐れは多分にあるが、しかしその基準の違いによって約90

カ国の食料貿易や食料需給や食料不足の状況に基づいた区分が大きく異なってしまったとは考えにくく、基本的には多くの国々の食料貿易や食料需給の変化を反映した区分になっていると考えられる。ともあれ、ブラウンの一覧表においては、A群やB群に区分されていた開発途上国（第三世界）の国々のほとんどがその区分から消え、いまやC群、D群に区分されるところに、WTO成立後の30年を含む40年ほどの間の農産物（食料）貿易によってもたらされた変化が現われていると言ってよい。

（2）展　望
●21世紀を乗り越えるために、新たな農業貿易システムの探究を

　本章の課題であった、WTO体制下における農業貿易の一層の自由化が、多くの開発途上国の食料自給を向上させ、食料安全保障を助長することにつながっているか否かの検証作業を終えるに当たって、WTO農業貿易システムの今後について、若干の展望を付け加えておきたい。

　第Ⅱ節および第Ⅲ節での検証作業を通じて得られた種々の結果を改めて振り返ってみると、約四半世紀間にわたるWTO体制下の農業貿易が世界各国の農業および食料事情に及ぼした影響は多様である。WTO農業貿易システムは、日本や韓国のような国を除いて、少なくとも先進国の農業大国には大きな恩恵をもたらしたと考えられるし、さらに開発途上国の中の農業大国、とくにケアンズ・グループに属するブラジル、アルゼンチン、タイ、インドネシアといった国々にも恩恵がもたらされたことは確かである。しかし、その一方でサブサハラ・アフリカ地域の後発開発途上国のように、農産物貿易における赤字転換と赤字幅の拡大、さらには商品貿易収支上の赤字幅の拡大といった事態に見舞われ、貧困と飢えの問題を解決するどころか、一層厳しい状況に追い込まれている国々が存在する。その点が大きな問題である。

　本章での考察は、WTO体制下の農業貿易システムがたどった、わずか四半世紀という歴史を踏まえた考察にすぎないが、その貿易システムは、一部の農業大国や先進国にとっては都合のよい貿易システムではあっても、多くの飢えに苦しむ開発途上国、とりわけ後発開発途上国のような国々の食料問

題を解決に導くような農業貿易システムではないのである。いまや世界のすべての国の貿易を律するような国際機関であるWTOが、後発開発途上国のような国々の経済社会をより厳しい状況に追い込むような貿易システムであってはならないはずである。だが、そのような事態が生じている、というのが現実である。

　WTOのもとで開始された「ドーハ開発ラウンド」の頓挫は、そのような現実を認識し始めた国々が、そしてまた飢えの問題や貧困の問題を解決することなくして、世界の安定や平和を確保することはできないという考えを持つ人々が、WTO体制やWTO農業貿易システムに対して、不信や怒りを表明し、それが世界的な広がりを持ち始めていることの証しである。わずか四半世紀ほど後には、世界人口は100億人に達すると予想されている。その世界中の人々が21世紀を乗り越えていくためには、飢えや貧困の問題、さらには地球環境問題を解決する方向で協力し、ともに行動し得るようなシステムが不可欠である。農業貿易という観点から言うならば、食料主権や食料安全保障が国民国家の主権であることを明確にし、そのことをいかなる国に対しても認め、食料安全保障の実現を阻害することのない農業貿易システムに変更することが必要である。そのためには、自由競争に則った市場原理をもって国際経済関係を律していくという経済観からの方向転換と、政治経済学的な英知が必要である。そうした方向転換と、新しい農業貿易システムの探究、それが農業貿易論の今日的課題であると言わねばならない。

[引用・参考文献]

荏開津典生（1994）『「飢餓」と「飽食」』講談社
應和邦昭（1995）「農産物貿易の自由化と開発途上国」『農村研究』東京農業大学農業経済学会、第80号
應和邦昭（1999）「WTO体制下の農業貿易と食料問題——食料問題からの自由貿易主義批判——」保志恂・堀口健治・應和邦昭・黒瀧秀久編著『現代資本主義と農業再編の課題』御茶の水書房
金田憲和（2005）「世界の食料問題と地球温暖化」應和邦昭編著『食と環境』東

京農業大学出版会

国際連合食糧農業機関編（1998 a）『FAO 世界の食料・農業データブック——世界食料サミットとその背景——』上巻、国際食糧農業協会訳、農山漁村文化協会

国際連合食糧農業機関編（1998 b）『FAO 世界の食料・農業データブック——世界食料サミットとその背景——』下巻、国際食糧農業協会訳、農山漁村文化協会

清水みゆき編著（2016）『食料経済〔第 5 版〕』オーム社

坂内久・大江徹男編（2008）『燃料か食料か——バイオエタノールの真実——』日本経済評論社

Bruinsma, J. (2003) *World Agriculture: Towards 2015/2030 An FAO Perspective*, London, Earthscan

Brown, M. B. (1993) *Fair Trade: Reform and Realities in the International Trading System*, London, Zed Books［ブラウン、M. B.（1998）『フェア・トレード——公正なる貿易を求めて——』青山薫・市橋秀夫訳、新評論］

OECD (1993) *World Cereal Trade: What Role for Developing Countries?* Paris, OECD

FAO (2000) 2000 *The State of Food Insecurity in the World*, Rome, FAO

FAO (2021) 2021 *The State of Food Security and Nutrition in the World: Transforming Food Systems for Food Security, Improved Nutrition and Affordable Healthy Diets for All*, Rome, FAO

第5章

日本の食料安全保障とWTO農業貿易システム
――食料自給率をめぐる議論との関連で――

Ⅰ．本章における課題について

●農産物輸入の増大と食料自給率の低下

　周知のように、日本は世界有数の農産物輸入国である。現在、世界最大の農産物輸入国は中国で、2022年時点での輸入額は2,557億ドルである。第2位がアメリカの2,005億ドル、第3位がドイツの1,112億ドル、さらにオランダの836億ドル、イギリスの713億ドルと続き、日本は第6位の654億ドルである。農産物の輸入額だけでみるならば、日本は第6位であるが、農産物輸入額の上位5カ国は、いずれも農産物の輸出大国でもあるのに対して、日本の農産物輸出額は比較的わずかであって、輸入額を輸出額でもって相殺した農産物純輸入額は、中国の1,769億ドルに次ぐ、世界第2位の589億ドルである（ちなみに、2022年の各国の農産物輸出額は、中国＝788億ドル、アメリカ＝1,917億ドル、ドイツ＝918億ドル、オランダ＝1,199億ドル、イギリス＝300億ドル、日本＝65億ドル、である）[1]。

　日本は、第2次世界大戦以後、一貫して農産物純輸入国の状態にあり、また農産物輸入額もほぼ一貫して増大し続けている。しかし、1960年代末頃まではイギリス、ドイツ（東西両ドイツのこと。以下同じ）が世界の第1、第2

を争う農産物純輸入国であり、その当時の日本は農産物輸入大国と言われるような状態ではなかった。だが、1970年代へ突入するとともに状況は大きく変わり、1970年に38億ドルであった日本の農産物純輸入額は、わずか4年後の1974年には3倍近くの107億ドルへと急増、この年、日本はドイツを抜いて世界最大の農産物純輸入国となる。

1970年代後半、日本とドイツの農産物純輸入額は拮抗状態が続くものの、1980年代に入るとともに日本の農産物純輸入額は一段と増大し、2009年に至るまでの約30年間、日本が世界最大の農産物純輸入国の状態を保ち続けたのである[2]。近年、中国の農産物輸入額が急増したため、2010年以降、世界第2位の農産物純輸入国となったが、人口約14億人の中国の農産物純輸入額1,769億ドルと、中国の10分の1以下の人口数(約1.25億人)である日本の農産物純輸入額589億ドルとを比較するならば、日本人1人当たりの食料の海外依存度がいかに大きいかが分かるであろう。

このような農産物純輸入額の増大は、日本農業の衰退の一指標であり、それは自ずと「食料自給率の低下」となって現われる。事実、表5-1に見られるように、1960年度から2022年度までの62年間に、穀物自給率(飼料用穀物を含む)は82%から29%へ、また、供給熱量自給率(カロリーベースの自給率)は79%から38%へと大幅な低下を示している。

このような食料自給率の低下を日本国民がどのように受け止めているかについて、時折、日本政府は世論調査を行なっているが、2014年に内閣府が行なった「食料の供給に関する特別世論調査」によると、〈カロリーベースの食料自給率が低い〉と感じている人は69%、〈将来のわが国の食料供給に不安がある〉と答えた人は83%、〈外国産より高くても、できる限り国内で作る方がよい〉と答えた人は91%に及んでいる[3]。

日本国民の圧倒的多数が日本の食料供給の現状に問題があり、将来の食料供給に不安を、言い換えれば日本の食料安全保障に危機感を抱いていると言ってよい。

そうした国民の意見を汲み取りながら、日本政府は食料自給率を高める方向で、食料の安定供給の確保をめざすことを表明し、その方向での食料安全

表5-1　日本の食料自給率の推移（1960～2022年）　　　　　　　　（単位：％）

年	主要農産物						供給熱量自給率	穀物自給率	主食用穀物自給率
	コメ	小麦	大豆	野菜	果物	牛肉			
1960	102	39	28	100	100	96	79	82	89
1965	95	28	11	100	90	95	73	62	80
1970	106	9	4	99	84	90	80	46	74
1975	110	4	4	99	84	81	54	40	69
1980	87	10	4	97	81	72	53	33	69
1985	107	14	5	95	77	72	52	31	69
1990	100	15	2	91	63	51	47	30	67
1994	**120**	**9**	**2**	**86**	**47**	**42**	**46**	**33**	**74**
1995	103	7	2	85	49	39	43	30	65
1998	**95**	**9**	**5**	**84**	**49**	**35**	**40**	**27**	**59**
2000	95	11	5	82	44	34	40	28	60
2005	95	14	5	79	41	43	40	28	61
2010	97	9	6	81	38	42	39	27	59
2015	98	15	7	80	41	40	39	29	61
2020	97	15	6	80	38	36	37	28	60
2022	99	15	6	79	39	39	38	29	61

（注）　穀物自給率は飼料用穀物を含む自給率
（出所）　農林水産省『食料需給表』（各年版）

保障の方策を展開している。しかし、現状としてはその方策の成果はほとんど現われておらず、しかも日本政府が展開している食料安全保障政策としての食料自給率向上に向けての方策を丹念に検討してみると、いわば「的外れ」とでも言わざるを得ないような方策も見られ、日本政府が果たして真剣に食料自給率の向上を追求しているのかどうか、はなはだ疑わしい状況も存在する。

　一方、後段で検討するように、日本政府が展開している方策とは異なる方向で食料安全保障を達成することができる（ないしはすべきである）という主張、すなわち、食料自給率の向上にこだわる必要はなく、食料の国外からの安定的な供給を通じて食料安全保障を達成すればよいという考えも存在する。もちろん、国民が必要とする食料のすべてを自国で賄い得るような国は皆無であり、大なり小なり食料の一部を国外に依存しなければならないとい

うのが現実であるが、そのような考えは、食料自給率が低下し続けている現実に危機感を抱いている圧倒的多数の国民に対して、「必要とされる食料は国外から安定的に確保することができるのであって、心配するに及ばない」と言って国民の危機感を払拭するだけの説得力を持った考えであるのかどうかである。

　いずれにせよ、食料の中心をなす農産物の輸出入は、一国の食料需給を左右する重要な要因であり、それゆえ、一国の食料自給率や食料安全保障をめぐる問題は農業貿易論における重要な検討課題である、と言わねばならない。

●食料安全保障に関する2つの考えと本章における課題

　人間が生きていくために欠かすことのできない、最も基礎的な財である食料の安定供給を確保すること、すなわち食料安全保障は、国民国家にとってきわめて重要な責務である。その食料安全保障の達成に関して、国民国家が取り得る方策として考えられる選択肢は、①可能な限り食料の国内生産を拡大し、食料自給率を向上させていく方法、②国内生産のみに限らず、輸入をも考慮に入れて、国民が必要とする食料の安定的供給を確保するという方法、の2つである。

　前者の方法に関してはとくに説明は不要であろう。この方法が望ましいという考えを、以下では「食料自給に基づく食料安全保障論」と呼ぶこととする。一方、後者の方法に関しては、若干説明が必要である。輸入をも考慮に入れて、国民が必要とする食料の安定的供給を確保するためには、何らかの財・サービス等を輸出し、食料輸入に必要な外貨を取得すること、すなわち国際分業関係が前提とならざるを得ない。この後者の方法が望ましいという考えは、「国際分業に依拠した食料安全保障論」と言うことができる。

　いずれの国も大なり小なり食料の一部を国外に依存しなければならない、という点から考えると、〈食料自給に基づく食料安全保障〉も〈国際分業に依拠した食料安全保障〉も、いわば「程度の問題」とでも言えそうであるが、しかし、一国の食料安全保障を「程度の問題」として済ますことはできないであろう。というのは、〈食料自給に基づく食料安全保障〉を追求するか、〈国

際分業に依拠した食料安全保障〉を追求するかによって国民経済のあり方や、世界経済全体が抱える問題に異なった影響を及ぼす可能性が存在する、と考えられるからである。

　食料安全保障の達成に関して、上記のような2つの考えが存在する中で、日本政府は、すでに論じたように、前者の〈食料自給に基づく食料安全保障〉が望ましい方向であると考え、国内農業生産の増大と食料自給率の向上を目指す政策展開を表明している。日本の農業経済学者の多くも、日本政府と同じように〈食料自給に基づく食料安全保障〉が望ましい方向であると考えていると言ってよいし、筆者もまたその方向が正論であると考えている。しかし、その一方では〈国際分業に依拠した食料安全保障〉の方向が望ましいとする見解も少なからず存在する。

　さらに、そうした議論に加えて、農業経済学者のみならず、日本の食料問題に関心を示すエコノミスト、さらにはマスコミの間で、わが国の食料自給率や食料安全保障に関する多様な議論が展開されてきているが、その議論の中には「謬見」と言わざるを得ない見解も多々みられ、わが国の食料自給率や食料安全保障についての考え方はいまだ混沌としていて、多くの経済学者や農業経済学者、さらには国民の間ではいまだ共通した認識に達していない、というのが実状である。そうした多様な議論を改めて整理、検討し、謬見を正し、日本がとるべき食料安全保障の方策ないし方向を明確にしておきたいというのが、本章における第1の課題である。

　ところで、農産物の輸出入は、それを取り巻く貿易システムのあり方によってもまた左右される。1995年のWTO成立を境として、農業貿易のルールないしはシステムは大きな変容を遂げ、その変容に伴って各国の農産物貿易の状況や食料需給の様相には大きな変化が生じてきている、と考えられる。本章での考察は、日本に焦点を当てた食料安全保障と農業貿易に関する1つの事例的研究であるが、前章における開発途上国に焦点を当てた事例研究と合わせて、WTO体制下の農業貿易システムが世界各国の食料安全保障に対して与える影響を分析し、世界各国の食料安全保障にとってどのような農業貿易システムが望ましいかを判断する材料を得ることも、本章でのいま1つの

課題である。

　以下では、まず第1の課題を検討することとし、その課題の検討を踏まえて、第2の課題について検討を加えていくこととする。

II．食料自給に基づく食料安全保障論

（1）日本における食料安全保障政策の展開と食料自給率をめぐる議論

●「食料・農業・農村基本法」の制定と食料安全保障政策の展開

　食料自給率の著しい低下とそれに対する国民の不安感とを汲み取りながら、日本政府が、食料安全保障に対する新しい施策の展開を明確に表明したのは、21世紀という新しい世紀を迎えようとする1999年のことである。同年7月に制定・施行された「食料・農業・農村基本法」という新しい法律の、第2条①項における「食料は、人間の生命の維持に欠くことができないものであり、かつ、健康で充実した生活の基礎として重要なものであることにかんがみ、将来にわたって、良質な食料が合理的な価格で安定的に供給されなければならない」という規定と、それに引き続く同法での諸規定がそれである。

　「食料・農業・農村基本法」は、第2次世界大戦後の日本農政を牽引する役割を長年にわたり担ってきた「農業基本法」（1961年制定・施行）にとって代わり、21世紀の日本農業・農村社会が進むべき方向を指し示す、いわば「新農業基本法」であるが、その冒頭の条項において「食料の安定供給の確保」の規定を設けていることから考えて、日本政府は、1960年代以降の食料自給率の急激な低下と1990年代半ばのWTO体制の成立による農業貿易システムの変容とによって、日本の食料安全保障が危ういものになりつつあるという現実を受け止め、その問題の解決こそが最重要の課題であるとの認識を示した、と理解してよい。

　さらに同法第2条②項においては、「国民に対する食料の安定的な供給については、世界の食料の需給及び貿易が不安定な要素を有していることにかんがみ、国内の農業生産の増大を図ることを基本とし、これと輸入及び備蓄

とを適切に組み合わせて行われなければならない」と、その基本方針が明記されている。食料の安定供給の確保、すなわち食料安全保障に関する施策の基本は〈国内の農業生産の増大〉であり、それを補完するものが〈輸入及び備蓄〉である。

　基本的施策として掲げている〈国内の農業生産の増大〉とは、言い換えると、低下し続ける食料自給率の向上にほかならず、日本政府は、〈食料自給に基づく食料安全保障〉の方向こそが、食料安全保障政策としてとるべき望ましい方向であることを、まず表明しているのである。さらに同法には、食料・農業・農村基本計画を定める規定が盛り込まれ、その計画の1つとして「食料自給率の目標」が掲げられ（第15条②）、「食料自給率の目標は、その向上を旨とし、……取り組むべき課題を明らかにして定めるものとする」との規定も加えられている（第15条③）。

●食料自給率向上策と数値目標の設定

　「食料・農業・農村基本法」の規定に従って、2000年3月、自民党政権下の日本政府は、「食料・農業・農村基本計画」を策定し、その中で〈2010年度までにカロリーベースの食料自給率（供給熱量自給率）を45％まで向上させる〉という数値目標を設定した。その後、2009年に誕生した民主党政権のもとで、2010年には〈2020年までに50％まで向上させる〉という数値目標に変更されたが、その後の自民党政権への政権交代によって、節目である2020年に〈2030年までに45％まで引き上げる〉という数値目標に再度変更され、今日に至っている。

　ともあれ、日本政府は、そのような数値目標を設定して自給率向上策を展開したように思われるが、過去20年間のその政策目標に向けての取組みの結果は、表5-1に見られるように、数値目標が設定された2000年当時の供給熱量自給率40％という水準を維持することも難しく、2022年には38％という水準に落ち込むという結果になっているし（2008年のみ、供給熱量自給率は41％と1ポイント上昇）、また、食料として最も重要な穀物の自給率に関しても、現時点では29％と、2000年当時の水準である28％からわずか1％増加さ

せることができているのみである。

　このような状況の中で、食料自給率をめぐる多様な議論が繰り広げられ、また多様な見解が示されてきているのであるが、以下では、そうした議論を少し整理し、「謬見」と考えられるような見解を取り除くとともに、日本政府が推し進めようとしている〈食料自給に基づく食料安全保障〉政策が望ましい成果を上げることができていない理由は何か、それを探っていくこととしたい。

●食料自給率をめぐる議論は不毛か

　近年、食料自給率をめぐる問題は、ウエッブ上や様々なマスメディアにおいても取り上げられ、この問題への国民の関心の深さが読み取れるが、食料自給率をめぐる多様な議論ないし見解の中には、食料自給率という指標が意味のない指標であると思わせるような発言や、また国内の農業生産を増大するための基本計画として日本政府が食料自給率向上の数値目標を設定したこと自体が〈理解に苦しむこと〉であり、ひいては〈食料自給率論争は不毛である〉といった見解も存在する。

　食料自給率をめぐる多様な議論が「論争」であるかどうかはともかくとして、「食料自給率論争の不毛」を説き、食料自給率という指標が意味のない指標であると思わせるような発言を行なっているのは、著名な農政ジャーナリストである中村靖彦である。中村は、『日本の食糧が危ない』（岩波書店、2011年）と題する著作において、「食料自給率論争の不毛」という一章を設けながら、次のような主旨の見解を表明している。

* 「今日の日本のカロリーベースの総合食料自給率は、40％である。先進国の中で最低の数字であると言われるが、食生活は豊かそのものである。飽食という言葉が使われることもしばしばである。つまり食料自給率の数値は、その国の、食生活の豊かさとか貧困を表すものではない」（中村 2011：75）。
* 農林水産省は、日本の数字だけでなく、世界の主要国のカロリーベース

第5章　日本の食料安全保障とWTO農業貿易システム　*211*

の自給率を計算し、日本はきわだって低く出る自給率の数字をもって「これ以上自由化は無理」との論拠に使用したが、カロリーベースの自給率の数字を、「日本の国際依存度を示す数字とわきまえて使うならいい。しかしこれだけ低いのだから、もう買うのは勘弁して下さいとの論拠にするのはおかしい。輸入で迷惑をこうむったわけではない。買い続けた結果、日本人の食生活はきわめて豊かになってきたのである」（同：80-81）。

＊「食料自給率を引き上げるために数値目標を設定するというのも私には理解できない」。と言うのは、〈日本は計画経済の国ではなく、農業者に何をどれだけ作れとか消費者には何を食べなさい、とか指示などできないし、また、このような自由経済の国で、自給率だけ数値目標を設定したとしても、結局実現できないで終わる可能性が高い〉からである（同：81-82）。

だがその一方で、中村は本章の後段で取り上げる野口悠紀雄の「食糧自給率は低いほうがよい」という考えに対しては、「彼の論旨で、少し弱いと思われる点は、食糧の輸出国がいつまでも現在の余力を持ち続けることが可能だと断定しているところにある。世界の状況は決してそう甘くはない」（同：89）と述べ、さらに、近年、経済発展を遂げた中国が膨大な食料輸入を行なっていることを例にあげながら、食料についての「忍びよる危機」を論じ、「だから私は、食料自給率は低いほうがよいとの説には賛成できない。ただ、数値目標を設定して上から引き上げを図るのは意味がないし反対だと述べているだけである」（同：91）とも論じている。

紙幅の都合で、「食料自給率論争の不毛」という一章で論じられているほんのわずかな内容を紹介したにすぎないが、食料自給率をめぐる問題をこのようにしか議論し得ないところにこそ、議論の「不毛さ」の一端が現われている、と筆者には思われる。と言うのは、食料自給率という指標、とりわけカロリーベースの食料自給率という指標を、食生活の豊かさという問題と関連づけながら論じ、あたかもその指標が意味のない指標であるという誤解を

生じさせる記述が並んでいるからである。

　そもそも、食料自給率という概念は、国民が必要としている食料のどれだけを国産の食料で賄うことができているのか（あるいは、どれだけの食料を海外に依存しているのか）を示す指標であって、それ自体は食の豊かさや貧しさを示す指標ではない。一方、食生活の豊かさは、国産の食料であろうと、外国産の食料であろうと、国民が必要とする食料が充足されているならば実現できるのであって、食料自給率の高低によって左右されるものではない。問題とすべきことは、同じような豊かな食生活が実現されているとしても、食料自給率が低く、海外依存度の大きい状況のもとで成り立っている豊かな食生活と、食料自給率の高い状況のもとで成り立っている豊かな食生活とでは、どちらの豊かさが永続的かつ安定的であるのかという問題であり、さらには今日的な問題状況である世界の食料問題や地球環境問題から考えて、どちらが望ましい食料安全保障の状態であるのか、という点である。

　取り上げた中村の著作の『日本の食糧が危ない』という表題からも、また「食糧不足の状態が目前に迫っている。輸入大国日本はこのままでいいのか？」（同書表紙カヴァー）という問題提起がなされている点からも分かるように、同書の随所では大量の農産物を輸入している日本の状況を憂い、危機的な状況であることを明らかにし、しかも「食料自給率は低いほうがよいとの説には賛成できない」と言いながら、その一方で、食料自給率という指標、とりわけカロリーベースの食料自給率に対して嫌悪の記述がなされ、しかも食料自給率をめぐる議論が「不毛である」とされていることが、筆者には理解できないのである。

　加えて、「計画経済の国」との対比で「自由経済の国」という表現を使いながら、〈日本は自由経済の国であるから、食料自給率引上げの数値目標を設定しても、結局実現できない〉として日本政府が計画した食料自給率引上げの数値目標を非難している点もまた理解に苦しむ点である。

　日本が自由経済の国であるという表現の中には、日本が経済活動を市場原理に委ねた市場経済の国である、という意味が込められているのであろうが、しかし、日本は市場経済社会ではあっても、すべての経済活動を市場原理に

委ねた完全に自由な市場経済社会ではない。もしも「自由経済の国」が完全に自由な市場経済社会であるということを意味しているのだとすると、それはまさに本書の序章で紹介しておいた、ロバート・ギルピンの言う「価格メカニズムと市場の力が経済活動のすべてを決する」社会であり、もはや国家や政府の介入する余地のない社会である。だが、現実にはそのような市場経済社会は存在せず、基本的には市場原理に委ねながらも、その経済社会が生み出す様々な問題や弊害を是正、除去し、政策的により望ましい経済社会を作り上げていく努力が必要な社会が、現実の経済社会である。

　日本の農林水産省が算出するカロリーベースの食料自給率に関しては、果たしてそれが、日本人全体が必要としているすべての食料のうち、国内産の食料が賄っている割合を的確に捉えているかどうかという問題は残るとしても、農林水産省がほぼ同一の方法に従って算出した半世紀以上に及ぶその自給率の動向は、日本人が必要とする食料の海外依存度が年ごとに高まってきている事実を示す数値であることは確かである。問題とすべきことは、食料自給率向上に向けての数値目標を設定することの是非ではなく、その数値が一国の食料安全保障にとって高いのか低いのかを判断し、低いことが日本の食料安全保障を脅かしていると考えるのであれば、どのようにすれば食料自給率を向上させることができるのか、あるいは容易に食料自給率を向上させることができないのであれば、その原因は何かを検討し、その解決策を探ることである。残念ながら、中村の議論には、その点の考察が希薄なのである。

●農林水産省が示している食料自給率は意味のない指標なのか

　食料自給率をめぐる議論としては、産業連関分析や経済統計学の領域における研究者の中から、農林水産省が明らかにしてきた食料自給率には多々問題がある、とりわけ供給熱量自給率（カロリーベースの食料自給率）の算出方法自体が問題であるという見解も現われている。たとえば、渡邉隆俊・下田充・藤川清史「農水省『食料自給率』指標の問題点──TPP議論より前に──」という論文（以下、「渡邉ほか論文」と表記する）がそれである。

　渡邉ほか論文は、副題にあるように、いわゆる「TPP」（環太平洋パートナー

シップ）への参加の是非をめぐる議論の中で、農林水産省が公表した〈TPP締結によって著しい食料自給率の低下がもたらされる〉とする見解に対する問題提起の論文であり、その論文の結論から言えば、TPP推進派の、そして〈国際分業に依拠した食料安全保障論〉の立場からの、農林水産省が提示する各種の食料自給率の指標に対する批判論文である。

渡邉ほか論文は、まず農林水産省が明らかにしている各種の食料自給率に関する定義を紹介したうえで、「以上のように定義される農水省の食料自給率であるが、以下では、森田（2006）を参考に食料自給率の定義の問題点を指摘する」（渡邉ほか 2011：27）と述べ、下記のような５つの問題点を指摘するのであるが、その問題指摘は、「森田（2006）を参考に」と付記されているように、国会図書館専門調査員である森田倫子の調査報告「食料自給率問題――数値向上に向けた施策と課題――」（2006年）において論じられている、食料自給率を理解するうえでの「一般的注意点」を踏まえての問題指摘である。

渡邉ほか論文の記述はいささか粗雑で、明確さを欠いた指摘であるが、①農水省の食料自給率は「国産品の国内シェア」ではない、②農水省の食料自給率での畜産飼料の扱いは妙である、③農水省の食料自給率は食料不足の指標ではない、④カロリーベース自給率のみが自給率ではない、そして⑤農水省のデータにも疑問、という５つの項目で示された問題指摘である。⑤の「農水省のデータにも疑問」という問題は、農林水産省が食料自給率の算出データとしている『食料需給表』のデータそのものにも疑問がある、という指摘である。

しかし、指摘されている①〜④の問題点は、これまで農林水産省が示してきた食料自給率が意味を持たない指標であると言えるほどの問題点ではない。とくに、①の〈食料自給率は国産品の国内シェアを示すものではない〉とか、③の〈食料自給率は食料不足の指標ではない〉という指摘は、まさにそのとおりのことであって、なぜこれが問題なのかが筆者には理解できないのである。しかもその２つの問題点として指摘されていることがらは、先に紹介した森田論文において指摘されている、食料自給率に関して誤解されやすい「一

般的注意点」であって、それは食料自給率の定義上の問題点ではないのである（森田 2006：2-3）。

　森田が指摘している注意点とはどういうことかと言うと、たとえば、前項で取り上げた中村靖彦が〈日本の食料自給率は低いけれど、食生活は豊かである〉と述べているような理解の仕方がなされる恐れのあることに対する注意点にほかならない。森田が指摘したそのような注意点を、渡邉ほか論文は食料自給率の定義がもつ問題点である、と主張するのである。特段の問題点でもない点を、あたかも農林水産省が示す食料自給率の定義上の問題点であるとすり替えた主張であって、論外の主張と言わざるを得ないし、また、そうした主張がやがて食料自給率に対する誤った理解を拡散することにつながるのであって、この点に関しての渡邉ほか論文の責任は重いと言わなければならない。

　④で指摘されている問題点は、とくに農林水産省が1980年代から計算し始めた「カロリーベースの食料自給率」に対する問題点であって、「農産物の市場開放を阻止したい農水省は、日本の食料自給率の低さを際立たせるため、この指標を登場させた」という点が問題であると指摘され、さらにその低く現われるカロリーベースの自給率だけが強調されることは、「世論の形成、政策の評価や議論をする上で問題がある」（渡邉ほか 2011：28）として批判されている。

　カロリーベースの食料自給率に関しては、②の問題点として指摘されている「穀物飼料の扱い」をめぐって、果たして国産飼料の割合をもって畜産物の国産割合を決めるという方法が、厳密に国産の畜産物を捉えたものであるかどうかについては問題が残るであろうが、農産物の市場開放を阻止したい農水省は、日本の食料自給率の低さを際立たせるため、この指標を登場させたという点を強調して、農林水産省がこれまで明らかにしてきたカロリーベースの食料自給率やその他の食料自給率の諸指標が無意味なものである、と断じてしまうことも論外である。

　渡邉ほか論文は、すでに述べておいたように、農林水産省が食料自給率の低さを理由として農産物の市場開放を阻止しようとする政策展開を打破し、

日本の食料安全保障の道としては国際分業に依拠した道しかない、ということを主張するためのものである。そのことを主張するために、農林水産省が示してきた食料自給率に対する問題指摘が展開されているのであるが、⑤の「農水省のデータにも疑問」という問題、すなわち農林水産省が食料自給率の算出データとしている『食料需給表』のデータそのものにも疑問があるという主張に対しても、理解しがたい点が存在する。

　渡邉・下田・藤川の三氏によると、⑤の問題は、農林水産省が食料自給率の算出に『食料需給表』のデータを使用しているがゆえに〈低め〉の食料自給率が示されているのだ、という問題指摘のようであって、その点を証明するために、論文の後段では独自に、三氏がより望ましいと考える産業連関表のデータを用いた、2005年の品目別食料自給率の試算結果が一覧表として示され、『食料需給表』に基づく農林水産省の食料自給率と比較されている（同：31）。しかし、その結果に関してもほとんどの品目に関して特段の違いは存在しない。むしろ、農林水産省の食料自給率とは異なった試算結果となっている若干の品目、中でもかなり高い自給率の数値となっているコメと馬鈴薯の自給率計算に関しては、産業連関表の側のデータに対する疑問点さえ、浮かんでくるのである。

　その疑問点とは、以下のような点である。農林水産省が示している2005年のコメの自給率は95％、馬鈴薯の自給率は77％であるのに対して、三氏の産業連関表のデータに基づいて計算された自給率が、コメ＝101.2％、馬鈴薯＝100.0％と高くなっている。この違いが、農林水産省の示す自給率は〈是が非でも低く見せようとしている〉という批判の根拠となっているように思われるが、実は、品目別食料自給率を算出する場合の分母に当たる国内仕向け量の大小に関わる要素、すなわちコメと馬鈴薯に関する輸入量にかなりの違いが生じているのである。

　比較のために示された一覧表の中には、コメと馬鈴薯の輸入量データも記載されていて、産業連関表のデータであるとして示されているコメの輸入量は約1.2万トン、馬鈴薯の輸入量はわずか600トンである。しかし実際には、2005年度のコメ輸入量は、ミニマム・アクセス米だけでも76万トン前後の輸

入量があり、また馬鈴薯に関しても現実には数十万トンの冷凍馬鈴薯が輸入されている。このコメと馬鈴薯の輸入量の違いが産業連関表のデータを使った場合と、農林水産省の『食料需給表』のデータを使った場合の自給率の違いをもたらしている要因であると考えられるが、なぜ産業連関表の側では、現実の輸入量よりもはるかに小さな数量になっているのか、その点も筆者には理解できないのである。

そのような産業連関表を用いた品目別食料自給率の計算結果が示された後、唐突に、「筆者たちは、資源小国であると同時に食料生産小国の日本としては、海外から天然資源を含む原材料の供給が途絶しないように、常に日本的な『全方位外交』を続ける以外に、取り得る選択肢はないと考えている。奇しくも、東日本大震災と福島第一原子力発電所の事故により、東北・関東の広い地域で、農・水産物・水への安全・安心が損なわれた。 …… 仮に、現在、国内の食料が国内産だけで賄っていたならば、国民生活に与える打撃は大きいだろう。食料輸入というオプションがあるのは実はありがたいことなのである」（渡邉ほか 2011：30-31）として、渡邉ほか論文の考察は締め括られている。

農林水産省が示している食料自給率に対して、〈是が非でも低く見せようとしている〉と批判しておきながら、他方では〈日本は資源小国であり、食料生産小国である〉ということを自明のこととして前提し、かつ強調して議論を進めているところに論理的な矛盾が見られるばかりか、最終的には、〈食料輸入というオプションがあるのは実にありがたいこと〉というのが渡邉ほか論文の結論である。農林水産省の食料自給率の定義に対する批判に始まり、延々と展開されてきた食料自給率の算出方法に関する考察らしきものと、唐突に飛び出してきた結論とが、どのような論理で結びついているのか、いったい何のための食料自給率批判の議論であるのか、その点もまた筆者にはうまく理解し得ないのである。改めて〈食料自給に基づく食料安全保障論〉という立場から議論を進めるために、食料自給率という指標に関して筆者の考えるところを整理し、付記しておきたい。

日本の食料安全保障を考えようとするとき、食料自給率という指標はきわめて重要な指標であると考えられるが、しかし決してそれは複雑な概念を内

包するような指標ではない。日本国民が健全な食生活を送るために必要な小麦や大豆や、あるいは畜産物を生産するために必要な飼料としてのトウモロコシがいま大量に輸入されているという現実が存在し、その現実がどのような方向に向かおうとしているのかを捉え、そのような現実に対してどのように対処すべきかを考えるための1つの指標が、食料自給率にほかならない。

　農林水産省が、ほぼ同一の方法で算出している1960年代初めから今日に至るまでの半世紀以上にわたる食料自給率の時系列データは、いわば日本農業が歩んできた姿を反映したものであり、またそれは日本の産業構造の変容や国際分業関係の様相を示す一指標でもある。そのことを理解せず、食料自給率の算出方法に疑問を投げかけ、あるいは意図的に低めに算出されるような力が働いているといった議論をもって食料自給率という指標が意味のないものであると論じてしまうことは、いわば「本末転倒」でもある。と言うのは、そうした議論のほとんどが、この食料自給率に関してもっと注視しなければいけない問題があることを見過ごしているからである。その見過ごしている点とは、食料自給率を算出・公表し、そして食料自給率向上の数値目標を設定しながら、そのための政策展開を図ろうとしている農林水産省が、食料自給率低下の真の原因を見誤っている、という点である。

（2）食料自給率低下の真の原因は何か
●食料自給率低下の真の原因を見誤った農林水産省

　日本政府は、〈食料自給に基づく食料安全保障〉が望ましい方向であると考え、国内農業生産の増大を基本とする食料自給率の向上策を展開しているにもかかわらず、その成果はほとんど現われていない。それはなぜなのであろうか。結論を先取りして言うならば、その食料自給率向上に向けての有効な対応策を展開するためには、これまで食料自給率を低下させてきた原因についての的確な把握が必要であるが、その点に関して日本政府の所轄官庁である農林水産省は、真の原因を見誤り、その結果、有効な対応策を展開することができなかったからである。

　農林水産省は、「食料・農業・農村基本法」が制定された1999年に公表し

た『農業の動向に関する年次報告 平成10年度 農業白書』(以下、『農業白書』と表記する)において、初めて「食料自給率」という一項を設け、その中で「我が国の食生活が大きく変化し、我が国の農業生産を補う形で輸入が増加したことが食料自給率低下の大きな要因となっている」(農林水産省 1999：98) と述べ、食料自給率低下の原因を明らかにしている。この見解は、翌年以降の『農業白書』においてのみならず、2000年以降、農林水産省が発行し始めた『食料自給率レポート』においても繰り返し表明されている。

たとえば、筆者の手許に残っている『我が国の食料自給率──平成15年度食料自給率レポート──』(平成16年9月発行)においては、「食料自給率が低下した主な原因は、コメの消費減少に見られる食生活の大きな変化」であると論じ(農林水産省 2004：8)、その原因論を踏まえて、「食料自給率向上のための課題への対応策」として「食料消費の諸問題解決は、『日本型食生活』の実践、『食育』推進がポイント」と付け加えている(同：42)。つまり、農林水産省は、食料自給率低下の主たる原因を〈食の洋風化に伴う「食生活の変化」である〉と捉えたのである。

なにゆえ農林水産省がこのような認識に至ったのか、その点に関しては、1つの推測ではあるが、筆者はひとりの農政ジャーナリストの見解が大きな影響を与えたのではないか、と推測している。その農政ジャーナリストとは、原剛である。

毎日新聞の論説委員を務めていた原は、1994年に『日本の農業』という一書を著わしている。同書は、日本農業の現状をきわめてコンパクトに纏めた一書として、当時、農学系の学生や研究者はもちろんのこと、広く国民に読まれた著作であるが、原は、その著作の中で、「日本の食料自給率が激減した大きな理由のひとつは、国民の食生活の好み、つまり食料の消費内容が、この数十年間にすっかり洋風化してしまったからだ」(原 1994：105) と論じている。原は、全国紙である毎日新聞の論説委員であると同時に、1992年以降は農政審議会の委員をも務めており、この原の見解が農政審議会を通じて農林水産省の見解の形成に大きな影響を与えたと考えることは、決して想像に難くない。その農林水産省の認識は、『農業白書』や『食料自給率レポート』

を通じて繰り返し公表されていく中で、次第にマスコミの基本的論調となり、いつしか国民の共通認識とでも言えるような状況が生み出されたのである。

　筆者も、「食生活の変化」がかつての食料自給率低下の一要因であったことを否定するつもりはないが、しかし、2000年代に入ってもなお「食生活の変化」が食料自給率低下の原因であるとするこの農林水産省の認識は、食料自給率低下の真の原因を見誤っている、と言わざるを得ない。と言うのは、すでに別稿（應和2009／應和2010）で論じたことであるが、たとえば表5-1に見られるように、1994～98年のわずか4年の間にカロリーベースの食料自給率が46％から40％へ、穀物自給率が33％から27％へと、それぞれ6ポイントも低下したことを「食生活の変化」で説明することは到底できないからである。

　そのいわば「的外れ」と言わざるを得ない食料自給率低下の原因論をもとに、食料自給率向上のための対応策として示されたのが、上記のような「日本型食生活の実践」や「食育推進」にほかならない。しかし、この対応策もまた後段で触れるように、〈食料自給率向上策として有効な対応策である〉と言うにはほど遠い施策である。

　では一体、何が日本の食料自給率低下の真の原因なのか、が問題である。この点についても、先に紹介した別稿ですでに論じたことではあるが、いまだ十分に理解されていないように思われるので、以下、その点を詳しく論じておくこととしたい。

● **食料自給率低下の真の原因は、〈日本農業の国際競争力のなさ〉である**

　農林水産省が示した食料自給率低下の原因論、すなわち〈食生活の変化が主因である〉という考えが示されてからのち、農林水産省の見解を少し修正するような見解が現われている。たとえば、わが国の代表的な農業経済学者であり、食料・農業・農村政策審議会の委員でもあった生源寺眞一による、〈食生活の変化が食料自給率低下の主たる要因であるというのは、1980年代後半までの食料自給率に当てはまる表現で、それ以降の食料自給率低下の主たる要因は農業生産の後退によるものである〉という見解がそれである（生源寺

2008：28-29／生源寺 2011：40-41)。生源寺のこの見解は、農林水産省が示した「1人・1年当たり供給食料の推移」を検討し、1990年代に入る頃から日本の食生活の変化、すなわち「食の洋風化」という動きが一段落していることを確認したうえでの主張である。

1990年代以降の食料自給率低下の主たる原因を、「食生活の変化」に求めることができないことを明らかにしている点は評価し得るとしても、しかしその後の食料自給率低下の主たる原因が〈農業生産の後退によるものである〉という考えは問題である。というのは、〈農業生産の後退〉は食料自給率低下の原因というものではなく、食料自給率低下の別表現であって、その「農業生産の後退」をもたらした原因こそが問われなければならないからである。

1994年以降、わずか4年ほどの間に6ポイントもカロリーベースの食料自給率が、そして穀物自給率が低下した直接的な要因は、言うまでもなくWTO農業協定の発効、すなわちウルグアイ・ラウンド農業合意に基づく大幅な農業貿易の自由化であるが、しかしその背後にある真の原因は、「日本農業の国際競争力のなさ」である。

食料自給率という概念は、国際経済関係、すなわち食料・農産物の輸出入を前提とした概念であり、したがって食料自給率低下の根本原因は、農産物の貿易をめぐる国際経済関係の中に、言い換えれば各農産物の国際競争関係の中にある。ウルグアイ・ラウンド農業合意に至るまで、日本がコメをはじめとして多くの農産物に対して保護措置をとってきたこと、そしてWTO農業協定が成立し、農産物の国境措置として関税化が決定された今日においても、高関税を維持する形で保護措置をとり続けていることは、国際競争力の面で日本農業が劣っているからにほかならない。

その点をきちんと見抜き、いち早く「食料自給率低下の決定的要因は国際競争力のなさにある」と指摘したのは三輪昌男である（三輪ほか 1999)。この指摘は、「新基本法」である「食料・農業・農村基本法」が制定された直後の、1999年10月の指摘である。新基本法に盛られた〈食料の安定供給の確保〉という理念を具体化するために、「食料・農業・農村基本計画」の策定に向けて基本政策審議会が開催され、食料自給率向上の目標設定が議論され

ている中で横行していた「奇妙な話」、すなわち〈食料自給率低下の原因が食生活の変化にある〉という議論がなされていることに疑念を抱いた三輪が発した指摘である。具体的には『農業協同組合新聞』による「どこが問題なのか？　食料自給率向上論」と題した、森島賢と三輪昌男との対談企画の中で発せられた指摘であるが、しかし、この指摘は多くの人の目に触れることがなかったのか、忘れ去られたのである。

　筆者は、この三輪の考えを踏まえて、先に紹介した2つの小論、すなわち「国際競争力を失った日本農業——食料自給率低下の根本原因を問う——」（應和 2009）と、「自給率低下の根本原因見据えた対策を」（應和 2010）において、食料自給率低下の真の原因が「日本農業における国際競争力のなさ」であること、そして日本農業から国際競争力を奪っていった要因が何であるかを論じたのであるが、それらの小論もまた多くの人の目にとまることなく、今日に至っているように思われる。改めて、日本農業からその国際競争力を奪った要因を明らかにしておきたい。

●**日本農業から国際競争力を奪った要因は何か**

　日本農業から国際競争力を奪ったものは何かというと、究極的には、第2次世界大戦後の急激な工業化によって生じた日本の産業構造の変容である。周知のように日本は、1950年代半ば頃までに戦後復興期を終え、以後、世界史上まれにみるスピードで経済発展を達成した。その経済発展を担ったものは、言うまでもなく工業部門における急激な技術革新に基づく工業生産力の向上である。1970年代に突入する頃から始まった「日米経済摩擦」、さらにはそれに引き続いて生じた「日欧経済摩擦」と呼ばれる事態は、まさに日本の繊維、鉄鋼、電子機器、精密機器、自動車等々の製造業部門が欧米の各製造業部門よりも高い国際競争力を持つに至ったことの証しである。

　急速な生産力の向上によって国際競争力を高め、比較優位産業へと大きく転身していった工業部門に対して、急速に生産力の向上を成し得ない農業部門は相対的に国際競争力を失い、比較劣位産業としての度合いを強めていくことになったのである。というのは、第1章で論じておいたように、農業は

工業に比べて「非合理的な産業」と言わざるを得ない特性を持っているからである。

〈国際競争力とは何か〉というと、それは国際経済取引を行なう際の競争力の強さのことで、国際市場のもとでその競争力を左右する最も大きな要素は〈価格〉である。品質が同じ同一の商品、たとえば日本産とアメリカ産の鉄鋼1トンの価格を比べた場合、より安価な価格で作り出すことができる国の鉄鋼が国際市場における競争関係では有利であり、より高い国際競争力を持つことになる。価格以外にも、品質の優劣、デザインの違い、といったような国際競争力を左右する要素も存在する。価格がほぼ同等であれば、品質やデザイン等が国際競争力を左右するが、やはり基本は価格であると言ってよい。

1970年代から80年代にかけて、高い国際競争力を持った、言い換えると安価で品質の優れた日本の工業製品が大量に欧米諸国に流れ込み、結果として日本に膨大な貿易黒字がもたらされ、と同時に日本と欧米諸国との間に生じた貿易不均衡という事態が「経済摩擦」となったのであるが、そのような事態が進行する一方で、日本農業はますます国際競争力を失い、劣位産業の度合いを強めることになったのである。と言うのは、1970年以降、継続的にもたらされるようになった貿易黒字、さらには経常収支の黒字によって、世界の基軸通貨であるアメリカ・ドルに対する日本円の為替レートが、急激に〈円高〉方向に変化することになったからである。

周知のように、第2次世界大戦後の国際通貨制度であったIMF（国際通貨基金）制度のもとでは固定為替相場制が採用され、基軸通貨であるアメリカ・ドルと日本円の交換レートは〈1ドル＝360円〉に固定されていたが、しかし、1971年8月15日のアメリカ大統領ニクソンによる金とドルとの交換停止宣言（いわゆる「ニクソン・ショック」）をきっかけとして、固定為替相場制から変動為替相場制へと移行し（1973年2月）、以後、日本円とドルとの交換レートは、円とドルとの需給関係によって絶えず変動することとなる。1970年代頃から増大し始めた日本の貿易黒字を含む経常収支の黒字傾向は、変動為替相場制のもとでの円高圧力となり、表5-2に見られるように急激な円高傾向

表 5 - 2　対ドル・円相場の推移（1970〜2020年／東京市場年平均相場）

年	1970	1973	1980	1985	1990	1995	2000	2005	2010	2015	2020
対ドル相場	360	272	227	239	145	94	108	110	88	121	107

（出所）　日本銀行「主要時系列統計データ表」
　　　　（https://www.stat-search.boj.or.jp/ssi/mtshtml/fm08_m_1.html）（2023年1月取得）
（注）　東京市場の月次平均相場データをもとに、筆者が年平均を計算

を生み出し、その結果、この円高傾向が日本農業の国際競争力を急速に低下させ、農業の比較劣位産業の度合いを強めることとなったのである。

　1971年のニクソン・ショックに至るまで、〈1ドル＝360円〉に固定されていた対ドル円レートは、その後の変動為替相場制への移行により、わずか20年ほどの間に〈1ドル＝100円〉といった水準まで激変した。この激変は、1970年時点で、外国の農産物と互角の価格競争関係にあった日本の農産物が、20年ほどの間に価格を3分の1以下にまで引き下げる努力をしなければ、かつてのように互角の価格競争関係を維持することができないことを意味している。日本の多くの製造業部門は、そのような急激な円高を生み出しながらも、それに対応し得るような生産性の向上を継続し続けたのであるが、工業とは異なる特性を持つ農業において、20年ほどの間に価格を3分の1以下に引き下げるような生産性の向上は、およそ不可能である。

　また、円高によって日本農業が国際競争力を失っていく中で、貿易摩擦ないしは経済摩擦によって農産物の国境措置を緩和・除去しなければならなくなったことも食料自給率の低下を促進した要因の1つである。とくに、WTO農業協定が発効した後、わずか4年間で日本の食料自給率が6ポイント低下した原因はそこにある。

　工業製品の場合には、わずか数パーセントの円高が国際競争力を削がれるとしてマスメディアにおいても問題視されるのにもかかわらず、肝心の農産物に関しては、その点がまったく問題にされないのは、不可解というほかない。

第5章　日本の食料安全保障とWTO農業貿易システム　225

●核心を突きながらも理解されることの少なかった、三輪昌男の「国際競争力のない日本農業」論

　前項で述べた、〈日本農業から国際競争力を奪っていった究極の要因は、第2次世界大戦後の急激な工業化によって生じた日本の産業構造の変容である〉という考えは、実は三輪昌男の考えであると言ってもよい。個人的なことであるが、それは、三輪の傍で経済学を学び、長年、議論を交わしてきた筆者と三輪との間の共通認識と言ってよいことがらだからである。三輪は2003年に亡くなったが、生前の三輪であったならば、上記のようなことを踏まえて食料自給率低下の真の原因や要因について語っただろう、と思われることを、筆者はいま論じているにすぎない。

　三輪が〈日本農業における国際競争力のなさ〉を論じたのは、先に取り上げた1999年の発言が最初ではない。三輪は、それよりも10年ほど前の1988年に公刊した『日本経済の進路――農業の立場で考える――』(富民協会)において、その問題をより詳細に、かつ論理的に整理して論じている。そこで語られている要点を述べておくと、およそ以下のとおりである。

　三輪の『日本経済の進路』が刊行された時期は、ちょうどGATTのウルグアイ・ラウンド貿易交渉が進められていた時期である。当時は、日本がすでに年々、膨大な貿易黒字を計上するような工業大国へと成長し、対外経済摩擦が激化する中で、農産物に対する輸入拡大圧力が強まり、市場開放が云々されていた時期である。そのような状況下の1986年11月、農政審議会は「21世紀へ向けての農政の基本方向――農業の生産性向上と合理的な農産物価格の形成を目指して――」という基本方針を打ち出したが、その基本方針の実現可能性について検討を加えるというのが、同書での三輪の問題意識であった（三輪 1988：33）。

　農政審議会によって提示された〈農業の生産性向上と合理的な農産物価格の形成〉という課題を真摯に受け止めながら、三輪は、その課題が〈農産物のコストダウンを図ることである〉と理解したうえで、そのコストダウンが可能か否か、とりわけ他国の農産物よりも安価な、言い換えれば国際競争力を持てるコストダウンが可能か否かを詳細に検討し、最終的にその課題がき

わめて難しいことを論じたのである。そのような結論に至るまでの考察プロセスにおいて三輪が用いた方法は、貿易の基礎理論でもある「比較生産費説」が教えるところの比較優位産業と比較劣位産業とに分かれていく一国の産業構造と、その産業構造のあり方によって左右される為替レートの関係を踏まえ、そこでの論理を、日本の産業構造における比較劣位産業である農業の状況と、比較優位産業である製造業部門によって為替レート（対ドル・円レート）が絶えず「円高」方向に進んでいく状況とに当てはめながら最終的判断を下す、という方法であった。

　本書の第2章において、リカードの展開した比較生産費説について解説を加えておいたが、リカードの時代の世界通貨は「金（gold）」であり、その金の一定量をもって表わされた各国通貨単位の交換比率（為替レート）は、それぞれの通貨が代表する金量によって定まっていたため、貿易当事国間の貿易商品の価格比較を通して比較優位であるか、比較劣位であるかを理解することは比較的容易であったが、現在のように各国通貨が不換銀行券（信用貨幣）であり、しかも変動為替相場制である場合には、刻々と変化していく、今日の基軸通貨アメリカ・ドルと日本円との交換比率（為替レート）の決まり方を踏まえたうえで理解することが必要であって、それを理解するまでの論理はより複雑である。しかし原理的には、金本位制度の時代と同じような論理が、為替レートの決まり方には貫いていると考えられるのであって[4]、比較生産費説が教えるように、いずれの国にも比較優位産業と比較劣位産業が存在し、貿易当事国間では比較優位であるか否かによって同一商品の国際競争力の強弱が決まる、と考えることができるのである。

　三輪が展開した説明は、国際経済論や国際貿易論を学んだ者、比較生産費説の論理をきちんと理解している者にとってはそれほど理解しがたい内容ではない。しかし、比較生産費説や比較優位理論をきちんと理解することは、多彩なエコノミストである野口悠紀雄が、食料自給率に関する論文の中で「分業や比較優位の原理も、うまく説明すれば小学生でも理解できる」（野口2004：117）と豪語するほど容易なことではない。エコノミストと称する者の中には、比較生産費説とか比較優位理論という言葉を使いながらも、三輪

第 5 章　日本の食料安全保障とWTO農業貿易システム　*227*

が展開した説明を十分に理解することのできない者も存在するのである。

　三輪は、上記のような説明が一段落した時点で、「日本人は優秀だから農業も輸出産業になれる、という議論があります。日本のすべての産業が輸出産業になれるはず、と思い込んでの議論です」（三輪 1988：114）と述べ、そのような議論は「比較優位・劣位の貿易理論を無視している」（同：116）と断じている。筆者もかつて別稿で同様なことを論じたことがあるが（應和 1998：32-33）、それも三輪との共通認識によるものである。しかし残念なことに、三輪が論じた〈国際競争力のない日本農業〉という考えは、かつて森島賢が三輪との対談の中で述べているように、多くの農業経済学者の共通認識とはならなかったのである（三輪ほか 1999：3）。

　三輪昌男の〈国際競争力のない日本農業論〉は、核心を突いた議論であった、と筆者は考えるが、しかし理解されることの少なかった議論でもあった。と言うのも、1988年に刊行された三輪の著作は少なくとも農業経済学者のかなりの人たちの目にとまったはずであり、もしもそこでの三輪の議論が的外れな議論であったならば、おそらくその後、多くの反論が寄せられたはずであるが、筆者はいまだそのような反論を目にしたこともなく、また積極的に支持する議論に接したこともないからである。三輪の議論が農業経済学者の多くに理解され得なかった理由を考えるとき、序章で論じたわが国における農業経済研究における〈棲み分け状態〉の存在がその理由の１つであるように筆者には思われる。

　上記のような三輪の考えに触れたものではないが、その後、三輪と本質的には同じ理解を示している見解が現われていることについては、付け加えておきたい。それは田代洋一の理解である。田代は、『食料自給率を考える』という著作の中で、日本の食料自給率低下の根本原因を「貿易自由化の下での比較優位原則の貫徹」に求め、「一口でいえば輸出依存型産業構造の帰結です」と論じている（田代 2009：55）。三輪のように、〈日本農業の国際競争力のなさ〉という表現は使われていないものの、同書における田代の論理は、基本的には三輪と同じである。

●「食生活の見直し」論は、本筋の食料自給率向上策ではない

　考えてみると大変奇妙なことであるが、1999年に制定・施行された「食料・農業・農村基本法」において、日本の食料安全保障策としてとるべき基本政策は「国内の農業生産の増大」であると規定しておきながら、農林水産省が食料自給率向上のために掲げた施策は、いわば「食生活の見直し論」とでも言うべき向上策である。そのような向上策を農林水産省が打ち出すことになったのは、農林水産省が食料自給率低下の真の原因を見誤り、「食生活の変化である」と認識したためである。

　食料自給率向上の数値目標が設定された後に展開された、「Food Action Nippon」（国産農林水産物の消費拡大を目指す取組み）とか、「食育」や「日本型食生活の推進」がそれである。「食育」や「食生活の見直し」それ自体は望ましいことであるが、しかしこの向上策は、あくまでも国民の理解に期待をかけた願望策であり、本筋の食料自給率向上策ではない。

　農林水産省は、当時、『食料・農業・農村白書』で国民に呼びかけた、「日本型食生活（和食）」に向けての「食生活の見直し」において、ご飯、味噌汁、魚介類、青菜類を中心とした〈和食〉では供給熱量自給率が70％になるが、パン、コーン・スープ、ステーキ等を中心とした〈洋食〉では熱量供給自給率は17％になる、といった試算まで行なっている。その根拠について、かつて農林水産省において食料自給率の算出に携わっていた末松広行は、「基本的には和食は自給率が高いというのが一般的な傾向である …… なぜなら、洋食や中華料理よりも、肉類や油脂類が比較的少ないうえに、野菜を煮たりすることによって大量に食べることにもなり、わが国で生産できるものが素材の中心になっているからだ」（末松 2008：30）と述べている。しかしその〈和食〉は、たとえばタイ産のコメ、ブラジル産の大豆とアメリカ産の小麦を原料とする味噌、カナダ産の魚介類など、すべて外国産の農産物や食材でも可能であり、「食生活の見直し」や「和食のすすめ」が必然的に外国産の農産物・食材の輸入削減をもたらし、結果として日本の食料自給率を向上させる、という論理はどこにも存在しないのである。

　食料自給率を低下させてきた真の原因が〈日本農業の国際競争力のなさ〉

であるとするならば、食料自給率向上のためにはいかなる施策が必要であるのかが問われなければならないが、しかし、それに先立って、いま1つ検討すべきことがらが存在する。それは、〈国際分業に依拠した食料安全保障〉の方向こそが望ましいとする考えについてである。

Ⅲ．国際分業に依拠した食料安全保障論

● 〈食料自給率は低いほうがよい〉とか、〈食料自給率の向上にこだわる必要はない〉という食料安全保障論

　すでに指摘しておいたように、日本政府が推し進めてきている〈食料自給に基づく食料安全保障〉の方向とは異なって、〈国際分業に依拠した食料安全保障〉という方向こそが日本のとるべき望ましい方向であるという考えが存在する。日本政府（農林水産省）をはじめ、多くの農業経済学者が〈食料自給に基づく食料安全保障〉の実現を望むのであれば、その考えに対する異論である〈国際分業に依拠した食料安全保障論〉が持つ問題点を明確にしておくことが必要である。と言うのも、これまでの日本の食料自給率をめぐる議論や食料安全保障に関する議論ではその点が曖昧にされ、そのことが日本政府（農林水産省）の推し進める食料安全保障政策を実効性の乏しいものにしているとも考えられるからである。

　〈国際分業に依拠した食料安全保障〉の方向、言い換えれば〈食料を海外に依存することが日本の食料安全保障の実現につながる〉と主張する代表者は、多彩な経済学者の野口悠紀雄である。今から20年ほど前に発表された「食糧自給率は低いほうがよい」と題する小論（『週刊ダイヤモンド』2004年3月6日号掲載）において、野口は次のような2つの理由を挙げながら自説を展開している。

　その理由の1つは、〈食糧を外国に依存し、供給源を分散していることが、食糧安全保障を実現する〉という点であり、いま1つの理由が、〈食糧を輸入に頼るという戦略は、分業の利益という観点からも重要なことだ〉という

点である。

　第1の理由として野口は、当時、アメリカで発生したBSE（牛海綿状脳症）であるとか、アジアで発生した鳥インフルエンザを引き合いにしながら、「こうしたニュースを聞いてつくづく思うのは、日本が食糧を外国に依存し、供給源を分散しているのはありがたいということだ。仮に、牛肉や鶏肉を輸入に頼らず、すべて国内生産で賄っていたとしよう。そのときこうした感染が起こったとすれば、きわめて深刻な事態になる」と述べ、さらに日本がすでに様々な地域から食料を輸入している事実を踏まえながら、〈ある供給源で問題が起きた場合には、別の供給源に切り替えればよいのであって、もしも食糧自給率を高めれば、日本国内という供給源だけに依存することとなり、供給源の分散投資に逆行する結果となる〉と説明している（野口 2004：116）。

　第2の理由については、「日本の国土は、都市的利用に関する限り決して狭くはないが、大規模農業を行なうには狭い。しかし、農業生産に適した条件の国と交易することによって、その問題を克服できる。これは、交易の利益とか、比較優位の原理といわれるものだ（正確にいうと、農業生産に関しては、日本は絶対劣位にある）」と述べ、そのうえで、「おのおのの国は、必要なすべての物資を自給しようとするのではなく、より得意な分野に特化する。そして貿易をする。それによって、お互いがよくなる。われわれは農業国として生きる道を捨て、工業国の道を選択した。もし日本が農業国にとどまっていたら、大部分の日本人は、今でも低い生活水準にあえいでいたことだろう。日本は農産物の自給率低下を通じて豊かさを手に入れたのであり、その選択は正しかった」と説明している（同：117）。

　この2つの理由を挙げながら、野口は、「食糧自給率が低いことは、日本人の食生活が不健全で供給途絶の危険にさらされていることを意味するものではない。それとは逆に、日本人の豊かさと食生活の安全度の高さを意味するものである」と断じて、「食糧自給率は低いほうがよい」と題する小論を締め括っている（同：117）。言うまでもなく、この野口の考えは、典型的な〈国際分業に依拠した食料安全保障論〉である。

　野口のように「食料自給率は低いほどよい」という極端な主張ではないが、

農業経済学者でありながら、本質的に〈国際分業に依拠した食料安全保障論〉の立場に立っていると思われるのは本間正義で、「食料の安定供給は政府の役割だが、それは自給率の向上以外でも可能だ。自給率だけにこだわっていては政策の幅を狭めてしまう」（本間 2007）と述べ、対策としては、「有事にも食料の輸入が途絶しないよう各国との関係を深めるとともに、法的な裏づけを伴った不測時の食料供給体制を構築することが政府の採るべき道であろう」（本間 2007）とか、「有事の食料の安全保障のために在庫と強制力のある生産・流通システムを構築しておき、それが有事に実行されるよう担保措置を講じておけば、平時の自給率にこだわる必要はない」（本間 2014：97）というのがその主張である。本間の主張は、「食料・農業・農村基本法」が定めている〈国内の農業生産の増大〉という食料安全保障の基本方針に対して、いわばその補完的役割を担うものとして挙げている「輸入及び備蓄」という手段に重きをおく考えである。

　野口のように明確に〈国際分業に依拠した食料安全保障〉を主張する論者は数少ないが、しかし、先に取り上げた渡邊・下田・藤川のように、東日本大震災と福島第一原子力発電所の事故を引き合いにしながら、「食料輸入というオプションがあるのは実はありがたいことなのである」（渡邊ほか 2011：30-31）と述べ、野口の考えを踏襲するような研究者が存在するし、さらに言えば、国際経済論や国際貿易論に精通するわが国の経済学者の多く、とりわけ新自由主義の考えを信奉する市場原理主義のエコノミストにとっては、〈国際分業に依拠した食料安全保障論〉は「自明の理」とも考えられるのであって、彼らは、いわば「暗黙の肯定者」であり、支持者である。と言うのは、自由競争と市場メカニズムの原理に従う限り、貿易を通じて形成される国際分業関係はリカードの比較生産費説が教えるように、必然的に比較優位産業間での国際分業になるのであり、第2次世界大戦後、急激な工業発展を成し遂げた日本にとっては、比較優位産業部門の工業製品を輸出し、その一方で比較劣位産業部門の農産物は国外から輸入するという農工間国際分業関係が基本とならざるを得ないからである。

　典型的な〈国際分業に依拠した食料安全保障論〉と言える野口の食料安

保障論は、まさにリカードの「比較生産費説」の教えに合致した、合理的な経済行動である、として正当化することも可能である。だが問題は、そのような国際分業の論理に立脚した食料安全保障が日本においてのみならず、日本以外の多くの国の食料安全保障をも永続的に保証するものであるか否かであり、かつまた世界の食料問題の解決や、世界の政治経済的な安定をもたらすものであるか否かである。

　国際分業は、リカードの比較生産費説が説くように、貿易当事国の双方に利益がもたらされるがゆえに行なわれるのであるが、その国際分業によって貿易当事国にもたらされる利益は均等ではないし、その国際分業の進展によって先鋭化される比較優位・比較劣位の関係が貿易当事国の産業構造に急激な変化をもたらし、国民経済に深刻な問題を引き起こす恐れさえあるのである。いわんや、リカードが想定しなかったような新たな問題が、国際貿易の進展によって生じているのが今日のグローバル経済の実態であって、リカードの比較生産費説やそれに基づいて主張される自由貿易主義の有効性と限界を見極め、望ましい対応策を導き出すことこそが、今日、経済学を学び、経済分析をする者の役割である。

　第1章において論じておいたように、資本主義という経済システムが持つ「農業の非合理性」という問題は、貿易という手段を通じて農業を国外に移譲することによって国民経済レベルでは解決したかに見えながらも、その問題は世界経済レベルでは依然として解決しがたい問題として残っているのであって、その問題の解決をどのようにして図るのかが今日的課題である。典型的な国際分業の論理に依拠した食料安全保障論は、いまや現代世界が提起している諸問題に照らし合わせて考えてみるならば、大手を振って主張できるような食料安全保障論ではないのである。

　以下では、考えられる国際分業に依拠した食料安全保障論の問題点を明らかにしておきたい。

●国際分業に依拠した食料安全保障論の問題点

　典型的な国際分業に依拠した食料安全保障論の問題点として第1に指摘し

ておかなければならないことは、一国が採用する国際分業に依拠した食料安全保障策が、他国の食料安全保障を脅かすという点である。約200カ国に及ぶ世界の国々は、国家間での経済取引を通じて相互に結び付き、全体として1つの経済世界、すなわちグローバル経済を形成している。中でも貿易によって形成される国際分業関係は、その結び付きの最も重要な要素である。それゆえ、一国の国際分業関係は、グローバル経済を構成する各国の経済、すなわち各国民経済に影響を与えていくこととなる。

第4章において論じたように、今日、後発開発途上国（LDC）と呼ばれる国々を中心として、世界人口の約1割を占める人々が「飢え」（栄養不足）の苦しみに直面しているのである。とくにサブサハラ地域の国々は食料の多くを外国から輸入しているにもかかわらず貧困のゆえにすべての国民に行き渡るだけの食料を確保することができない、という状況におかれている。そうした状況の中で、世界中から大量の食料を買い求め、国民に対する食料の安定供給が確保できればよいとする日本の姿勢は、いわば「ジャパン・ファースト」の考えに基づいた姿勢であり、そのことによって食料の世界市場価格を押し上げ、多くの食料不足に悩む開発途上国、とりわけ後発開発途上国の食料問題を深刻化させていくことになり、国際道義上、許されない姿勢であると言わなくてはならない。食料安全保障は、単に日本だけが達成されればよいといった問題ではなく、世界のすべての国にとっての共通の、しかも最重要の達成すべき問題であることを、改めて認識しておく必要がある。

第2の問題点は、頻発する異常気象によって生じる世界の穀物需給の逼迫、バイオエタノール生産に代表される食料以外の用途からの穀物需要の拡大、そしてそういった状況の中で投機対象とされる農作物の激しい価格変動、等が安定的な食料安全保障策を脅かすという点である。さらに、近年、世界最大の人口を抱える中国がいまや日本以上に大量の食料輸入国（とりわけ穀物輸入国）となってきていることを考えるならば、すでに始まっている世界市場のもとでの食料争奪戦が、今後、一層激化していくことは必定であり、輸入を通じて安価な食料を継続的に確保し続けるという食料安全保障論自体が、やがて成り立たなくなる恐れさえ存在するのである。

第3の問題点は、今日、〈食料〉の問題と並んで人類全体に課せられた最も大きな問題であるといえる〈地球環境〉に与える影響である。いわゆる「フード・マイレージ」といった概念によって食料貿易による地球環境への負荷が問われ、すでに世界最大の負荷を与えている日本に対して、その軽減が求められていることを考えるならば、日本の食料安全保障の基本を貿易におくという施策は、時代錯誤の施策と言わざるを得ない。

　加えて最も大きな問題は、政治経済学的に考えてみて世界は決して安定的で平和な状態を維持し続けているのではないという点である。新型コロナウィルスのパンデミックに見られるような感染症によって世界経済は瞬時にして機能不全に陥ることが証明されたし、また2022年1月に始まったロシアによるウクライナ侵攻による戦争のように、世界の多くの人々にとって予測不能なできごとが、突如として起こりうるのである。世界有数の穀物輸出国であるウクライナとロシアの戦争が、両国からの穀物供給を頼りとしていた国々、とりわけアフリカの国々の食料安全保障に大きな影響をもたらし始めていることもすでに明らかにされているところである（阮 2022：140-141）。

　先に取り上げた野口悠紀雄の主張、すなわち、世界各地で発生するBSE（牛海綿状脳症）や鳥インフルエンザのニュースを取り上げながら、「こうしたニュースを聞いてつくづく思うのは、日本が食糧を外国に依存し、供給源を分散しているのはありがたいということだ」、「ある供給源で問題が起きたら、別の供給源に切り替えればよい。供給源が多様化しているという意味で、日本は世界で最も食生活の安全が確保されている国の一つだ」、「食糧自給率の低いことは、……日本人の豊かさと食の安全度の高さを意味するものである」と論じて、「食糧自給率は低いほうがよい」とする主張は、上記のような視点からの考察をまったく欠いた主張であって、論外と言うほかない。

　一方、本間正義は、「有事の食料の安全保障のために在庫と強制力のある生産・流通システムを構築しておき、それが有事に実行されるよう担保措置を講じておけば、平時の自給率にこだわる必要はない」と論じているが、有事のときの「強制力のある生産・流通システムの構築」とは一体何なのかが明確ではないし、平時のときに有事の備えがあってこそ、有事のときにその

役割が果たしうるのであって、突如、生じる有事に対して即座に対応しうるような「強制力のある食料生産システム」はおよそ考えられないと言ってよい。

● **忍び寄る日本産業・日本経済の衰退と国際分業に依拠した食料安全保障論**
　上記のような問題点もさることながら、より以上に大きな問題は、これまで日本がとり続けてきたとも言える国際分業に依拠した食料供給の方法自体が、近い将来、きわめて厳しい状態に追い込まれていく可能性を持っているという点である。

　日本経済や世界経済の構造変化を追い続けている村上研一は、詳細な経済指標の分析を通じて、日本産業や日本経済がいまや長期停滞ないしは衰退の局面に陥っていることを明らかにしている（村上 2022）。たとえば、2005～19年の実質GDP増加率を国際比較すると、中国が527.4％、韓国が76.1％であるのに対して日本はわずか6.5％、また2020年の購買力平価基準の1人当たりGDPでは、韓国が4.3万ドルであるのに対して日本は韓国よりも低い4.2万ドルで、世界第30位であるという（村上 2022：6）。いまや1980年代に「ジャパン・アズ・ナンバーワン」と騒ぎ立てられたような日本経済の勢いはなく、貿易収支さえも赤字に転じているというのが現状である。

　とりわけ、貿易収支が2011年に赤字に転じて以降、赤字基調がほぼ継続しているという点が問題である（2011～22年の間で、貿易黒字を計上したのは2016年、2017年および2020年の3カ年のみである）。村上の分析は、鉱物性燃料、繊維・衣類、食料品の輸入による赤字拡大に対して、とくに輸出産業である電気機器による貿易黒字の停滞および減退がその要因であるとして、〈重化学工業が稼ぐ貿易黒字額が食料・エネルギー・資源の貿易赤字を下回る状況となっていること〉を明らかにしている（同：15）。

　かつてわが国の膨大な貿易黒字を生み出していた重化学工業を中心とする輸出産業の国際競争力は、すでに失われ始めているのであって、奇しくも、本章の執筆中に、そのような日本経済の衰退状況を窺わせるような兆候が現われてきている。すなわち、急速な「円安・ドル高」傾向の進行である。2021年末までは、ほぼ1ドル＝110円の水準で推移していた為替レートが、

2022年の初頭以降、円安傾向をたどり始め、わずか1年ほどの間にドルに対する円の為替相場は、140円台の半ばまで落ち込み、さらにその落ち込みは、現在（2024年4月）では150円台半ばまで進んできている。2021年にドル建て価格1億ドル分の外国産小麦は110億円で輸入できていたにもかかわらず、その外国産小麦のドル建て価格が変わらなくても、いまや日本円では150億円以上の価格で輸入せざるを得なくなっているのであって、外国産小麦がいつまでも安価であり続けるのではないのである。

　高度経済成長が始まった1950年代半ばから今日に至るまでの日本経済の動きを振り返ってみると、そこには、19世紀の「パックス・ブリタニカ」と呼ばれた時代にイギリスがたどった歴史と酷似した様相を見いだすことができる。その似通った様相とは、いち早く産業革命を終え、19世紀初頭には「世界の工場」と呼ばれる工業大国となったイギリスが、リカードの教えに従うように自由貿易政策を採用し、農工間国際分業を通じて〈非合理的な産業である農業〉を国外に移譲していったものの、保護貿易政策をとりながら工業生産力を高めてきたアメリカやドイツの台頭とともに、イギリス経済を支えるべき工業部門の国際競争力が失われ、農業のみならず工業さえも衰退していったという、19世紀イギリス経済の歴史である。

　さらに付言しておけば、19世紀のイギリスは、工業製品の輸出額を上回る原料・食料の輸入額によって生じる膨大な貿易赤字を、資本輸出（対外投資）によって得られる収益によって埋め合わせ、かろうじて国際収支の均衡を図るという、いわば「金利生活者国家」へと転身していったというのも、19世紀イギリスがたどった歴史である（應和 1989、第Ⅰ章、を参照）。いまわが国において生じている貿易赤字を補填しているものも、多くの海外移転した日本企業が獲得した収益をはじめとする、いわゆる対外投資収益である。

　〈国際分業に依拠した食料安全保障論〉には、比較優位産業である工業部門が高い国際競争力を持ち続けるという日本の経済構造が前提されているが、そのような前提は決して約束された前提ではない。その前提がいまや危うくなり始めているという現実を直視し、そのうえで取り得る食料安全保障の施策を考えることが求められているのである。すでに論じたことであるが、〈国

民が必要とする食料は可能な限り自国で生産するというのが国民国家の基本姿勢〉であって、そうした方向への転換こそが、食料安全保障上のとるべき施策であると考える（應和 2010：7）。しかし、日本政府は、そうした方向での食料安全保障論を唱え、それに向けての施策を実行しているかにみえるが、問題はどこまで真剣にそうした食料安全保障政策に取り組んでいるかである。その点を確認することも、本章での重要な検討作業の1つである。

Ⅳ．日本の食料安全保障政策の現状

●食料安全保障は国家安全保障の基本でもある

　新型コロナウィルスのパンデミックが収まらない中で、突如、勃発したロシアのウクライナへの侵略というできごとは、改めて日本政府に国家安全保障の問題を再検討させるきっかけとなった。岸田文雄内閣は、急遽、「国家安全保障会議」を開催し、2022年12月には、第2次安倍晋三内閣時代に決定された「国家安全保障戦略について」（2013年12月、閣議決定）に代わる新しい「国家安全保障戦略について」を取り纏め、公表している。約30ページに及ぶその新しい「国家安全保障戦略について」の中で、日本政府は「エネルギーや食料など我が国の安全保障に不可欠な資源の確保」という一項を設け、食料安全保障の戦略として、「食料や生産資材の多くを海外からの輸入に依存する我が国の食料安全保障上のリスクが顕在化している中、我が国の食料供給の構造を転換していくこと等が重要である」と論じ、さらに「具体的には、安定的な輸入と適切な備蓄を組み合わせつつ、国内で生産できるものはできる限り国内で生産することとし、海外依存度の高い品目や生産資材の国産化を図る」と明言している（「国家安全保障戦略について」令和4年〔2022年〕12月16日閣議決定／内閣官房ホームページ）。

　「食料」というものが国民の生命に直結した最も重要な財であることは、小学生でも十分理解できることであり、「平時」であっても食料の安定的な確保は国政の基本である。いわんや「有事」には当然、どのようにして食料

を確保するかが問題になるはずであるが、これまでの日本政府にはそのような認識がまったく欠如していたと言わざるをえない。と言うのは、筆者自身もこれまで気づくこともなく過ごしてきたことであるが、安倍内閣時代の2013年に策定された「国家安全保障戦略について」で謳われていることは、〈防衛力の増強や自由貿易体制の堅持、さらには日米同盟の強化〉であって、国家がとるべき安全保障上の施策としての「食料の安定的な確保」という問題はまったく考慮されていなかったからである。そのことから考えると、新しい国家安全保障戦略の中に食料安全保障の問題を取り上げ、食料に関して、「国内で生産できるものはできる限り国内で生産することとし、海外依存度の高い品目や生産資材の国産化を図る」と明記したことは一歩前進と言えるが、問題はその食料の安定確保を日本政府が真剣に成し遂げようとしていると言えるか、どうかである。

　と言うのも、「食料・農業・農村基本法」の規定に基づいて、2000年以降、農林水産省が展開している食料自給率向上のための「食料・農業・農村基本計画」自体がいわば「尻すぼみ状態」となっているからであり、また、国際競争力の乏しい日本農業を立て直し、維持していくためには、国家による財政的支援が不可欠であるが、2000年代に入ってからの日本政府がとってきた農業に対する財政的支援は減少傾向をたどり続けているからである。

● 「尻すぼみ状態」にある「食料・農業・農村基本計画」

　農林水産省は、「食料・農業・農村基本法」の規定に従って、2000年に実施期間を10年とする食料自給率向上の目標、および主要食料の生産努力目標を設定した「食料・農業・農村基本計画」を開始しているが、しかし、過去20年間の成果をみる限り、その基本計画は「尻すぼみ状態」になっていると言わざるを得ない。

　表5-3は、2000年、2010年および2020年に策定された基本計画において示された主要食料品目の生産努力目標と、その目標設定のために参考とされた1997年、2008年、2018年の生産実績とを示したものである。周知のように、2000年策定の基本計画は自民党政権のもとで、10年先（2010年）を見越し、

表5-3　食料生産の参考実績と基本計画における生産努力目標　　　（単位：1万トン）

	2000年策定の基本計画		2010年策定の基本計画		2020年策定の基本計画	
	1997年参考実績	2010年努力目標	2008年参考実績	2020年努力目標	2018年参考実績	2030年努力目標
コメ	1,003	969	882	975	821	806
（飼料用米）	（＊）	（＊）	（0.9）	（70）	（43）	（70）
小麦	57	80	88	180	76	108
大麦・裸麦	19	35	22	35	17	23
（穀物合計）	(1,079)	(1,084)	(993)	(1,190)	(914)	(937)
甘藷	113	116	101	103	80	86
馬鈴薯	340	350	274	290	226	239
大豆	15	25	26	60	21	34
野菜	1,431	1,498	1,265	1,308	1,131	1,302
果実	459	431	341	340	283	308
牛肉	53	63	52	52	33	40
豚肉	129	135	126	126	90	92
鶏肉	123	125	138	138	160	170
鶏卵	257	247	255	245	263	264
飼料用作物	394	508	435	527	350	519
供給熱量自給率	41％	45％	41％	50％	37％	45％

(注1)　「コメ」の数値は、〈主食用米＋米粉用米＋飼料用米〉の数値。＊印は、数値設定なし
(注2)　「穀物合計」は、〈コメ＋小麦＋大麦・裸麦〉の数値
(注3)　2020年の努力目標計画は、民主党政権のもとでなされたもの
(注4)　飼料用作物の単位は、TDNトン
(出所)　2000年、2010年、2020年に公表された農林水産省「食料・農業・農村基本計画」の目標数値および参考実績をもとに、筆者作成

供給熱量自給率45％を目標として設定された基本計画である。それに対して、2010年策定の基本計画は、民主党政権のもとで、10年後の供給熱量自給率を一挙に50％まで引き上げるという基本計画であったが、その後、民主党から自民党への政権交代によって、その目標は再び45％に引き下げられ、新たな基本計画が2020年に策定されている。

　2000年から2020年の間に、政権交代があり、そのことによって2010年策定の供給熱量自給率50％という、より高い目標を掲げた基本計画があったもの

の、基本計画の実状はどうかというと、2000年の基本計画策定のために参考とされた1997年の供給熱量自給率41％を超える水準に達したことは、現在に至るまで一度もなく（表5-1参照）、しかも品目別に見ても、当初の計画から10年先を見越してどころか、20年近く後の2018年実績が1997年実績を上回っているのは、小麦、大豆、鶏肉、鶏卵、および豚肉にすぎない。過去、20年ほどの間に、基本計画で設定された目標数値を達成することのできた品目がきわめてわずかであることも問題であるが、しかしより大きな問題は、2000年と2020年に策定された基本計画を見比べてみると、いずれも供給熱量自給率45％を目標として策定された基本計画であるのにもかかわらず、2020年策定の基本計画で設定された品目別目標数値の多くが、2000年策定の基本計画での品目別目標数値よりも低く設定されている点である。

1997年の供給熱量自給率は41％であって、日本政府が目標とする供給熱量45％を達成するためには、1997年の実績よりも高い数値目標が必要で、少なくとも2000年の基本計画で示された食料品別生産努力目標に相当する数値目標が必要である。2000年の基本計画の目標数値を上回っている食料品目は、小麦（80万トン→108万トン）、大豆（25万トン→34万トン）、鶏肉（125万トン→170万トン）、鶏卵（247万トン→264万トン）、そして飼料用作物（508万TDNトン→519万TDNトン）にすぎない。その一方で、供給熱量の約3分の1を占めると考えられる穀物合計の目標数値は、1,084万トンから937万トンへと15％近く引き下げられ、その数値は1997年実績の1,079万トンにも及ばない数値である。まさに、基本計画自体が「尻すぼみ状態」になっているのである。仮に、これらの数値目標が2030年に達成されたとしても、おそらく供給熱量自給率を45％まで引き上げることはほとんど不可能である、と考えるのが常識的な考えである。

なにゆえ、このような杜撰とも言える基本計画を農林水産省は作成し、公表したのか、と疑問を抱かざるを得ないのであるが、実はこの2020年に発表された基本計画は、安倍内閣の閣議決定によるものである。もちろん、日本農業に関する所轄官庁である農林水産省が作成し、決定した基本計画であろうと、閣議決定の基本計画であろうと、それは日本政府によって決定された

基本計画であるが、上記のような基本計画を閣議決定し、公にしているところに、日本政府の、とりわけ安倍内閣の時代の食料安全保障や日本農業に対する姿勢が如実に現われていると言ってよい。その姿勢の根底にあるものは、〈農工間国際分業を軸とした貿易立国〉という市場原理主義に立脚した経済観であり、日本農業の軽視にほかならないが、その点はまた、近年の農業支援に向けられる国家予算の削減傾向の中にも見て取れる。

● 〈国内の農業生産の増大〉が謳われながら、削減され続ける日本の農業予算

日本政府は、食料安全保障の基本として〈国内の農業生産の増大〉を謳いながら、国際競争力の乏しい日本農業の生産拡大にとっては不可欠とも言える財政的支援を拡大するどころか、削減し続けている。

表5-4は、1981年から2020年までの40年間の農林水産省予算額とその国家予算額に占める割合を示したものである。同表に見られるように、農林水産省予算額は、1980年代前半期には年額3兆円を超えていたのであるが、その後徐々に削減され始め、1980年代後半期には2兆円台に、1990年代に入ってからは、少し増加し始め、1992年以降から2000年代の初めに至るまでは再び3兆円台に回復しているものの、2005年以降は、再び2兆円台へと落ち込み、今日に至っている。

1992年から2000年代初めにかけては、ウルグアイ・ラウンド農業交渉や、自民党政権から非自民党政権への政権交代、さらには1993年の記録的な冷夏によるコメの凶作、さらにはウルグアイ・ラウンド農業合意後の対応策、といったことを反映して、農林水産省予算額は若干増加されたものと考えられるが、2005年以降は2019年に3兆円を超える予算額となっているのを除いて、いずれの年も2兆円台の予算額である。

ちなみに、1981～85年の農林水産省予算の年平均額を計算してみると、それは約3兆2,700億円である。それに対して2001～20年の年平均予算額は約2兆7,700億円であって、1981～85年の平均額と比べて5,000億円も少ない額で、率にして約15％の減額である。この農林水産省予算額の絶対的な減少自体が大きな問題であるが、それどころか国家予算総額に占める農林水産省予

表5-4　農林水産省予算の推移（1981～2023年）　　　　　　　（単位：100億円／％）

年	農林水産省予算額 (a)	国家予算総額 (b)	割合 a÷b×100	年	農林水産省予算額 (a)	国家予算総額 (b)	割合 a÷b×100
1981	345	4,712	7.3	2003	288	8,193	3.5
1982	345	4,756	7.2	2004	307	8,687	3.5
1983	331	5,083	6.5	2005	285	8,670	3.2
1984	312	5,151	6.0	2006	262	8,345	3.1
1985	303	5,322	5.6	2007	256	8,380	3.0
1986	291	5,382	5.4	2008	272	8,891	3.0
1987	306	5,821	5.2	2009	283	10,255	2.7
1988	284	6,185	4.5	2010	241	9,672	2.2
1989	282	6,631	4.2	2011	279	10,751	2.6
1990	268	6,965	3.8	2012	285	10,053	2.8
1991	278	7,061	3.9	2013	246	9,807	2.5
1992	326	7,148	4.5	2014	240	9,900	2.4
1993	453	7,743	5.8	2015	246	9,966	2.4
1994	393	7,343	5.3	2016	268	10,022	2.6
1995	401	7,803	5.1	2017	253	9,910	2.5
1996	355	7,777	4.5	2018	262	10,135	2.6
1997	339	7,853	4.3	2019	271	10,465	2.6
1998	395	8,799	4.4	2020	348	17,568	2.4
1999	348	8,901	3.9	2021	291	14,259	2.0
2000	341	8,977	3.7	2022	284	13,921	2.0
2001	311	8,635	3.6	2023	283	12,758	2.2
2002	306	8,368	3.6				

（出所）　財務省「第5表明治20年度以降一般会計歳出所管別予算」
　　　　　財務省ホームページ「統計表一覧」より、筆者作成

算額の割合の低下を考えるならば、少なくとも2000年代に突入して以降、日本政府がとった農業政策はいわば「日本農業の安楽死政策」とでも言わざるを得ない政策である。

　表5-4に見られるように1980年代前半期の国家予算総額に占める農林水産省予算額の割合は6～7％（1981～85年の5カ年平均では6.5％）である。その後、国家予算総額は急激に増加し、2000年代に突入した頃の国家予算総額は1980年代前半期の国家予算総額の約2倍に、さらに近年の国家予算額は

100兆円を突破し、1980年代前半期の2.5倍以上の規模に達しているにもかかわらず、農林水産省予算額は上記のように2000年代に入ってから逆に減少傾向にあり、たとえば、2011〜20年の国家予算総額に占める農林水産省予算額の年平均割合を計算してみると、わずか2.5％という水準である。さらに2023年、24年の農林水産省予算額は、国家予算総額の2％以下にまで落ち込んでいる。国家予算総額に占める農林水産省予算額の割合で言えば、1980年代前半期頃と比べ2010年代の農林水産省予算額の水準は半分以下にまで削減されていることになる。日本政府は、「食料・農業・農村基本法」をはじめ、「国家安全保障戦略」等において、表面的には〈国内の農業生産の増大を図ることを基本として食料の安定的確保を達成する〉と表明しながらも、本音としては依然として国際競争力の乏しい日本農業を徐々に切り捨てながら、多国籍化した日本企業を頼りとするいわば農工間国際分業の形をとった「貿易立国」の経済観を維持し続けているのである。だが、そうした経済観に立った日本経済の舵取りは、21世紀のグローバル経済が抱える問題を考えるとき、次第に通用しなくなり、思わぬ破局を迎える可能性を孕んでいるように思われる。そのような状況を避けるための転換が、いま日本経済社会には求められている。

V. 日本の食料安全保障政策の課題とWTO農業貿易システムの改革

●食料安全保障政策の基本は穀物自給率の向上にある

　日本政府は21世紀を迎えるに当たって、日本国民に対する食料安全保障の方向として〈食料自給に基づく食料安全保障論〉を表明しているものの、これまで検討してきたように、過去20年間、実効性のある施策を展開するどころか、むしろ「日本農業の安楽死政策」と言わざるを得ないような政策を展開してきている。このような政策が続いていくならば、近い将来、きわめて深刻な食料問題が日本においても生じる恐れは多分にある。

鈴木宣弘の近著『世界で最初に飢えるのは日本——食の安全保障をどう守るか——』(講談社、2022年)では、アメリカのラトガース大学の研究者たちが、局地的な核戦争が勃発した場合に、「核の冬」による食料生産の減少と物流停止による餓死者が世界全体で2億5,500万人に達し、その約3割の7,200万人が日本の餓死者である、という推定を公表したことが紹介されているが(鈴木 2022：3)、核戦争という事態はともかくとして、日本の食料自給率の低さ、そしてコロナ禍の中で食料の禁輸措置をとる国々が現われたこと、さらに2022年2月に突如始まった食料輸出大国のロシアとウクライナとの戦争、気候変動に伴う世界各地での凶作の発生、といったことがらを考え合わせながら鈴木の著作を読み進んでいくならば、その標題に示されたような状態が「近い将来の日本に起こりうる可能性は十分にある」と考えざるを得ない。

　そのような警告を、日本政府がどのように受け止め、その方向転換を行なっていくか否かは、まさに政治の側の問題ではあるが、しかしそれはまた、そのような政府を選びだした日本国民の責任でもある。ともあれ、近未来において現われる可能性の高い状況を避けるために、いまなすべきことを整理し、その課題を明らかにしておくこととしたい。

　すでに論じたように、日本が食料安全保障の方向としてとるべき道は、〈食料自給に基づく食料安全保障〉の道であると考えるが、何よりもその方向での基本的施策は、穀物自給の追求であると考える。と言うのは、すでに述べたことであるが、人間が生きてゆくために必要なカロリーのうち、過半は穀物から得られているからである。図5-1は、2022年度のカロリーベース食料自給率を構成する、品目ごとの供給熱量と国産供給熱量とを示したものであり、表5-5はそれをもとにカロリーベースの食料自給率の構成を少し整理したものである。2022年の1人／1日当たりの総供給熱量は2,260キロカロリーで、そのうちコメと小麦を合わせた穀物によって直接供給されている熱量は775キロカロリーである。それが総供給熱量に占める割合は約34％にすぎないが、しかし、周知のように畜産物はその多くが飼料用穀物によって生産されており、その全量が穀物飼料によって生産されていると仮定すると、コメ、小麦、畜産物から得られる熱量は1,183キロカロリーとなり、その熱

第5章　日本の食料安全保障とWTO農業貿易システム　245

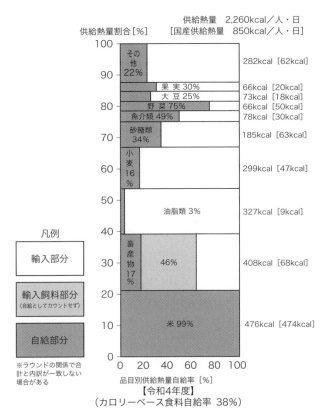

図5-1　カロリーベース食料自給率の品目別構成（2022年度）
（出所）　農林水産省ホームページ

表5-5　カロリーベース食料自給率の構成　（単位：Kcal／%）

品目	供給熱量	国産熱量	自給率
コメ	476	474	99
小麦	299	47	16
畜産物	408	68	17
（小計）	(1,183)	(589)	(50)
その他	1,077	261	24
総計	2,260	850	38

（出所）　図5-1より筆者作成

量は総供給熱量の52%と、総供給熱量のほぼ半分が穀物由来のエネルギーであるということになる。しかも、畜産物の食事エネルギー1キロカロリーを得るために必要な飼料用穀物エネルギーは、鶏肉・鶏卵で4キロカロリー、豚肉で7キロカロリー、牛肉で11キロカロリーが必要であることもよく知られており（時子山ほか 2013：35）、その点を考慮に入れると、われわれは生きていくために必要なエネルギーの50%どころか、はるかに多くのエネルギーを穀物から得て生活している計算となる[5]。

そのように穀物は人間の生存にとって最も重要な食料であるが、その穀物に由来するエネルギーに関しての日本の問題は、国産のコメ、小麦、そして畜産物から供給されている熱量がわずか589キロカロリーで、総供給熱量の26%を占めているにすぎない、という点である。コメに関してはほぼ100%の自給率を保っているものの、大きな問題は小麦の16%、畜産物の17%という自給率の低さである。ただし畜産物に関しては、周知のように国内産畜産物のうち輸入飼料によって生産されたと見做された部分が国産の畜産物としてカウントされていないため、低い自給率となっているのであって、この輸入飼料を国産飼料に置き換えることができるとすると、その畜産物の自給率は63%にまで跳ね上がる計算となる。

仮に畜産物の自給率が63%になったとすると、国産供給熱量は188キロカロリー増え、カロリーベースの食料自給率は、計算上、約46%となる。さらに小麦の自給率が40%程度まで向上するとすれば、カロリーベースの食料自給率は約50%にもなるのである。「食の見直し」といったいわば〈和食への回帰〉を国民に促すような政策は、すでに指摘したように実効性のない施策である。本筋の〈食料自給に基づく食料安全保障〉としての施策は、すでに洋風化した食生活を前提とした施策でなければならないのであって、そのことを考えるならば、自ずと飼料用穀物を含めての穀物自給率を可能な限り増大させていくという方法こそがとるべき施策である、ということになる。

筆者は、2010年に、かつての民主党政権下で設定された〈カロリーベースの食料自給率を50%まで向上させる〉という目標を実現するためにどのような方策が取り得るかという課題に対して、日本政策金融公庫農林水産事業本

部の発行する機関誌『AFCフォーラム』から意見を求められ、飼料用米を中心とする飼料用穀物の自給率向上によって、日本国内の畜産業が依存している国外産飼料用穀物を国産の飼料用穀物に転換できるならば、計算上ではカロリーベースの食料自給率をほぼ50％にまで引き上げることができる、と論じたことがある（應和 2010：7-10）。それから十数年を経た現在、状況は少し変化しているが、しかし、日本が〈食料自給に基づく食料安全保障〉の道を歩もうとする限り、当面、目指すべき方向はその方向しかないと考えるし、またその方向で食料自給率を向上させ、安定した食料供給を確保するという方法は、決して不可能ではないとも考える。

　先に掲げた表5-3に見られるように、2010年に設定された「食料・農業・農村基本計画」では2020年の〈飼料用米の努力目標数値〉は70万トンとされ、その目標に向かっての政策展開が開始され、それなりの成果が現われてきている。2008年段階では、わずか9,000トンに過ぎなかった飼料用米の生産量は、2015年以降、40〜50万トン台にまで増大し、2019〜20年にかけては30万トン台に減少したものの、2022年には80万トンに達している。農林水産省が2023年11月に発表した「飼料用米をめぐる情勢について」という資料には、「配合飼料原料に飼料用米を利用した場合の利用量」に関する試算が、大きく3つのケースに分けて示されている。それによると、養鶏、養豚、乳牛、肉牛に対する飼料用米の利用合計量は、①「家畜の生理や畜産物に影響を与えることなく給与可能と見込まれる水準」……445万トン、②「調製や給与方法等を工夫して利用すべき水準」……866万トン、③「様々な影響に対し、調製や給与方法等を十分に注意して利用しなければならない水準」……1,119万トン、である[6]。配合飼料原料として使用しうる飼料用米の量には、上記の3つのケースの間でかなりの開きがあるが、中間の②のケースを前提にすると、年間800万トン以上の飼料用米を配合飼料原料として使うことができ、現在の10倍以上の飼料用米を生産しても配合飼料原料として使用することが可能である。

　2022年現在、配合・混合飼料原料として使われている穀物の中心はトウモロコシで、その量は1,126万トンである。配合・混合飼料原料の約半分を占め、

ほとんど全量を輸入に依存しているトウモロコシの代わりに飼料用米が使われるようになれば、畜産物の自給率はかなり向上させることが可能である。飼料用米の生産に必要な水田に関しては、近年、日本人のコメ消費量の減少によって作付けされなくなった水田の利用が可能である。日本のコメ問題に詳しい小川真如によると、現在、コメの作付けが行なわれている水田面積は、水田全体の65％まで落ち込んでいると言う（小川 2022：230）。

　2022年現在での日本の水田面積は235万ヘクタールで、作付けされていない35％の水田面積は約82万ヘクタールという計算になる。また、農林水産省の調査資料によると、さらに耕作放棄地のうち再生利用可能な農地が約9万ヘクタール存在する[7]。合わせて、約90万ヘクタールの水田および再生利用可能な農耕地で、仮に10アール当たりの収量が700キログラム程度の飼料用米を生産することができるとすると（農林水産省が紹介する飼料用米の多収量生産者の中には、10アール当たり900キログラムを越える生産者も存在する）、630万トンの飼料用米を生産することができるし、すでに生産されている80万トンほどの飼料用米と合わせると、約700万トンの飼料用米を生産することも可能である。

　さらに小川真如によると、すでに過剰気味である日本のコメ生産は、生産技術の向上と人口減少によって2000年代半ばにはさらに深刻な問題、すなわち日本人が必要とする食用米の生産に必要な水田が過剰となり、「農地が余る時代」が到来すると予測されており（小川 2022：251-264）、その余剰水田を利用して飼料用米の生産をさらに増大させることや小麦の生産増大も可能である。もちろん、すべての畜産飼料を飼料用米で置き換えることはできないであろうが、しかし、現在輸入されている約1,500万トンの飼料用穀物の半分近くを国産の飼料用穀物で置き換えることができるならば、カロリーベースの自給率を数パーセント引き上げることは可能となる。

　だが、飼料用穀物、とくに飼料用米の生産拡大を通じて食料自給率を向上させることが望ましいとしても、それが現実のものとなるためには、まだいくつかの課題が存在する。中でも最も大きな課題は、国際競争力のない日本の飼料用穀物の生産拡大を実現するためには、日本政府による財政的支援が

必要であり、その支援に対する国民の理解をどのようにして得ることができるか、という問題である。

● **食料安全保障政策の抜本的な改革を——恒久的な「21世紀食料安全保障対策特別予算」枠の制定を——**

　国際貿易の原理、言い換えると国際分業の論理は、国際市場における競争関係によって貿易当事国にとって有利な産業と不利な産業とが決まり、互いに有利な産業間で国際分業関係が形成されていくという論理である。その論理に従うならば、日本にとっては国際競争力を持たない比較劣位産業である農業を保護し、国内での農業生産の増大を図るという方策は愚策であり、比較優位産業である製造業部門の製品を輸出し、農産物を国外から輸入することこそが望ましい方策であるということになる。しかし、すでに論じてきたように、そのような単純な方法では、一国の食料安全保障は達成し得ない状況が生まれてきているのである。それは単に日本という一国の問題ではなく、200カ国近くの国々の食料安全保障を考えてもそうである。

　比較劣位産業である農業を守る方法としては、国境措置、輸出補助金、そして国内農業支持と大きく3つの方法が存在する。この3つの方法のうち、輸出補助金はアメリカやEU諸国など農産物の輸出大国に関わる問題であって、日本農業にとっての保護措置としては、国境措置と国内農業支持である。国境措置に関しても、WTO農業協定によってすべての品目の関税化が行なわれていることを考えると、もはや国境措置による保護政策を考えることはできず、残る保護政策の方法は国内農業支持のみということになる。

　ウルグアイ・ラウンド農業合意においては、いわゆる「緑の政策」と呼ばれる、貿易や生産に影響がないか、あるいはほとんどないと考えられる助成策で、研究・普及・教育・検査等の一般サービス、農業・農村基盤・市場等の整備、さらには環境対策に係わる助成のような国内農業支持政策や、「青の政策」と呼ばれる、生産調整を前提とする「直接支払い」の形態の国内農業助成策に関しては、削減対象から除外されたのであって、それらの方策を利用して国際競争力のない日本農業を守り、国内農業生産の維持・拡大を図

ることは可能である。

　日本政府は、2000年代に入って、〈食料自給に基づく食料安全保障〉を追求していくことを宣言し、大量の輸入飼料によって生産されている畜産物の自給率を向上させるための方策として、飼料用米の生産増大への支援を行ない、一定の成果を上げ始めているが、しかしその成果は微々たるものであると言わざるを得ない。上述したように、飼料用米生産の量を700万トンとか、800万トンといった水準にまで引き上げ、カロリーベースの食料自給率を50％近くまで引き上げるためには、現在の農業支援のための予算額を少なくとも2倍以上に引き上げることが不可欠である、と筆者は考える。と言うのは、表5-4に見られるように、1980年代半ば頃までは国家予算額の5％以上を占めていた農業予算額は、いまや国家予算額の2％以下にまで減少しているからである。

　国際競争力を持たない日本農業に対して、膨大な額の補助金を支出することは、多くの国民からは「無駄づかいであり、愚策である」との批判が寄せられることが予想されるが、しかし問題は、近未来の日本の経済社会の安定や平和、さらには世界全体の安定と平和を考えるとき、農業部門への財政支出を「無駄づかいである」と言って日本農業を葬り去ることが良策であると言えるかどうかである。

　食料安全保障は国家安全保障にとっての基本的事項の1つであると考えられるにもかかわらず、かつての安倍政権下の国家安全保障戦略においてはまったく無視されているし、また現在の岸田政権下においても国家安全保障戦略に関わる問題事項として指摘されてはいるものの、現政権下での国家安全保障対策の実態としては、依然として「日本農業の安楽死政策」が継続され、その対応策の中心は〈防衛力の増強〉という形のいわば「軍備拡大」に置かれている。

　日本国民のどれだけの人たちが認識しているのか定かではないが、日本の防衛予算は、2007年に防衛庁から防衛省へと格上げされて以降、表5-6に見られるように、増加の一途をたどっている。2007年度の約4兆8,000億円から2023年の約6兆8,000億円へと15年ほどの間に約2兆円も増額され、さ

表5-6 防衛省予算の推移 （2007~24年） （単位：100億円／％）

年	防衛省予算額（a）	国家予算総額（b）	％（a÷b）	年	防衛省予算額（a）	国家予算総額（b）	％（a÷b）
2007	484	8,380	5.8	2016	523	10,022	5.2
2008	481	8,891	5.4	2017	535	9,910	5.4
2009	481	10,255	4.7	2018	563	10,135	5.6
2010	479	9,672	5.0	2019	567	10,465	5.4
2011	511	10,751	4.8	2020	567	17,568	3.2
2012	482	10,053	4.8	2021	608	14,259	4.3
2013	486	9,807	5.0	2022	581	13,921	4.2
2014	508	9,900	5.1	2023	678	11,438	5.9
2015	517	9,966	5.2	2024	791	11,207	7.1

（出所）財務省「第5表 明治20年度以降一般会計歳出所管別予算」
財務省ホームページ「統計表一覧」より、筆者作成

らに2024年度の防衛予算額は一挙に1兆円余りも増額され、約7兆9,100億円に達している。それに対して、岸田政権誕生後の農林水産省予算は、2022年の約2兆8,400億円から翌2023年約2兆900億円へと一挙に7,500億円も減額されているのである。

　世界で唯一の核被爆国であり、攻撃的な軍隊を持たないことを宣言し、核軍縮を率先して唱えるべきはずの日本は、いま、核保有国を仮想敵国としていったいどのような防衛力をもって核攻撃を防ごうとするのであろうか。広島型原爆よりもはるかに威力のある今日の原子爆弾が再び落とされるようなことがあるとすると、おそらくその結末は人類滅亡といって間違いないであろう。ウクライナとロシアとの間の戦争、イスラエルとパレスチナとの間の戦争の末にもたらされるものは、決して安定した平和な社会ではなく、対立や抑圧、不安と恐怖が継続され続ける世界である。国家安全保障戦略として、そのような戦争に連なる軍備拡大の道を選ぶのではなく、世界各国に軍縮を訴えながら日本自らが軍備支出を削減し、その一方で食料安全保障こそが国家安全保障の最も重要な戦略であることを国民に宣言し、そのための手厚い財政支出を講じていく道を選ぶこと、それがいま求められている最重要のことがらである、と筆者は考える。

そのことを判断するために、アメリカやEU諸国における農業が決して国際競争力を持つ比較優位産業ではなく、膨大な農業保護予算によって守られた農業であること、そしてその背景には食料安全保障こそが国家安全保障の要であると位置づけ、GATTの時代においても、またWTOの時代においても手厚い保護政策を続けていることを、日本国民は再認識すべきである。EU（ヨーロッパ連合）は、構成国間の絆である共通農業政策（common agricultural policy）のために、EU予算額の3分の1を使用しているという状況が存在する一方で、国家予算額の僅か2％ほどの農業予算をもって食料安全保障を云々するという日本政府の政治姿勢や政策それ自体が、およそ現実離れの政治、政策である、ということを改めて認識すべきである。

　果たして筆者の考えるような政策を展開することのできる政党や政治家たちが現われるかどうか、それは国民全体の政治意識に左右されることであるが、何よりもまず、日本政府は、農林水産省所管の予算としてではあるが、これまでの農林水産省予算とは別枠で、恒久的な「21世紀食料安全保障対策特別予算」（仮称）枠を制定し、少なくともGDP（国内総生産）の0.5％以上の予算額を計上し、穀物自給率の向上を目的とする施策を展開すべきことを提案する。

　現時点での日本のGDPは、600兆円弱であることから考えて、約3兆円規模の食料安全保障施策を継続的に展開することを国民に周知し、軍備増強を図ることよりもそのような施策が将来の日本国民の利益に大きくつながっていくことを訴えることである。あえて別枠の「21世紀食料安全保障対策特別予算」にする理由は、政権の交代によってこの予算額が削減され、消滅してしまうことを避けるためである。かつて農林水産省の職員であった鈴木宣弘が明らかにしているように、安倍政権下において農業軽視の施策が展開され始めたこと、そしてその背景にはかつての政府内では農林水産省、外務省、経済産業省、そして財務省は対等の関係を保ちながら意見交換することができていたのに対して、安倍政権下の政府では経済産業省と財務省が台頭し、そのような省庁間での勢力争いによって農業予算が削減されてきた、という事実があるからである（鈴木 2022：56-60）。

約3兆円の「21世紀食料安全保障対策特別予算」の財源が問題となるが、約7兆9,000億円にまで膨らんだ防衛省予算額を2010年度水準（約5兆円）にまで削減することによって、その財源は確保できるはずである。これまでの農林水産省予算額である2兆円余りの予算額と「21世紀食料安全保障対策特別予算額」とを合わせた、約5兆円規模の予算額でもってどのような食料安全保障対策が行なえるかという制度設計は、農林水産省に任せるほかないが、基本は飼料用穀物および小麦の生産増加による穀物自給率の向上と、畜産粗飼料の生産、および環境に配慮した畜産業の持続的な経営を可能とするようなシステムの考案こそが必要である。

● 日本の〈食料自給に基づく食料安全保障〉を不可能にさせている
　WTO農業貿易システム

　日本の食料安全保障を考えようとするとき、無視することのできない問題がWTO体制のもとでの農業貿易システムである。GATTのもとでは一定の要件のもとに容認されていた非関税障壁（数量制限等）がすべて関税化されることになったこと自体大きな問題であるが、そのことに加えて、非関税障壁を関税化した品目に対して課せられたミニマム・アクセス（最小輸入義務量）、およびカレント・アクセス（現行輸入量）の取決めが、いまや日本の穀物自給率の向上を不可能とさせるきわめて大きな障壁となってきている点が問題である。

　第3章において整理しておいたように（表3-2参照）、①ミニマム・アクセスとは、非関税障壁を関税化した品目について、基準期間（1986～88年）の平均輸入数量が国内消費の5％未満の場合、合意内容実施期間（1995～2000年）の初年度である1995年には基準年の国内消費量の3％を輸入し、以後、毎年0.4％ずつ輸入量を増加させ、合意内容実施期間の最終年度である2000年には輸入量を最低5％まで拡大させるという内容の取決めであり、②カレント・アクセスとは、すでに国内消費量の5％以上の輸入を行なっている品目については、その平均輸入数量（または割当て数量の大きい方）を維持するという取決めである。WTO農業システムにおけるこの2つの取決めが、

いかに日本の〈食料自給に基づく食料安全保障〉の道を困難なものにさせているのか、その点をみておこう。

　何よりもまず、ミニマム・アクセスの取決めであるが、ウルグアイ・ラウンド農業交渉の最終段階で、日本人にとって最も重要な食料であるコメの関税化に関して、上記のような合意案を突きつけられた日本政府は、関税化に関しては猶予期間が必要であると判断し、ミニマム・アクセス量を1995年に４％、以降、2000年まで毎年0.8％ずつ拡大させることを条件とする「関税化の特例措置」の適用を受けたが、結局は1998年に特例措置の適用を取りやめ、1999年に関税化措置へと移行した。関税化に移行した後は、年0.4％の輸入量拡大となったが、実施期間の最終年度である2000年のミニマム・アクセス水準は、基準期間の国内消費量（約1,065万トン）の7.2％、すなわち、玄米で76.7万トンとなり（農林水産省 2002：141）、その水準でのコメの輸入が今日に至るまで続いている。

　日本がコメの関税化猶予の特例措置を受け入れる時点で、時の日本政府がどのような日本の将来像、とりわけ日本の食料安全保障策を描きながらその合意案を受け入れたのか知る由もないが、その特例措置を受け入れてからすでに四半世紀を経たいま、ミニマム・アクセスという関税化に伴うWTO農業システムの取決めが、日本の〈食料自給に基づく食料安全保障〉の道にはだかる大きな障壁となっていることは確かである。

　第３章で触れておいたように、WTOのもとでの農業交渉を含む貿易交渉として、2001年に開始されたドーハ開発ラウンドが頓挫した状態となっているため、1995年段階でのWTO農業協定が今日の農業貿易の規定となっている。したがって、日本のミニマム・アクセス米の輸入量も2000年時点の水準でストップしているため、2000年以降、ミニマム・アクセスによる日本の食料自給率に対する影響は、「変化なし」と思われるかも知れないが、しかし、年を追うごとにミニマム・アクセス規定が日本の食料自給率に与える影響は大きくなってきている。

　と言うのは、近年、日本人のコメ消費量が急速に減少しいるにもかかわらず、依然として日本政府は国際的な約束事項であるとして、約77万トンのミ

ニマム・アクセス米を輸入し続けているからである。その約77万トンのミニマム・アクセス米が2000年時点でのコメの国内消費仕向け量949万トンに占める割合は8.1％であったが、2022年の国内消費仕向け量は823万トンまで減少しているため、77万トンのミニマム・アクセス米がその消費量に占める割合は9.3％と、自動的に拡大しているのである。しかも、それに加えて、近年、TPP（環太平洋パートナーシップ）協定による新たなコメ輸入など、ミニマム・アクセス米以外のコメ輸入も増加し、2022年における日本のコメ輸入量は83万トンに達し、すでにその割合は国内消費仕向け量の10％を超える水準となっているのである（農林水産省「食料需給表」2022年版）。

　今後、日本の人口が減少していくこと、それに加えて日本人の「コメ離れ」がさらに進んでいくことが予想される中で、仮に、いまから15年ほど先の2040年に、日本の年間コメ消費量が700万トン程度まで減少し、その一方でミニマム・アクセス米やTPPによる輸入米などを含めたコメ輸入量が100万トンに達したとすると、国内消費量の14％に相当するコメが輸入される計算となる。この2040年時点でのコメ輸入量100万トンという数値は、決して非現実的な数値ではない。日本のコメ輸入量は、2000年以降、数年にわたって90万トン台を記録し、2011年にはすでに99.7万トンとほぼ100万トンの数値をこれまでに記録しているからである。

　いまから35年ほど前のコメの国内消費量水準を基準として定められたミニマム・アクセス米の輸入量を、コメ消費が大幅に減少した現在においても最低限輸入しなければならないという取決め自体が、しかも日本国内で国民が必要とするコメの量は十分に生産できる状態にありながら、輸入を強制させられているミニマム・アクセス条項そのものが、通常の国家間の経済取引ではあり得ない取決めであって、国民国家としての当然の権利である食料主権を無視した不条理な農業貿易ルールであると言わざるを得ない。

　ミニマム・アクセスの取決めに加えて、カレント・アクセスの取決めも、日本のように食料自給率を高める方向で食料安全保障を追求しようとする国々にとっては、大きな問題を投げかける規定である。ウルグアイ・ラウンド農業合意によって関税化せざるを得なくなった日本の農産物（ないし農産

品）は10品目以上にのぼっているが、とくにカレント・アクセス条項によって日本の食料自給率の向上が阻止されると考えられる品目は、小麦、大麦の麦類と、乳製品である。これらの品目は、ウルグアイ・ラウンド農業合意に至るまで輸入数量制限措置がとられていた品目であり、しかもこれらはウルグアイ・ラウンド以前からかなり大量に輸入されていた品目である。

　農林水産省が示したカレント・アクセスの規定は、基準期間（1986〜88年）の平均輸入量が国内消費量の5％以上である場合には、「その輸入数量もしくは割当て数量の大きい方」を維持すること、という内容である。小麦の場合には、基準期間における日本の平均小麦輸入量は約520万トンであり、国内消費仕向け量は約610万トンである。この基準期間における平均小麦輸入量である520万トンは、国内消費の約85％に達していて、小麦の食料自給率は約15％ということになる。仮にこの輸入数量が大きいということであれば、基準期間の小麦の平均輸入数量である520万トンを維持し、輸入しなければならないし、割当て数量がさらに大きいとなれば、520万トン以上の輸入数量を維持し、輸入しなければならないことになる。

　農林水産省が2002年に発行した『農林水産物レポート 2002』には、ウルグアイ・ラウンド農業合意によって関税化された品目についての新たな輸入制度の概要を示した一覧表が掲載されているが（農林水産省 2002：13）、その表中には、小麦の輸入制度としては国家貿易制度を維持すること、適用関税は無税、そして小麦のカレント・アクセス数量としては〈1995年度＝556.5万トン→2000年度＝574万トン〉という記載がなされている。また、ごく最近の農林水産省が公にしているウエッブ上の資料「麦の参考資料：麦の需給に関する見通し」においても、2020年度の小麦のカレント・アクセス量は依然として574万トンである[8]。しかも、あらかじめ約束されたこのカレント・アクセス数量にほぼ準じた小麦量の輸入が実際に行なわれているのである（1995年度＝575万トン、2000年＝569万トン、2020年＝552万トン）。

　日本政府はすでに論じたように、「食料・農業・農村基本法」に従って、2000年以降、「食料・農業・農村基本計画」として、10年後を見越しての品目別努力目標を策定し、食料自給率向上政策を展開しているが、その中の小

麦の努力目標をみてみると、2010年の目標が80万トン、2020年の目標が180万トンと、増大目標が示され、しかも2015年の小麦生産実績は100万トンに達していながら、突如、2020年に計画された2030年の小麦の努力目標量は108万トンへと引き下げられているのである（前掲、表5-3参照）。「食料・農業・農村基本計画」における小麦の努力目標引下げの理由の1つが、このカレント・アクセスに関する取決めにあるとも考えられるのである。

　2020年の小麦の国内消費仕向け量は647万トンであり、それに対して2020年のカレント・アクセス量は574万トンで、カレント・アクセスの小麦量は国内消費仕向け量の約89％に相当する量である。今後、日本人口は減少傾向が続き、2050年代にはほぼ1億人程度まで減少することが予測されている。その人口減少の割合に応じて小麦の消費量も減少していくと仮定すると、2050年代の日本の小麦消費量は約520万トン程度となる計算で、現行の小麦のカレント・アクセス量が国内消費量をはるかに上回ることとなる。わずか四半世紀後にはこのようなバカバカしいしい状況へと日本を追い込んでしまう恐れのある、このカレント・アクセスの異常な取決めについて、日本政府はどのように認識しているのであろうか。加えて、日本国民のどれだけの人たちがこの事実を認識しているのであろうか。

　いずれにせよ、日本政府が、カレント・アクセス数量の小麦輸入は国際的な約束事項であり、その約束を遵守する義務があるとの立場を貫く限り、現時点でも国内生産できる小麦の余地は70万トン程度、小麦の自給率は10％程度ということとなり、必然的に日本は半永久的に小麦の自給率向上を追求することができない、ということになる。ウルグアイ・ラウンド農業合意によって関税化された大麦や乳製品に関しても状況は同じであり、日本政府がカレント・アクセスの規定に従って、関税割当制度を利用しながら、無税もしくは一次関税（低関税）で大量の農産物の輸入を続けざるを得ないとするならば、日本の〈食料自給に基づく食料安全保障〉の道はほとんど不可能と言わざるをえない。

　日本が決断すべき最も重要な問題は、そのような取決めを日本政府が正当な貿易ルールであるとして守り続けることを優先し、「日本農業の安楽死政

策」をとり続けるのか、それともWTO農業貿易システムの欠陥を問い質し、それを排除していくことの必要性を世界の国々に訴え、日本自らが率先して改革に向けての努力を開始するか、である。

●WTO農業貿易システムの変革を求めて──輸出補助金、ミニマム・アクセス、カレント・アクセスの撤廃を──

　ミニマム・アクセスやカレント・アクセスに関する取決めは、ウルグアイ・ラウンド農業交渉の過程での取決めであるとされているが、その履行義務や履行期間等に関しては、WTO農業協定に明確に定められているわけではない。また、コメの関税化猶予に関する特例措置がアメリカとの合意によって認められたこともよく知られており（服部 2000：19）、日本が輸入するミニマム・アクセス米の多くがアメリカ産のコメであることから考えても、この取決めはアメリカが日本に対して要求したきわめて政治色の強い、透明性の欠けた取決めである。

　農林水産省は、2009年に「ミニマム・アクセス米に関する報告書」を発表しているが[9]、その報告書によると、特例措置が認められたときの〈6年間の関税猶予期間を設けることが可能であり、その場合には、ミニマム・アクセス機会を初年度4％、最終年度8％に加重される〉ことと、〈7年目以降に特例措置を延長する場合には代償が必要である〉との内容説明がなされているのみであって、特別措置終了後のミニマム・アクセス米の取扱いに関する取決めは明確ではない。にもかかわらず、日本政府は、このミニマム・アクセス米の輸入に関しては、ウルグアイ・ラウンド農業交渉段階において日本がコメの関税化猶予を得るために受け入れた国際的な約束事であり、コメの輸入を国家貿易企業の形で行なうためには不可欠な方法である、といった説明を繰り返しながら、35年以上も前の基準期間（1986～88年）のコメ消費量の7.2％に当たるミニマム・アクセス米の輸入を継続しているのである。

　これまでみてきたように、日本政府は〈食料自給に基づく食料安全保障〉の道を宣言しながらも、そのために不可欠な財政的な支援を絶えず縮小し、「日本農業の安楽死政策」を続けてきているが、国際的な約束事であるとし

てミニマム・アクセス米の輸入や、国内消費量の約90％に及ぶカレント・アクセス量の小麦を輸入し続けていること自体が、いわば「日本農業の安楽死政策」を暗に容認することにもなっているのである。そうした姿勢をとり続ける日本政府の背後にある経済観は、依然として〈農工間国際分業を軸とした貿易立国〉という考えであるが、しかし、そうした経済観はすでに指摘したように、大きな問題を抱え始めているし、近い将来、日本をより困難な状況へと追い込んでいくことが予想されるのである。

改めて振り返ってみると、GATTのもとでの農業貿易システムには、自由貿易体制とは言いながら、いくつもの保護主義的政策を容認する例外規定が存在したが、それらの規定の多くは、GATT締約国のいずれもが採用しうる無差別の例外規定であったと言ってよい。だが、WTOのもとでの農業貿易システムないし農業貿易ルールには、加盟国のいずれもが同等の権利を行使しうるような無差別の規定のみではなく、特定国には有利で、特定国には不利な差別的な規定が随所に存在し、しかも本来侵してはならない国民国家の主権である食料主権を「自由貿易」という名のもとに侵してもいるのである。

かつて、ケヴィン・ワトキンズが、〈北の先進国の膨大な額の輸出補助金を許しながら、南の開発途上国に対してはすべての国境的措置を剥奪した「二重基準」の貿易システムである〉とWTOの農業貿易システムを批判したことは、先進国ではあるが世界有数の農産物輸入国である日本に対して課しているミニマム・アクセスやカレント・アクセスの取決めに関しても当てはまる「二重基準」であり、差別的ルールにほかならない。

その点に関連して、さらに付言しておけば、1980年代に激化した日米経済摩擦の中で、アメリカは日本に対して、繊維製品、カラー・テレビ、そして自動車に対する「輸出自主規制」（voluntary export restraints）を要求するとともに、他方では、日本にアメリカ製半導体の「輸入自主拡大」（voluntary import expansion）を要求し、1987年に「日米半導体協定」を実現させているが（應和 1997：62）、それに対して、アメリカの著名な貿易論学者で、自由貿易論者であるジャグディーシュ・バグワティ（J. Bhagwati）が「輸出保護主義」（export-protectionism）であると断定し、批判したこともよく知られ

ていることがらである (Bhagwati 1988：82-83〔邦訳：99-100〕)。その例に倣って言うならば、日本がコメを国内自給し得ているにもかかわらず、制度的に外国産のコメの輸入を迫るというミニマム・アクセスの取決めや、また日本に対して小麦の生産拡大による自給率向上を制度的に許さないというカレント・アクセスの取決めは、農産物の輸出大国であるアメリカが日本に突き付けたアメリカ産農産物の輸出拡大のための制度であり、バグワティの表現を借りて言えば、まさに「輸出保護主義の農業貿易版」である。このような貿易理論が教えるところの「自由貿易」とはとても言い難い、「二重基準」の特権的かつ差別的な農業貿易ルールが作り出された最大の理由は、鷲見一夫が指摘しているように、それが「アグリビジネスの利益に適っている」からである (鷲見 1996：282)。

　ウルグアイ・ラウンド農業交渉が大詰めに達した段階で、日本政府は20年先、30年先に、上記のようなきわめて差別的なWTO農業貿易ルールが日本の食料安全保障の達成にとってきわめて厄介な存在となることを見越したうえで最終合意を決断したのか、それとも厄介な存在になるとは想定せずに合意に踏み切ったのか、その点は知る由もないが、いずれにせよ、現時点から考えると、その合意決断は、見通しの甘い決断であったと同時に、日本政府の側における国際貿易に関する理論的武装の欠如によるものであると言わなければならない。いわば「農産物のダンピング輸出」ともいえる特定国の輸出補助金は温存されながら、一方では、国際市場を犯すことなく、国民が必要とする食料の自国内での生産を向上させるという政策が、制度的に阻止されるというミニマム・アクセスやカレント・アクセスの取決めは、きわめて不条理な国際協定であり、取決めであって、日本が食料自給に基づく食料安全保障の道を追求していくのであれば、輸出補助金やミニマム・アクセス、そしてカレント・アクセスの廃止要求をすることが必要である。

　ミニマム・アクセスやカレント・アクセスの撤廃は困難を極めるであろうが、その要求を続けながら、食料自給を基本とする食料安全保障の施策を強化し続けることこそが、それらの条項の撤廃につながると筆者は考える。WTO農業協定の第20条に、日本がかろうじて「非貿易的関心事項」という

項目を今後の討議内容として組み込んだことは、WTO農業協定の見直しや、不条理な取決めを排除していくための1つの手がかりではある。そこに含まれている、環境保全や、食料安全保障、持続的開発目標などは、全世界が解決していくべき問題であって、その点を日本自らが率先して実践し続けること、さらには多くの開発途上国の立場に立ってこの問題を解決していく姿勢をとることこそが、明るい展望をもたらすものだと考える。

[注]
（1） いずれも、FAOSTATによる数値。
（2） FAOSTATのデータによると、ドイツ（東西ドイツのこと）と日本の農産物純輸入額は、1980年がドイツ＝161億ドル、日本＝167億ドルとほぼ同額であったのに対して、1981年はドイツ＝130億ドル、日本＝171億ドルと、日本の農産物純輸入額がドイツのそれを大きく上回り、以後、日本が世界最大の農産物純輸入国となっている。
（3） 内閣府ホームページ「世論調査」「食料の供給に関する特別世論調査」。
（4） その点に関しては、秋山誠一が、今日の基軸通貨であるアメリカ・ドルと日本円との間の為替レートの変化の背後に、近似的ではあるがその変化を裏付けるようなアメリカと日本の国民的労働生産性の変化が存在することを実証的に明らかにしている（秋山 2013：61-125）。
（5） 荏開津典生によると、食事エネルギーのほぼ65％を穀物から得ているという（荏開津 2003：118）。
（6） 農林水産省農産局資料「飼料米をめぐる情勢について（2023年11月）」（https://www.maff.go.jp/j/seisan/kokumotu/attach/pdf/siryouqa-125.pdf）2023年12月取得
（7） 農林水産省資料「荒廃農地の現状と対策」（https://www.maff.go.jp/j/nousin/houkiti/attach/pdf/index-25.pdf）2023年12月取得
（8） 農林水産省資料「麦の参考資料」（https://www.maf.go.jp/j/press/nousan/boeki/attach/pdf/230320-4.pdf）2023年12月取得
（9） 農林水産省「ミニマム・アクセス米に関する報告書」

（https://www.maf.go.jp/j/council/seisaku/syokuryo/0903/pdf/ref_data2.pdf）2023年12月取得

【引用・参考文献】
秋山誠一（2013）『国際経済論』桜井書店
荏開津典生（2003）『農業経済学〔第2版〕』岩波書店
應和邦昭（1989）『イギリス資本輸出研究──1815〜1914年──』時潮社
應和邦昭（1997）「WTOと貿易システム」岩田勝雄編『21世紀の国際経済──グローバル・リージョナル・ナショナル──』新評論
應和邦昭（1998）「WTO体制と21世紀の国際経済関係──国際分業と食料・環境問題──」東京農業大学食料環境経済学科編『食料環境経済学入門』筑波書房
應和邦昭（2009）「国際競争力を失った日本農業──食料自給率低下の根本原因を問う──」東京農業大学『新・実学ジャーナル』第64号、2009年7月
應和邦昭（2010）「自給率低下の根本原因見据えた対策を」日本政策金融公庫農林水産事業本部編『AFCフォーラム』第58巻4号、2010年7月
小川真如（2022）『日本のコメ問題──5つの転換点と迫りくる最大の危機──』中央公論新社
生源寺眞一（2008）『農業再建──真価問われる日本の農政──』岩波書店
生源寺眞一（2011）『日本農業の真実』筑摩書房
末松広行（2008）『食料自給率の「なぜ？」──どうして低いといけないのか──』扶桑社
鈴木宣弘（2022）『世界で最初に飢えるのは日本──食の安全保障をどう守るか──』講談社
鷲見一夫（1996）『世界貿易機関（WTO）を斬る──誰のための「自由貿易」か──』明窓出版
田代洋一（2009）『食料自給率を考える』筑波書房
時子山ひろみ・荏開津典生（2013）『フードシステムの経済学〔第5版〕』医歯薬出版
中村靖彦（2011）『日本の食糧が危ない』岩波書店
野口悠紀雄（2004）「食糧自給率は低いほうがよい」『週間ダイヤモンド』2004年3月6日号
服部信司（2000）『WTO農業交渉──主要国・日本の農政改革とWTO提案──』

農林統計協会
原剛（1994）『日本の農業』岩波書店
本間正義（2007）「自給率だけにこだわるな」（『朝日新聞』2007年9月23日付記事「耕論・農業再生の道は」）
本間正義（2014）『農業問題——TPP後、農政はこう変わる——』ちくま書房
農林水産省（1999）『農業の動向に関する年次報告 平成10年度 農業白書』農林水産省
農林水産省（2002）『農林水産物貿易レポート 2002』農林統計協会
農林水産省（2004）『我が国の食料自給率——平成15年 食料自給率レポート——』農林水産省
農林水産省（2022）『食料需給表』（令和2年度版）、農林水産省
三輪昌男（1988）『日本経済の進路——農業の立場で考える——』富民協会
三輪昌男・森島賢（1999）「対談・どこが問題なのか？ 食料自給率向上論（連載①）」『農業協同組合新聞』第1768号、1999年10月20日
村上研一（2022）「日本と世界の構造変化と日本産業・経済の衰退」経済理論学会編『経済理論』第59巻第3号
阮蔚（2022）『世界食料危機』日本経済新聞出版
渡邉隆俊・下田充・藤川清史（2011）「農水省『食料自給率』指標の問題点——TPP議論より前に——」『世界経済評論』2011年5／6月号、国際貿易投資研究所
Bhagwati, J (1988) *Protectionism*, Cambridge, The MIT Press［バグワティ（1989）『保護主義——貿易摩擦の震源——』渡辺敏訳、サイマル出版］

終　章

100億人が21世紀を共に生き抜くために
―― 農業貿易論の新たな課題と展望 ――

Ⅰ．総括と新たな農業貿易論の課題

　国際貿易論の一研究領域として「農業貿易論」という新しい研究領域を確立する必要があるとの考えのもとに書き進めてきた本書であるが、序章および予定していた5つの章を書き終えることができたところで本書の総括を試みるとともに、今後の農業貿易論の課題と若干の展望を示し、本書の締め括りとしておきたい。

●総　括

　本書の副題を「農業貿易論のすすめ」としているように、本書は「農業貿易論」という新しい研究領域の必要性を主張した一書である。あえて、「農業貿易」という表現を用いた背景には、序章や第2章で論じたように、従来の「農産物貿易論」という名のもとに展開されてきた貿易論のほとんどが、農産物の輸出入に関する数量的把握ないし品目的把握に終始した、いわば「商品学的貿易論」とでも言えるような考察範囲の狭小な貿易論にとどまっているという認識と、しかもそのような従来の農産物貿易論の持つ限界が、わが国における農業部門の経済に関する研究活動に見られる一種の〈棲み分け状態〉に起因しているという認識とが存在する。

人間の生存にとって欠くことのできない食料としての農産物の貿易関係は、国民経済にとっても、また世界経済のレベルにおいても大きな意味を持っているのであって、その点を視野に入れた国民経済論や世界経済論を展開するためには、上記のような農業部門の経済研究において見られる「棲み分け状態」を解消するとともに、従来の「農産物貿易論」の限界を打ち破ることが必要である。「農業貿易論」という名のもとに筆者が展開しようとしている貿易論は、かつて木下悦二が、〈貿易論には「経済学的貿易論」と「商学的貿易論」がある〉と論じながら、経済学的貿易論は「国民経済にとっての貿易の意義とか、貿易を介して世界経済と国民経済とがいかに影響しあうか、を研究対象としている」（木下 1970：i）と述べているところの、「経済学的貿易論」としての農業貿易論にほかならない。

　本書における考察が、そのような問題意識に合致した内容となっているか否かは、読者の判断にゆだねるほかないが、第1章において「農業の特殊性と農業貿易」の関係を取り上げたのは、経済学的貿易論としての農業貿易論を展開するためには、何よりもまず農業という産業が持つ特殊性の中に、農工間国際分業という形の貿易関係を生み出す論理が存在していることを明確にしておくことが必要であると考えたからである。

　資本主義という経済システムは、工業が著しく発展し、機械制大工業によって大量の商品生産が行なわれているところに1つの特徴がある。資本主義という市場経済システムのもとでは、農産物も工業製品も何ら変わることのない1つの財ないし商品として取り扱われているが、しかしその生産を担う農業と工業との間には同等に論じることのできない違いが存在する。すなわち、農業は動植物の生育を基礎とする産業であり、とくに自然条件によって生産が大きく左右されるという特性があり、その点にまず工業とは異なる産業上の特殊性が存在する。その特殊性はまた、資本の運動の観点からすると、工業と比べて〈農業は非合理的な産業である〉という特性を生み出すこととなる。その農業が持つ〈非合理性〉を解消しようとする資本の運動論理が国民経済の枠内で醸成されてくる中で、農業生産そのものが国民経済の枠外に移譲され、農工間国際分業が生み出されてくるのである。そうした経緯を典

型的にたどった具体例を、われわれは19世紀のイギリス産業資本主義の世界展開の中にみることができる。

　圧倒的な工業生産力を誇るイギリスにとっては、工業製品を輸出し、非合理的な産業である農業は国外に移譲し、必要な食料および農産原料は輸入を通じて獲得する、という農工間国際分業が望ましい貿易関係であることを「比較生産費説」と呼ばれる貿易理論によって説明し、それゆえイギリスは自由貿易政策をとるべきである、と説いたのがデーヴィッド・リカード（D. Ricard）である。第2章では、そのリカードの比較生産費説を取り上げながら、農工間国際分業論に潜んでいる論理、すなわち〈自由貿易こそが望ましい〉とする論理を検討した。

　リカードは、完全な自由貿易制度のもとで比較生産費説に従った国際分業が行なわれていくならば、各国民経済の利益追求が、自ずと全世界の利益拡大につながり、いずれの国々も利益を得ることのできるような普遍的社会が実現するという、いわば予定調和的な世界観を展開しているが、しかし、現実にはそのような世界は形成されていない。と言うのは、国際分業によって貿易当事国にもたらされる利益は均等ではないし、また永続的でもないからである。と同時に、第1章で取り上げた〈農業の非合理性〉という問題も、農工間国際分業という形で国民経済レベルでは解決されたかにみえるが、しかし、解決しうる場としての世界市場そのものが遅かれ早かれ限界を迎え、世界市場レベルでも解決し得ない農業問題となるからである。

　経済のグローバル化が進展し、いまや世界の国々がきわめて密接な相互連関による1つの世界市場を形成しているという状況下で、80億人に達した世界人口のうちの約10％に当たる人々がいまだ十分な食料を得ることができず、栄養不足状態（飢餓状態）にあるというのが、世界レベルにおいても解決し得ない農業問題の表われである。そして、そうした食料問題、農業問題を左右するきわめて大きな要因となっているのが、今日の農業貿易システムである。

　食料の中心をなす農産物の貿易システムとしては、どのような貿易システムが望ましいのかという問題は、19世紀の初頭に、いわゆる「穀物法論争」としてリカードとトーマス・マルサス（T. Malthus）との間で争われて以来、

経済学において絶えず繰り返されている問題である。19世紀世界の頂点に立っていたイギリスの産業資本主義にとっては、自由貿易を軸に農工間国際分業を展開することによって、農業の持つ「非合理性」を一時的には解決しえたと言うことができるかも知れない。がしかし、それは世界最大の植民地所有国としてのイギリスであるがゆえに、そしてまたイギリス以外のヨーロッパ諸国やアメリカ、そして日本をはじめとするアジアの国々がいまだ十分な資本主義的発展を成し得ていない19世紀世界であったがゆえに言えることであって、資本主義的な経済関係が世界の隅々にまで行き渡っているような今日においては、自由貿易を軸とした農工間国際分業を通じて世界各国の食料問題や農業問題が自ずと解決されていくような状況はもはや存在しない、と言うべきである。にもかかわらず、そのような歴史的現実を無視し、自由貿易主義こそが望ましい貿易理念であるとする考えを農業にも適用し、強力な権限を持つ国際機関としてのWTO（世界貿易機関）とともに作り出されたのが、現行のWTO農業貿易システムである。

　農業貿易にとって自由貿易は望ましい貿易であるのかどうか、その点を今日的視点から考えることが不可欠であり、それは農業貿易論の重要な今日的課題の1つである。その課題に関する検討事項として、何よりもまずGATT体制からWTO体制への移行に伴って農業貿易システムにどのような変化・変容が生じたのかを確認することが必要であると考え、その検討を試みたのが第3章である。

　周知のように、WTO農業貿易システムは、GATT（関税と貿易に関する一般協定）のウルグアイ・ラウンド貿易交渉における農業合意によって誕生した、新たな農業貿易ルールである。ウルグアイ・ラウンドにおける農業交渉は、開始の当初から〈より一層の自由化〉を目指して行なわれたのであり、農業合意の結果も全体として農業貿易の自由化を一層強める方向へと制度的変更が行なわれている。しかし、そのような制度的変更に加えて、貿易当事国の置かれた状況の違いによって有利、あるいは不利となるような制度的変更もまた行なわれているのであって、WTO農業貿易システムそれ自体の中に大きな問題点が存在していると言わなければならない。その点を整理して

おくと、およそ以下のとおりである。

　GATTのもとでの農業貿易システムと比べて制度的に大きく変わった点は、GATTにおいては一定の要件のもとに容認されていた国境措置としての非関税障壁（数量制限や課徴金など）がすべて関税に置き換えられ（関税化され）、WTOのもとでの国境措置としては関税に一本化された点である。加えて、GATTの時代にはほとんど問題とされることのなかった輸出補助金の部分的削減や、生産を刺激する国内農業支持の部分的削減である。

　これらの制度的変更は、一見するとすべてのWTO加盟国、すべての貿易当事国にとって公平な取決めであるかにみえるが、しかし、個々のWTO加盟国の農業事情、経済事情の違いによって、この変更がもたらす影響は大きく異なり、農業貿易の当事国間では有利、不利といった問題が生じる可能性が存在する。中でも国境措置に関連した取決めである、非関税障壁を関税化した品目に対して課せられたミニマム・アクセス（最小輸入義務）の履行や、カレント・アクセス（現行輸入水準）の維持を定めた取決めは、WTO成立時までに非関税障壁を設けていた国、すなわち農産物の輸入国の側に対してきわめて深刻な不利益を与える取決めである。また、輸出補助金の削減や国内農業支持の削減に関してもその削減は部分的であり、かつてイギリスのケヴィン・ワトキンズ（K. Watkins）が、WTO体制下の農業貿易ルールに対して、〈先進国であるアメリカやEU諸国のような農産物の輸出大国には依然として手厚い輸出補助金が残されていながら、多くの貧しい開発途上国の農民に対する補助金に関しては除去が義務づけられているという「二重基準」のルールである〉と批判したように、特定の先進国にとって都合のよい、いわば「似非自由貿易ルール」にもなっている、と言わねばならない。

　そうした問題点を孕んだWTO農業貿易システムが、貿易当事国の農業生産や食料安全保障にどのような影響を与えているかを探る試みを行なったのが、第4章と第5章における考察である。

　第4章では、多くの栄養不足人口を抱える開発途上国に焦点を当て、WTO農業貿易システムが開発途上国の食料安全保障に対してどのような影響を及ぼしているのか、という課題について検討を試みた。そのような課題

の検討を試みようとした背景には、WTOの成立前後にかけてOECD（経済協力開発機構）やFAO（国連食料農業機関）などの国際機関によって発せられた、〈農業貿易の一層の自由化は、開発途上国の食料問題の解消や食料自給の助長につながる〉という見解に対して筆者が抱いてきた疑念と、いつかその疑念の検証を行なう必要があると考えてきた経緯とが存在する。WTO成立後、すでに四半世紀を経ている現在、長年にわたって筆者が抱いてきたOECDやFAOの見解に対する疑念を確かめることができるのではないか、と考えての検討作業である。

その検討作業として、具体的には、WTO成立後の四半世紀間に開発途上国の農産物貿易にどのような変化が生じてきているのかを、統計的資料に基づいて確認・検証する作業を行なった。その結果、開発途上国の中でもケアンズ・グループに属するアルゼンチン、ブラジル、インドネシア、そしてタイなどの農業大国には、WTO体制下での農業貿易の自由化によって、農産物貿易収支の黒字拡大がもたらされていることが明らかとなった。しかし、全体としての開発途上国の農産物貿易収支は赤字基調が恒常的となり、しかも後発開発途上国（LDCs）がほとんどであるサブサハラ・アフリカの国々においては、農産物貿易収支の赤字幅が拡大していく傾向がみられ、加えてそれらのいずれの国も、いまだ膨大な食料不足人口を抱えているという状況を確認することができた。

その一方で、1990年代初めまでにOECDに加盟した国々をもって先進国であると整理区分した、その先進国全体の農産物貿易収支は、日本のような膨大な赤字を抱える国が含まれているのにもかかわらず、WTO成立以降、赤字基調から黒字基調へと徐々に転換し、2010年以降ではその黒字基調が拡大傾向にあることが明らかとなった。ワトキンズが「二重基準」と批判したWTO体制下の農業貿易ルールが、後発開発途上国の食料問題の解消や食料自給の助長につながるのではなく、むしろ先進国側に大きな利益をもたらしていることを確認する結果となった。

第5章では、日本の食料安全保障に関する問題を、農業貿易と関わりのある食料自給率の観点から取り上げながら、食料自給率をめぐる議論、そして

日本政府の食料自給率向上に基づく食料安全保障政策を検討し、最終的にはWTO農業貿易システムが日本の食料安全保障に対してどのような影響を及ぼしつつあるのかについての考察を行なった。現時点（2022年）で、カロリーベースの食料自給率が38％、穀物自給率（飼料穀物を含む）が29％、ときわめて低い水準にある食料自給率を、食料安全保障の観点から引き上げるための取組みを日本政府は展開しつつあるが、しかしWTO農業貿易ルールが日本の食料自給率向上策を阻止する要因となっていること、とく完全自給を達成しているコメに対するミニマム・アクセス条項や、小麦や乳製品に対して義務づけられているカレント・アクセス条項は、日本の食料自給率向上への取組みを制度的に阻止するきわめて〈不条理な貿易ルール〉であり、日本の食料安全保障を揺るがす大きな要因となっていることが明らかとなった。

●本書の総括から見えてきた農業貿易論の新たな課題

　上記のような、本書における考察の総括を振り返りながら、いま筆者の脳裡に浮かんでいることは、ようやく農業貿易論という新しい研究領域の入り口にたどり着いた、という想いである。それは、農業貿易論という新しい研究領域において、今後、本格的に取り組むべき課題がやっと明らかとなった、と思われるからである。言うまでもなくその課題とは、現在の農業貿易を支配しているWTO農業貿易システムの見直しであり、現行の農業貿易システムに代わるべき新たな農業貿易システムの探究である。

　WTOが作り出している自由貿易体制という、今日の国際経済秩序あるいは世界経済秩序の問題点についての指摘は、いまや枚挙に暇のないほど存在するが、WTO農業貿易システムに関しても決して例外ではない。改めて、原点に立ち返り、貿易はなぜ行なわれるのか、誰のために行なわれるのか、を問い直すことが必要である。また人類全体がいま直面している最も大きな問題であり、その解決を図っていかなければならない課題である〈食料問題と環境問題〉に対しても農業貿易は深く関わっているのであって、その点からも現行のWTO農業貿易システムを見直し、新たな農業貿易システムを模索していくことが必要である。以下では、それらの課題について若干の考察

を加え、新しい農業貿易システムの実現に向けて、1つの手がかりを示しておきたい。

Ⅱ．21世紀を見据えた新たな農業貿易システムの探究

●食料問題と農業貿易システム

　すでに論じたように、世界人口は2057年あたりで100億人に達すると推計されている。わずか四半世紀ほど後に世界人口が100億人に達するという予測と、世界人口80億人のうちの約10％の人々が飢えの苦しみに直面しているという現実、さらには地球温暖化という地球環境の劣化の状況を重ね合わせながら21世紀の行く末を想起するとき、多くの人は、脳裏に浮かぶ近未来の様相に愕然として、「果たして人類はこの危機的状況を乗り越えることができ得るのであろうか」という想いに駆られるはずである。

　この危機的状況に恐れおののき、ただただ傍観するのか、それとも果敢にこの危機的状況に挑み、この危機を乗り越える道を見いだしていくのか、いわばそれが「破局の道か、希望の道か」の分かれ目である。厳しい状況にあるとはいえ、その希望の道が失われているわけではない。フランスのジョゼフ・クラッツマン（J. Klatzmann）が、世界人口が約45億人であった1980年代の前半期に、やがて訪れる世界人口100億人の21世紀世界を想起しながら、「100億人を養うことができるのか」（Nourrir dix milliards d'hommes?）という問題提起をし、それが不可能ではないことを論じたことはよく知られているところである（クラッツマン 1986）。また現実問題として、2020年時点で約30億トンに達している世界穀物生産量を、21世紀半ばまでに20％増の約36億トンへと増大することができるならば、計算上では1日／1人当たりで約1キログラムの穀物を確保することができるからである。

　だが問題は、現在でも1日／1人当たりで1キログラム以上の穀物生産量がありながら、世界人口の約10％に当たる人々が飢え（食料不足）の状況に直面している、という現実の存在である。とりわけ圧倒的多数の飢えに苦しむ

人々を抱え、かつ更なる人口増大の状況下にあるサブサハラ・アフリカ地域の後発開発途上国のような国々の食料確保をどのようにするかが課題である。

　アフリカにおける食料不足（飢餓）の問題は、長年にわたってその解決が叫ばれながら、もはや解決の糸口を見出すことさえできない問題となっているようにも思われるが、しかし、解決の可能性がないわけではない。アフリカの国々が、今日のように食料の多くを国外に依存するような状態になったのは、何世紀も前のことではなく、食料の中心をなす穀物に関して言うならば、アフリカ大陸全体が穀物の純輸入地域に転化したのはわずか半世紀ほど前のことで、それ以前のアフリカの国々は、貧しいとはいえ基本的に穀物を自給できていたからである[1]。

　そのような状態にあったアフリカの国々が穀物を国外に依存するようになった背景には、欧米諸国の食料戦略、とりわけアメリカが第2次世界大戦後に余剰穀物処理のために展開した「公法480号」（一般に「PL480」と呼ばれる）に基づいた「食料援助政策」や、今日のEU諸国が「共通農業政策」の名のもとに展開した輸出補助金付き穀物のダンピング輸出が存在する（阮2022：140-150／ワトキンズ1998：50-53／ジョージ1984：238-266）。さらに言えば、アフリカの国々が国際収支上の困難に直面するたびに、IMF（国際通貨基金）や世界銀行（World Bank）からの融資を受けるために、いわゆる「構造調整政策」と称する市場開放政策を受け入れざるを得なかったこともまた、今日のアフリカ諸国の食料安全保障を危機に陥れた要因である。

　改めて考えてみて、アフリカの多くの国々における食料増産の可能性は決して小さくない。その理由は、地球上の耕作可能地がいまや僅かとなってきている中で、近年、欧米諸国や中東諸国、そして韓国、中国、インドなどの国々の民間企業がアフリカ諸国の「未耕作地」を奪い合うという動き、すなわち「ランドラッシュ」（land rush）とか「ランドグラブ」（land grub）と呼ばれる動きが現われてきているように、アフリカには耕作可能な未耕作地がいまなお多く残っているからである。アフリカ経済に詳しい吉田敦によると、世界に残されている未耕作地のうちの約半分に当たる2億1,500万ヘクタールがアフリカ大陸には存在し、その未耕作地が「ランドグラブ」の対象となっ

ていると言う（吉田 2020：254-261）。

　日本の農林水産政策研究所が、2019年に公表した資料「世界の食料需給の動向と中長期的な見通し」によると[2]、2028年の世界穀物生産は、収穫面積7億ヘクタール、1ヘクタール当たりの単収が4.2トンで、総生産量が29億5,600万トンになると予測されている。だが、その予測に使われている収穫面積7億ヘクタールは、2015〜17年段階での収穫面積であり、しかも世界の穀物総生産量は2020年段階ですでに30億トンに達しているのである。農林水産政策研究所の予測にある単収をもとにすると、1億ヘクタールの耕作地から約4.2億トンの穀物を生産することが可能であり、上記のアフリカの未耕作地のうちの半分を耕作地として使うことができれば、計算上では約4億トンの穀物生産が可能となるのである。

　しかし、「ランドラッシュ」や「ランドグラブ」と呼ばれるような、他国の民間企業によるアフリカの農業開発は、吉田敦の『アフリカ経済の真実──資源開発と紛争の論理──』（筑摩書房、2020年）やNHK食料危機取材班による『ランドラッシュ──激化する世界農地争奪戦──』（新潮社、2010年）が明らかにしているように、多くの問題を引き起こし、いわば「現代版の植民地主義」であるとか、「新たな植民地主義」と言われる状況を生みだしているのであって、およそアフリカの農業開発、経済開発の方法としては論外の方法である。問題は、アフリカの国々がそのような未耕作地をどのようにすれば自国の貧困や食料問題の解消のための有効な耕作地として開発することができるかであり、農業貿易論の観点から言えば、アフリカの国々が抱える最も深刻な問題である〈飢え〉の問題に対してどのようなことができ、そのために何をしなければならないのか、を探ることである。

　アフリカの貧困や食料不足の問題が、欧米の先進諸国による食料戦略やIMFとか世界銀行が推し進める開発戦略、すなわち構造調整政策と呼ばれる市場開放政策、さらにはWTO体制のもとでの自由貿易システムにあるのだとすれば、アフリカが抱える問題の解決のためには、そのような市場開放政策や自由貿易システムからの方向転換が必要である。アフリカの後発開発途上国における貧困と食料不足の問題解決を先進国諸国が真に望み、それに対

する支援を行なおうとするのであれば、「ランドラッシュ」とか「ランドグラブ」と呼ばれるような形での、一部の国々の民間資本による農業開発を阻止するとともに、FAO（国連食糧農業機関）やWFP（国連世界食糧計画）といった国際機関に援助資金や援助のための食料を一元化し、営利を目的とするのではなく、アフリカの国々の食料自立のための開発計画とそのための支援を行なう仕組みを作り出すことである。

そのような援助のあり方を含めた開発戦略への改革ないし方向転換は、現行の農業貿易システムに代わる新しい農業貿易システムへの転換を必要とするであろう。またそのような転換は、単にアフリカの後発開発途上国に関してのみに必要なことではなく、アジアの後発開発途上国やいまだ多くの食料不足人口を抱えている、いわゆる「南の国々」にとっても必要なことである。農業貿易論の今日的な課題の１つは、そうした方向転換に向けての、新しい農業貿易システムの探究である。

● 環境問題と農業貿易システム

食料問題の解決は、100億人が共に生きていかなければならない時代の到来にとって不可欠の問題であるが、それと並んで地球温暖化や地球環境の劣化をいかに食い止めていくかという環境問題もまた、21世紀を人類が乗り越えていくためには解決しなければならない問題である。その環境問題に対して、国際貿易はもちろんのこと、その一局面をなす農業貿易もまた深く関わっていると考えられるのであるが、しかしいまだ国際貿易論や農業貿易論（ないしはかつての農産物貿易論）の研究領域からの環境問題へのアプローチは、きわめて乏しい状況である。

国際貿易論の研究領域において、貿易と環境との関わりが検討課題として取り上げられるようになったのは1990年代に入ってからのことである。それ以前においては、環境問題が国際貿易論の検討対象とされることはほとんどなかったのであるが、1980年代末以降の地球環境問題への関心の高まりを反映して、1990年代にはGATTやOECDが〈環境と貿易〉に関する考え方を公表しはじめ[3]、ようやく国際貿易論の領域においても環境問題が取り上げ

られるようになったのである。

　そうした動きの中で、筆者は、自らの研究領域である国際貿易論や農業貿易論の側からもそれらの問題に取り組む必要があると考え、しかも当時、GATTが〈自由貿易と環境保全は両立する〉という主旨の見解を公表した点に疑念を抱いたこともあって、環境問題に対する国際貿易や農業貿易のあり方についての検討を開始したが（應和 1996／應和 1998／應和 1999／應和 2005）、しかし、経済学的貿易論の側からのこの問題に関する研究はいまだ乏しい状況である。

　一般に、〈農業は環境にやさしい産業である〉と思われがちであるが、しかしそれは今日の環境問題が、近年の経済活動の急激な拡大に起因していること、しかもその最も大きな要因が工業の急激な発展であることを考えたうえでの、あくまでも相対的な意味で〈農業は環境にやさしい産業である〉ということにすぎない。とくに、機械化、装置化、化学化といった近代的農業・農法の普及によってもたらされた農薬・肥料・エネルギー多消費型農業の結果、河川や地下水などの汚染、土壌汚染、さらには大気汚染といった自然破壊がもたらされているし（應和 1998：18）、さらに近年では、水田の稲作によって発生するメタンガス、飼育している牛や羊から排出されるメタンガス（いわゆる「ゲップ」）など、地球温暖化をもたらす要因が農業そのものにあることも明らかになっているのである（阮 2022：87-88）。そうした状況のもとにある農業から作り出された農産物が、貿易を通じてさらに遠隔地へと運ばれることによってもまた、地球環境の汚染や破壊は進んでいくこととなる。

　GATT体制下の農業貿易システムと比べて、自由化の度合いが一段と強化されてきているWTO農業貿易システムのもとでは、国際間での農産物の輸送量も一段と増加し、そうした農産物輸送量の拡大が地球環境により大きな負荷を与えてきていることは容易に想像し得ることである。周知のように、イギリスの消費者運動家であるティム・ラング（T. Lang）が提唱した「フード・マイルズ」（food miles）という概念がもととなって作られた「フード・マイレージ」（food mileage）と呼ばれる〈地球環境に及ぼす負荷の大きさを判断する指標〉が存在する。世界の国々の中で群を抜いて高いフード・マイ

レージの数値を示しているのが日本や韓国であるが、20世紀末から急激な経済発展を遂げてきた中国がいまや世界最大の農産物輸入国となってきている中で、世界全体のフード・マイレージの数値が右肩上がりで増大し続けていることも容易に想像される。このような農産物貿易量の拡大による地球環境への負荷をどのようにして低減させていくかが大きな課題であって、その点からも、現行のWTO農業貿易システムから新しい農業貿易システムへの転換が必要とされている。

●WTO農業貿易システムは誰のためのものか

　国と国との間の貿易は古くから行なわれており、決して貿易は不必要なものではない。国民国家間で互いに持てる物と持たざる物を交換し合い、それぞれの国民の経済生活を豊かにしていくことができるのであって、国際貿易の基本的な意義はまさにその点にある。だが、資本主義の登場とともに、国際貿易が持つ意義は貿易を通じて利益を上げることに大きくシフトし、いつしか貿易当事国の国民の経済生活を豊かにするという意義は、後景に押しやられてしまっているのである。

　しかも、貿易によって貿易当事国の双方に一定の利益がもたらされると一般的には説明されているが、貿易が行なわれることによって形成される国際分業が貿易当事国にもたらす利益は、必ずしも同等ではない。多くの利益を得る国と僅かな利益しか得ることのできない国とが存在する。また、国際分業によって利益が得られると言っても、そもそもその利益が誰のものになるのか、という点も定かではない。

　たとえば、農工間国際分業を前提にして考えてみても、その国際分業から得られる利益が帰属する先はまちまちである。工業製品を輸出する国の側にとっての利益は、その大部分が工業製品の生産者である企業の利益となることは容易に理解されるが、農産物を輸出する国にとっての利益の大部分が、生産者である農業者に帰属するとは限らないからである。

　貿易によって生まれるとされる利益が誰に帰属するか、という問題に関して、ごく最近、『貿易の世界史——大航海時代から「一帯一路」まで——』（筑

摩書房、2020年）を著わした福田邦夫は、今日の貿易の主役が多国籍企業であることを指摘しながら、「貿易は多国籍企業にとって利潤追求の道具であり、その道具を使って利益を得るのは国民ではなく私企業なのだ。……そもそも現在の貿易の当事者は、国でも、あなたでもなく、多国籍企業なのだ。貿易によって、異国の文化に触れることができるなど、われわれ消費者にもプラスはあるかも知れない。だが貿易の恩恵は、基本的には貿易によって富を得ようとするものに与えられる」（福田 2020：12-16）と言い切っているが、その点に関しては農業貿易においても「然り」である。と言うのも、今日、世界の農産物や食料の貿易を担っている巨大勢力が、いわゆる「多国籍アグリビジネス」と呼ばれる企業であり、農業貿易の自由化によって最大の恩恵を得ているのも多国籍アグリビジネスの企業だからである。

「アグリビジネス」（agribusiness）とは、周知のように、1950年代の後半にハーバード・ビジネス・スクールのレイ・ゴールドバーグ（R. A. Goldberg）によって、アメリカの食料システムが〈農業の生産局面から流通・加工・販売、そして消費に至るまでの垂直的統合体〉となっていることを説明するために使われ始めた概念であるが（バーバックほか 1987：12／中野 1998：53）、しかし今日では、単にアメリカの食料システムを捉えるための概念ではなく、中野一新が言うように、〈対外直接投資と商品貿易という手段を用いて国際的な規模で事業活動を展開する多国籍アグリビジネス〉へとその概念内容を大きく変化させている（中野 1998：53）。その多国籍アグリビジネスが、農業貿易に関してとりわけ大きな影響力を及ぼしているのが、穀物貿易に関してである。

1990年代の初めにマイケル・バラット・ブラウン（M. B. Brown）は、「穀物メジャー」と呼ばれる少数の巨大なアグリビジネス企業が、すでに1980年代の前半期の時点で世界の小麦貿易の85〜90％、トウモロコシ貿易の85〜90％、コメ貿易の70％を支配していたことを明らかにしているが（Brown 1993：51〔邦訳 1998：100〕）、その状況は21世紀の今日においてもほとんど変わらず、穀物貿易に詳しい茅野信行によると、カーギル、アーチャー・ダニエルズ・ミッドランド（ADM）、ルイ・ドレファス、ブンゲ、コナグラのい

わゆる「五大穀物メジャー」による世界穀物輸出のシェアは75％に上ると指摘されている（茅野 2013：30）。

　このような穀物貿易の支配によって多国籍アグリビジネスが膨大な利益を挙げていることは容易に想像されるが、その膨大な利益を生み出すために少数の多国籍アグリビジネス、とりわけアメリカに本拠をおく巨大な多国籍アグリビジネスが、「回転ドア」（revolving door）と呼ばれる人的交流を通じて、政府機関や国際機関と癒着した関係を築き上げ、自らのビジネスに都合のよい農業貿易システムないし農業貿易ルールの創出に関与しうる状況を作り出している点が問題である。

　中でも、世界最大の穀物商社として知られているアメリカのカーギル社とアメリカ政府ないし政府機関との間の結び付きはよく知られている。その癒着関係の歴史は古く、たとえば、ケネディ政権、ニクソン政権の時代には、元カーギル副社長のウィリアム・ピアス（W. R. Pearce）が大使の地位に相当する特別通商代表代理に就任しているし、また元カーギル副社長であったダニエル・アムスタッツ（D. Amstutz）は、カーギル社を退社後、合衆国農務省国際問題・商品計画担当次官補と商品金融公社（CCC）総裁とを兼務する要職に就き、1987～89年にかけてはウルグアイ・ラウンド農業交渉の交渉責任者として大使級の地位に就いていたこと、またアメリカ通商代表部の農業交渉主席担当であったアレン・ジョンソン（A. Johnson）は、カーギル、パーデュー、ピナリ、タイソンなどのアグリビジネスが参加する業界団体である「全米油糧種子加工業者協会」（National Oilseed Processers Association：NOPA）の要職に就いていた人物であったことなど、アメリカの多国籍アグリビジネスと農務省通商代表部との間の癒着関係を示す事例は、枚挙に暇がないほど存在するからである（中野 1998：49／ニーン 1997：120／ロバーツ 2012：242）。

　そのような癒着関係の中で、カーギルを筆頭とする多国籍アグリビジネスがウルグアイ・ラウンド貿易交渉における〈農業貿易のより一層の自由化〉を強く望んだことは言うまでもないことであろう。秘密のベールに覆われた、アグリビジネスの巨人であるカーギルの世界戦略を暴き出したブルース

ター・ニーン（B. Kneen）は、その著作『カーギル──アグリビジネスの世界戦略──』の末尾において、「同社の機構もビジネスも、分権化や自給自足とはあい入れない。カーギルは量で勝負しており、買付けにさいしても販売にさいしても十分な量を確保するため、国境を乗り越えて取引している。要するに、規模が問題なのである」（ニーン 1997：333）と述べているし、そしてまた茅野信行が、穀物メジャーの果たす役割に関連して、「その機能は、大量の穀物を低価格で迅速に加工業者や畜産業者に届けることにある。彼らの利益の源泉は、穀物を流通させて流通マージンを得ることにある。この点が、自ら採掘と生産に関わってきた石油メジャーや資源メジャーとまったく違う」（茅野 2013：30）と述べているように、農業貿易に関わる多国籍アグリビジネスにとっての関心事は、何よりも貿易量の拡大にあり、そのためには農業貿易の〈より一層の自由化〉が最も大きな関心事であると考えられるからである。

　本書の第3章で論じたように、WTO農業貿易システムはウルグアイ・ラウンド農業交渉によって作り出されたものであり、その交渉をリードしたのはアメリカである。そのアメリカの交渉役である農務省通商代表部とアメリカの多国籍アグリビジネスとの間の癒着関係を考えるならば、WTO農業貿易システムに存在する「二重基準」のルールが、アメリカを拠点とする多国籍アグリビジネスのためのものであることは明白であろう。そして、その「二重基準」のルールによって農産物の貿易量はさらに拡大し、その貿易量の拡大から生み出される利益の大部分が多国籍アグリビジネスに帰属することもまた明白である。

　いま求められていることは、農業貿易が巨大な多国籍アグリビジネスの利益追求の手段ではなくして、貿易当事国の農業生産者や消費者がそれぞれ豊かな経済生活を送ることができるような、農業貿易関係への転換であり、農業貿易論の今日的な課題は、それを可能とする新たな農業貿易システムの探究である。

Ⅲ．新たな農業貿易システムの実現に向けて

●各国の食料主権と食料安全保障を最優先する農業貿易システムを

　現行のWTO農業貿易システムは、食料問題や環境問題の観点から考えても、またその貿易システムが少数の農業大国や多国籍アグリビジネスの利益のためのものである、という点から考えても、もはや100億人の人々が共に21世紀を乗り越えていくことができるような農業貿易システムではないのである。第3章でも取り上げたスーザン・ジョージ（S. George）は、WTOが誕生してから間もない2001年に、WTOに対して次のような厳しい批判を展開している。

　ジョージは言う、「われわれは諸国家間の貿易に反対しているわけではない……。いまや誰ひとりとして国境の内側に縮こまって生きたいとは思っていないだろう。……われわれはまた、国際貿易には規則が必要だと考えている。どんなシステムも規則を必要とするのであり、誰も弱肉強食の掟を望んでなどいないだろう。……貿易はけっこう、規則もけっこう、なのだ。しかし、それは絶対に、現在のWTOの規則であってはならない。なぜなら現在のWTOの規則は、何よりも"超国家的企業"の利益を優先するものであり、市民と民主主義にとって巨大な危険を孕んだものだからである」（ジョージ 2002：9-10）と。

　このジョージのWTO批判に、同感である。国際貿易は必要であり、農産物の貿易も必要である。しかし、その貿易が多国籍企業の利益のためのものであってはならないし、弱国や弱者を追い詰めるものであってはならないからである。

　地球温暖化や地球環境の劣化を食い止め、100億人の人々が共に生き抜いて、21世紀の危機を乗り越えていくためには、WTO農業貿易システムから新しい農業貿易システムへの転換が不可欠であるが、アメリカやEU諸国のような経済大国、農業大国に対して、そしていまや小国よりもはるかに大きな経済力や政治力を持った多国籍企業に対して、新たな農業貿易システムの必要性を認識させ、その転換を図ることは決して容易なことではない。だが、

不可能ではない、と考える。遅かれ早かれ、現状のような国際経済秩序、世界経済秩序が続いていくならば、やがて人類全体が危機的状況下におかれ、多大な犠牲を払いながらもその方向転換を余儀なくされる時期が訪れ、われわれ人間の持つ英知が、その危機的状況を食い止め、方向転換を図るはずだ、と信じるからである。

社会科学は、そのような危機的状況の到来を予測し、方向転換を図り、危機による犠牲を少なくするために貢献する必要があるし、貢献し得るはずであって、そのためにも農業貿易論は、継続的に現代の世界経済秩序や農業貿易システムが持つ問題点を暴き出す努力と、新しい農業貿易システムについての探究を続けていく必要がある。

本書では取り上げることができなかった、多国籍アグリビジネスが農業貿易を支配している状況の考察や、WTO農業貿易システムが地球環境に及ぼしている影響、さらには「食の安全性」を脅かしている状況の考察などは、上記のような社会科学の責務として農業貿易論が取り組むべき研究課題であり、また新しい農業貿易システムやルールの検討もまた重要な研究課題である。

自由貿易主義を信奉してやまない人たちからすると、〈保護貿易〉という表現はあたかも〈鎖国〉に等しい響きを持っているように思われるのであろうが、現実世界には、まったく規制のない貿易は存在しないのである。ジョージが言うように、どのようなシステムにも規制は必要であり、貿易システムにも規制は付きものである。動物検疫や植物検疫、武器や麻薬の輸出入禁止といった規制をいずれの国々も設けているにもかかわらず、農産物の輸入規制は保護主義として否定され、その一方で、農産物の輸出拡大を可能にする補助金やミニマム・アクセスとかカレント・アクセスという規制や規則は、自由貿易であるとは決して言えないにもかかわらず容認されている、というのがWTO農業貿易システムである。

第5章でも取り上げた三輪昌男は、ウルグアイ・ラウンド貿易交渉が継続中の1993年に、〈自由貿易は良いことである〉という議論が盛んに行なわれている状況を捉えて、いち早く『自由貿易主義批判』（全国農業協同組合中央会発行）という小冊子を著わし、その中で〈自由貿易が良いことである〉と

主張している自由貿易主義の素顔は、「貿易拡大主義」であり、「輸出強国御都合主義」であり、そして「押し売り」であると捉え、そのうえでその主唱者は「輸出強国であり、その輸出大企業である」と断じて、自由貿易主義を批判したが（三輪 1993：5-13）、まさに三輪が糾弾した状況が、現行のWTO農業貿易ルールとなっているのである。

　本書の第4章、第5章における考察からも理解され得るように、自由貿易主義を掲げて作り出されているWTO農業貿易システムは、後発開発途上国の農業者に多くの利益をもたらし、飢えの問題を解消してくれるような貿易システムではないのである。また、先進国であるとはいえ、食料の多くを国外に依存している日本や韓国のような国に、安定的で永続的な食料供給を保障する貿易システムでもないのである。

　新しい農業貿易システムに盛り込むべき要件は、何よりもまず、世界各国の食料主権の確立とその容認である。とりわけ、世界のすべての国に対して、食料として最も重要な農産物である穀物の自給を可能にするような農業貿易ルールこそが、新しい農業貿易システムとしての要件である。そのような貿易ルールは、必然的に一定の規制、規則を必要とするのであって、自由貿易ではなく、基本的に一定の規制を伴った貿易ルールにならざるを得ないのである。

　自由貿易に代わる貿易案、すなわち「代替貿易案」としてどのような貿易案が考えられるのか、が検討されるべき問題である。いわゆる「フェアトレード」（fair trade）と呼ばれる「公正貿易」もその1つの代替案であろうが、そのような貿易案を含め、自由貿易に代わる貿易案としては多様な貿易案が存在するように思われる。問題は、その代替貿易案としての新しい貿易システムにはどのような基本理念や基本原則を盛り込まれなければならないのか、である。そうした点から考えて、筆者が参考とすべき代替貿易案であると考えるのは、1つが三輪昌男の考える「適正な管理貿易」案であり、いま1つがティム・ラング（T. Lang）とコリン・ハインズ（C. Hines）が主張する「新しい保護主義」（new protectionism）の考えである。

●三輪昌男の「適正な管理貿易」

　先に取り上げた『自由貿易主義批判』の中で、三輪は、自由貿易に代わるべき貿易案として「適正な管理貿易」という貿易案を提示し、その貿易案の基準となる基本理念・原則として次のような要件を挙げている。

　まず、その基本理念としては、世界各国が平和的に、かつ友好的に共存できる貿易の実現にとって不可欠な「平和・友好的な共存の倫理」を挙げ、またその理念を踏まえた基本原則としては、第1に「輸入制限は各国の自由とすること」、第2に「国民経済の自立的拡大を前提にすること」、第3に「経済力格差を是正する国際協力を行うこと」、そして第4に「環境問題の克服を重視すること」、という4つの基本原則を掲げている（三輪 1993：37, 40-42）。そのような基本理念・原則の要件を掲げたうえで、近くウルグアイ・ラウンド農業交渉が合意に至ることを見越しながら、いわば「適正な管理貿易の農業版」についても言及し、その基本的な理念と原則をも提示している。

　三輪は言う、「ガットのウルグアイ・ラウンドで最も難航している農業交渉に注目してみよう。いちおうの到達点であるドンケル案は、自由貿易の若干の拡大を図ったものだが、仮にそれで合意が成立したとしても、長期にわたって安定的に機能するルールとなるようなものでないことは、だれもが認めるところであろう。自由貿易主義ではどうにもならなくなっているのである。各国が平和・友好的に共存できる農業貿易のルールの確立は、自由貿易主義に替わるもう1つの貿易〔「もう1つの貿易」とは「適正な管理貿易」のこと ...... 應和〕の基本的な理念と原則による以外にない。日本政府は基礎的食料について自由貿易主義の若干の例外を提案しているのだが、新しい時代に向けて求められているのは、そのような部分的な提案の域をはるかに超えた、もう1つの貿易の農業版の提案である」（同：42）と。そしてその「適正な管理貿易の農業版」の基本原則として三輪が提示したのが、以下の6つの基本原則である（同：43-44）。

① 過剰は自国内で処理すること
② 輸入制限は各国の自由とすること

③　国内保護も各国の自由とすること
　④　輸出補助金はすぐに全廃すること
　⑤　途上国への真の援助を行うこと
　⑥　環境問題の克服を重視すること

　三輪昌男が、この「適正な管理貿易の農業版」に関する基本原則を提示したのは、いまからちょうど30年前のことであり、しかもWTOもWTO農業協定も成立していなかったときの代替貿易案に関する基本原則の提示である。にもかかわらず、この三輪の代替貿易案の基本理念や基本原則は、今日のWTO体制下の国際貿易システム、農業貿易システムに取って替わるべき代替貿易案の基本理念・原則として、もはや付け加える事項が見当たらないような基本理念・原則である、と筆者は考える。それは、まさに近未来を見据えた三輪の卓見である、と言うほかない。

　三輪が提示した6つの基本原則を柱とする「適正な管理貿易」については、補足説明が必要であろう。と言うのは、「管理貿易」という表現が単なる「保護貿易」の言い換えであると誤解される恐れがあることを、三輪自身が注記しているからである。

　その点について三輪は、「政府が干渉し管理する貿易」という意味で用いる限りでは、管理貿易は保護貿易であるが、しかし、保護貿易という言葉が国益主義の色合いの濃い表現であるという点を避けるために管理貿易という表現を用いているのであり、しかも政府の干渉を肯定すると言っても「一定の」という限定付きで用いるのであって、その意味を込めて「適正な管理貿易」という表現を使っているのである、と説明している（同：36-37）。「一定の」政府干渉、という表現の言い換えとして、「適正な」政府管理、という表現が使われているのであるが、その「適正」の基準こそが、先に記した4つの基本理念・原則であり、農業貿易に関しては6つの基本原則であって、それらの基本理念・原則に合致した範囲で政府が行なう貿易を「適正な管理貿易」としているのである。

●ラングとハインズの「新しい保護主義」

　三輪が展開している「適正な管理貿易」という考えは、ティム・ラングとコリン・ハインズの共著である *The New Protectionism: Protecting the Future against Free Trade,* 1993（ティム・ラング＝コリン・ハインズ『自由貿易神話への挑戦』三輪昌男訳、家の光協会、1995年）において展開されている「新しい保護主義」の考えと相通じる考えでもある（原題に見られる "new protectionism" は、「新しい保護貿易主義」と訳すことも可能であるが、ここでは、邦訳書で用いられている表記に従った）。

　三輪は、「管理貿易」という表現が「保護貿易」の単なる言い換えであると誤解されることを避けるために、上記のような注釈を付け加えたが、それと同じように、ラングとハインズも、自分たちの主張する「新しい保護主義」が旧来の「保護主義」と誤解されることを避けるために、次のような注釈を付け加えている。

　「自由貿易は保護主義の対極にあるものとして伝統的に語られてきた。われわれの主張は、自由貿易と、われわれが古い保護主義と呼ぶもののどちらも、強者に利益をもたらす貿易や市場への取組みだったということである。対照的に、われわれの新しい保護主義は、環境を保護し癒やすこと、経済的不平等を縮小すること、特権的な少数者あるいは少数国ではけっしてなく、すべての人の基礎的な社会的・人間的必要を満たすこと、を提示する」（ラングほか 1995：5）と。

　同書の副題である「自由貿易に反対して未来を守る」に見られるように、ラングとハインズは、多面的な角度から自由貿易への批判を開始しているのであるが、彼らは、自由貿易が地球規模でもたらした最も大きな問題は、経済（economy）、公平（equity）、そして環境（environment）という3つの〈E〉に関わる問題、すなわち、〈長期の不況や多数の失業にみられる経済の苦境〉、〈国家間、各国内での経済的格差に見られる公平の危機〉、そして〈地球環境の危機〉であって、その苦境や危機的状態に置かれた3つの〈E〉を正常な状態に戻すための挑戦が「新しい保護主義」の取組みであると主張し、自由貿易批判を展開しているのである（同：12-18）。

三輪が「適正な管理貿易」の基本理念・原則として掲げている、「国民経済の自立的拡大」、「経済力格差の是正」、そして「環境問題の克服」は、ラングとハインズが自由貿易への挑戦目標として掲げる3つの〈E〉にほぼ合致している内容である。この点に関しても、三輪の卓見である、と言わざるを得ない。

　三輪が、同書の翻訳紹介を計画し、筆者もその翻訳作業に加わって、『自由貿易主義への挑戦』というタイトルの邦訳書を刊行するに至ったのは、三輪が自らの考えと、ラングとハインズの主張との間にそうした共通性を見いだし、共感を覚えたからである。実は、三輪が『自由貿易主義批判』を公表した年は、ラングとハインズの共著が出版された年と同じ、1993年である。三輪が「適正な管理貿易」論を展開するに当たって、ラングとハインズの提唱した「新しい保護主義」を参考にしたのかどうかが問題になりそうであるが、『自由貿易主義批判』においては、まったく「新しい保護主義」には触れられていないこと、また筆者が、ラングとハインズの著作の存在を三輪に伝えた記憶があり、しかもその翻訳作業の開始は1994年に入ってからのことであった点から考えて、ラングとハインズの考えを知る前に、三輪自身の考えによって「適正な管理貿易」論は構想され、発表されたと考えられることを、付記しておきたい。

　いずれにしろ、三輪の〈適正な管理貿易論〉やラングとハインズの〈新しい保護主義論〉に見られる代替的貿易案の基本理念・原則は、今日のWTO体制の見直しにおいてはもちろんのこと、その体制下でのWTO農業貿易システムから新しい農業貿易システムへの転換を考えるうえで、見逃してはならない理念・原則であると思われる。

●**本書を閉じるに当たって——国際世論の形成と国際的連帯を——**

　国際貿易論の一研究領域をなす「農業貿易論」という新しい研究領域が必要である、との考えのもとに書き進めてきた本書であるが、本書を閉じる段階でようやく、農業貿易論の今日的な課題の剔出に至った、というのが、筆者の率直な想いである。

その農業貿易論の今日的な課題である、〈WTO農業貿易システムから新たな農業貿易システムへの転換〉のためには、WTO（世界貿易機関）そのものの変革も必要である。強国と巨大な力を持つ多国籍企業によって作り出された国際組織であるとも言えるWTOを変革し、世界の国々の間の経済的格差や不平等を取り除き、地球環境の劣化を食い止め、世界各国の食料安全保障と食料主権を確約し、そして貧困と食料不安を解消し、加えて経済対立や政治的対立を解消して戦争を防ぎ、平和共存と持続的な世界を作り出すための国際組織へと生まれ変わらせること、それこそが21世紀の人類全体に課せられた課題である。

そのような新たな農業貿易システムへの転換、さらには国際組織の変革という難題を前に、筆者の頭にいま浮かんできていることは、歴史家で、かつ国際関係論という新たな研究領域を切り開いたとされるエドワード・ハレット・カー（E. H. Carr）が、『危機の二十年』（*The Twenty Years' Crisis 1919-1939: An Introduction to the Study of International Relations*,1939）の中で、現行の国際秩序を維持しようとするためには、「自己犠牲（self-sacrifice）と譲り合いのプロセス（process of give-and-take）」が必要であること、そして、「譲り合いのプロセスは、現行秩序に異議申し立てがあった場合、これに適用されなければならない。現行秩序から最大利益を得る側は、結局のところ、この秩序から最小利益しか得られない国々でも我慢できるほどの譲歩をして、初めてこの秩序を維持することができるのである」（カー 2011：322-323〔Carr 2001：169〕）と述べた言葉である。逆説的ではあるが、もしも強国や強者が、戦争や破局を避け、貧困や飢えをなくし、政治経済的に安定した平和な世界の創出と維持を願うのであれば、それを実現するための責務は強国や強者の側にあり、それを実現する方法は強国と強者の自己犠牲と譲り合いのプロセスにある、と言わざるを得ないからである。

そのような状況を作り出していくためには、現行の国際経済秩序、世界経済秩序の問題点を暴き続ける努力と、そのことを通じて変革のための国際世論の形成を図り、国際的な連帯を作り出していく努力が必要である。

[注]
（1） 独自の経済発展段階説を展開した経済学者のウォルト・ロストウ（W. W. Rostow）は、大著 World Economy: History & Prospect , 1978において、第2次世界大戦前から大戦後にかけての世界穀物貿易の大陸別収支を整理した一覧表を明らかにしている。それには、第2次世界大戦前の1934～38年段階までアフリカ大陸全体は100万トンの穀物輸出余力を持った地域であったこと、そして1960年に至ってアフリカ大陸全体が穀物の純輸入地域に転化し、その後、穀物輸入量が拡大し続けるようになったことが示されている（Rostow 1978：251 Table Ⅲ-1）。
（2） 農林水産政策研究所「世界の食料需給の動向と中長期的な見通し──世界食料需給モデルによる2028年の世界食料需給の見通し──」平成31〔2019〕年3月 https://www.maff.go.jp/primaff/seika/attach/pdf/190304_2028_02.pdf（2024年3月18日取得）
（3） たとえば、1990年代に入ってGATTやOECDが環境と貿易に関する基本見解を示したものとしては、GATT（1992），"Trade and the Environment," *International Trade 90-91*, Vol.1, Geneva, GATT、およびOECD（1995）『貿易と環境──貿易が環境に与える影響──』環境庁地球環境部監訳、中央法規出版、がある。

［引用・参考文献］
NHK食糧危機取材班（2010）『ランドラッシュ──激化する世界農地争奪戦──』新潮社
OECD（1995）『貿易と環境──貿易が環境に与える影響──』環境庁地球環境部監訳、中央法規出版
應和邦昭（1996）「国際貿易と環境──地球環境問題へのGATTの対応を中心に──」『農村研究』東京農業大学農業経済学会、第81号
應和邦昭（1998）「農業貿易と環境──GATTとOECDの見解を中心に──」『農村研究』東京農業大学農業経済学会、第86号
應和邦昭（1999）「WTO体制下の農業貿易と環境問題──GATT、OECD等の見解を中心に──」『1999年度日本農業経済学会論文集』日本農業経済学会
應和邦昭編著（2005）『食と環境』東京農業大学出版会
カー、E. H.（2011）『危機の二十年──理想と現実──』原彬久訳、岩波書店［Carr,

E. H.（2001）*The Twenty Years' Crisis, 1919-1939*, reprinted ed., London, Perennial〕

木下悦二（1970）『貿易論入門』有斐閣

クラッツマン、J.（1986）『百億人を養えるか──21世紀の食料問題──』小倉武一訳、農山漁村文化協会

ジョージ、S.（1984）『なぜ世界の半分が飢えるのか──食糧危機の構造──』小南祐一郎・谷口真里子訳、朝日新聞社

ジョージ、S。（2002）『WTO徹底批判！』杉村昌昭訳、作品社

茅野信行（2013）『東西冷戦終結後の世界穀物市場』中央大学出版部

中野一新編（1998）『アグリビジネス論』有斐閣

ニーン、B.（1997）『カーギル──アグリビジネスの世界戦略──』中野一新監訳、大月書店

バーバック、R. ＝P. フリン（1987）『アグリビジネス──アメリカの食糧戦略と多国籍企業──』中野一新・村田武一監訳、大月書店

福田邦夫（2020）『貿易の世界史──大航海時代から「一帯一路」まで──』筑摩書房

ブラウン、M. B.（1998）『フェア・トレード──公正なる貿易を求めて──』青山薫・市橋秀夫訳、新評論〔Brown, M. B.（1993）*Fair Trade: Reform and Realities in the International Trading System*, London, Zed Books〕

三輪昌男（1993）『自由貿易主義批判』全国農業協同組合中央会

吉田敦（2020）『アフリカ経済の真実──資源開発と紛争の論理──』筑摩書房

ラング、T.＝C. ハインズ（1995）『自由貿易神話への挑戦』三輪昌男訳、家の光協会〔Lang, T. & C. Hines（1993）*The New Protectionism: Protecting the Future against Free Trade*, London, Earthscan Publications〕

阮蔚（2022）『世界食料危機』日本経済新聞出版

ロバーツ、P.（2012）『食の終焉──グローバル経済がもたらしたもう一つの危機──』神保哲生訳、ダイヤモンド社

ワトキンズ、K.（1998）『農業貿易と食料安全保障──食料自給崩壊のメカニズム──』古沢広祐監訳・監修、市民フォーラム2001事務局

GATT（1992）"Trade and the Environment," *International Trade 90-91*, Vol.1, Geneva, GATT

Rostow, W. W.（1978）*World Economy: History & Prospect*, London, Macmillan

應和　邦昭（1944年、広島県呉市生まれ）
（おう わ　くに あき）

［略歴］
國學院大学経済学部経済学科卒業
國學院大学大学院経済学研究科博士後期課程修了（経済学博士）
東京農業大学助教授・教授を経て、東京農業大学名誉教授

東京経済大学非常勤講師、東京医療保健大学非常勤講師、明治大学兼任講師、東洋学園大学非常勤講師、東京聖栄大学非常勤講師、等をも歴任

［主著］
『イギリス資本輸出研究』（単著、1989年）；『21世紀の国際経済』（共著、1997年）；『人と地球環境との調和』（共著、1997年）；『現代資本主義と農業再編の課題』（編著、1999年）；『グローバル時代の貿易と投資』（共著、2003年）；『食と環境』（編著、2003年）；『食料環境経済学を学ぶ』（共著、2007年）；『新版 論文作成ガイド』（単著、2018年）、など

農業貿易の政治経済学　農業貿易論のすすめ

2024年11月20日　初版発行
著者　應和　邦昭
発行所　一般社団法人東京農業大学出版会
代表理事　江口　文陽
〒156-8502　東京都世田谷区桜丘1-1-1
TEL　03-5477-2666　　FAX　03-5477-2747
https://www.nodai.ac.jp
E-mail　shuppan@nodai.ac.jp
印刷・製本　共立印刷株式会社

© 2024　Kuniaki Ohwa　printed in Japan
ISBN　978-4-88694-543-3 C3061 ¥3600